U0756310

Picturing Science and Engineering

科学与工程摄影及制图

[美] 费利斯·弗兰克尔 著

美丽科学 译 梁琰 校

Felice C.Frankel

湖南科学技术出版社

·长沙·

科学与工程摄影及制图

科学与工程摄影及制图

费利斯·弗兰克尔

The MIT Press Cambridge, Massachusetts London, England

送给约西和埃莉

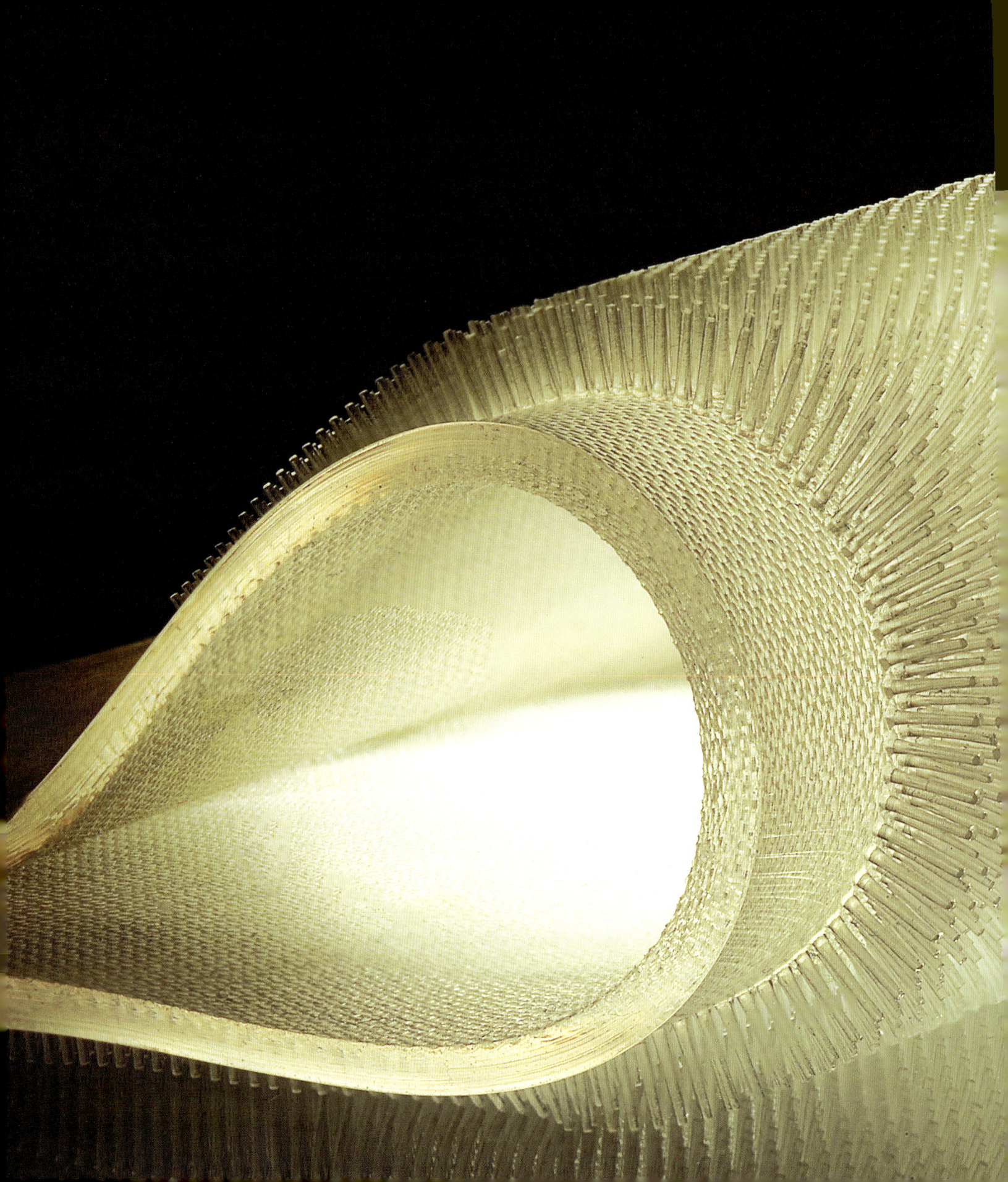

简介

终于，

我们不再需要争论一个观点。你们，现在和将来的研究者，都在用视觉的方式记录和解释您的工作，而不仅仅是用文字和公式。因此，我为你们——在科学、工程和医学领域，致力于解决地球上最具挑战性问题的先生和女士们——写了这本书。我知道你们对此感兴趣，因为你们是这样告诉我的。

这本书涵盖了我 25 年来以视觉方式呈现非凡科研成果的工作。大多数案例来自我所在的美国麻省理工学院（MIT），但是案例的原理是通用的。我的目的是向你们展示我是如何完成我的工作的。当研究人员看到他的工作出现在科研杂志封面上而露出喜色，或者当他意识到可以通过图像让一组复杂数据讲述它本身的故事时，真是令人高兴。同样令人欣慰的是向更广泛的公众介绍科学与工程的魅力——传播科研固然重要，但如果以数据和分析的形式呈现时，往往很难理解。

这本书将告诉你们我几乎所知道的一切。这本书与我的其他书不同，因为其中包含了更多的内容。有了这些内容，我希望你们能以崭新的眼光看待你们的科研工作。

2015 年，我们为开放在线课堂平台（edX）的在线课程《制作科学与工程图片：展示科研工作的实用指南》制作了 32 篇教程，这些教程可以在麻省理工学院的开放式课程［Open CourseWare

（OCW）]平台上找到。那时，我就知道这些教程有一天会出某种形式的纸质版本。我曾经，并且现在都坚信，在我们当下繁忙的数字生活中，（我希望）会有位置留给一本充满美丽的科学和工程照片的书，人们可以沉浸在其中，学习、启发和反思。

一切如何开始

在1991—1992年间，我获得了一份礼物——哈佛大学设计研究生院的洛布（Loeb）奖学金。我很荣幸在我作为人造景观和建筑摄影师的职业中期得到这个奖学金。当我的同事旁听政府或设计课程的时候，我回归了我最初的研究方向，并住在了哈佛大学的科学中心。像在天堂一般，我聆听到E. O. 威尔逊（E. O. Wilson），史蒂芬·杰伊·古尔德（Stephen J. Gould），罗伯特·诺齐克（Robert Nozick）以及其他杰出的思想家和科学家的课程。我的一位同事建议我尝试旁听另一位化学家的课程，因为他有非凡的表达能力。我去听了他的讲课，他可以在黑板上徒手画出让人惊叹的完美的五英尺圆。讲座之后，我走到报告厅的前面，向他自我介绍，询问我能否参观他的实验室，也许，可以帮忙拍摄一些他的科研工作。显然，他很想摆脱这个陌生人，迅速走出门，却脱口而出："为什么不呢。"于是那天，我就在马林克罗特[Mallinckrodt（哈佛大学化学大楼之一）]的大楼里开始寻找他的实验室了。

一时兴起的想法成了我职业生涯中的一个重要转折。我开始与当时在实验室担任博士后的尼克·阿博特（Nick Abbott）合作。我看了他们的图像之后，就觉得，实际上我可以做出一些，请容我这么说，更体面的东西（请参见索引部分）。

我们登上了《科学》的封面。

生活取决于时机和运气。这位教师和健谈的化学家乔治·怀特塞兹（George Whitesides）其实是在许多研究领域都有名望的科学家。当我有胆毛遂自荐去他的实验室时，我都不知道他是谁。后来，当我的照片被《科学》杂志封面选用，并且我的更多图片出现在其他期刊上时，乔治对我说："继续做下去，Felice，你正在做别人没有做的事情。"我接受了他的忠告。

登上封面的成就主要在于尼克和乔治的论文在科学上的重要性——这点在追求自己的事业和封面时，务必要牢记。但是"继续做下去"的忠告对我来说是一生的改变，我将永远感激不已。

为期一年的哈佛奖学金之后，我的好运让我继续得到其他研究人员的邀请与他们合作。多亏了金·范迪维尔（Kim Vandiver）主任，在1994年我成了麻省理工学院埃杰顿（Edgerton）中心的一名住校艺术家。几年后，科学学院院长鲍勃·西尔比（Bob Silbey）为我提供了一个更长久的职位，大部分时间我都在麻省理工学院的这个职位工作。在撰写本文时，我是化学工程系的一名研究员。麻省理工学院就是这样。如果你能有所贡献，即使没有正式的文凭（我没有研究生学位），麻省理工学院也会支持你。

仔细想想，我的工作并没有严格的"行为准则"。我平均每周会收到两封来自年轻研究人员或图形设计工作者的电子邮件，他们想做我做的事情。我不知道为什么很少有课程教授科学摄影和图像。也许通过本书和在线课程，我们这些热爱科学并愿意挑战用视觉方式展示科学研究的人可以找到一条出路。

视觉展示的价值和我们对公众的责任

用正确的视觉或打比方的方式来表达概念或者传达看不见的事物是一种重要的训练，其原因有两个。首先，在构想新的和可交流的视觉效果的过程中，你在脑海中的"科学"会更清晰。想一想，将片段信息放到幻灯片演示文稿、图例或封面中时，你在讲的是视觉故事——必须要结构清晰且内容明确。为了做到这一点，你的思维必须清晰有序。你要帮助我们洞悉和理解科学。本华·曼德博（Benoit Mandelbrot）就曾告诉我，分形图像的出现是如何影响数学的。物理学家莉娜·豪（Lene Hau）给我写信说："我坚信视觉的使用在教学和科学传播中是绝对重要的，这对于传达信息必不可少。"我亲爱的朋友迈克尔·贝里（Michael Berry）在一次报告中建议："图像使数学栩栩如生。确实，方程式是一种更经济的表现形式，它可以无限地概括许多图像。但是经济性和价值并不相同，由于方程式的极简形式，会影响人们快速的理解和沟通，而图片可以弥补这一点。"

至于第二个原因，我坚信，巧妙的、易理解的和令人信服的科学呈现形式可以引导其他人进入科学殿堂的大门。仅在学术界内进行交流已不再足够。至关重要的是，要让研究领域之外的人参与进来，以便于我们能欢迎非专业人士观察科学如何促进知识发展，以及批判性思维如何基于事实指导重要的决策。毫无疑问，研究人员的教育应该包括开拓新的途径来吸引公众关注，理解科学。

我鼓励大家在准备视觉时先退一步。仅仅因为已发布的各种图形和图表都是围绕特定学科的样式设计的，并且因为"这就是我们一直用的方式",并不意味着你不应该考虑寻找新的方法。研究一下同事们的做法,并审视一下"我们一直用的方式"对于讲故事是否最有效。我经常在我们的研讨会中看到这类表现形式,并很疑惑为什么导师坚持使用那些无助于沟通交流的图像。

我记得,几年前我问过一个化学家,为什么我看到如此多的分子表示形式里,每个光鲜亮丽的球形原子上都有类似玻璃窗的反射。它不仅看起来很傻,而且是错误的。尺度上的不一致对于向公众传播科学上来说没有价值。近来,我很高兴我们很少看到那些"玻璃窗"了。但是,一些软件却将它们替换为更不易察觉的光线"反射",这仍然没有意义。在原子的"球"上反射光的想法是荒谬的,并且对科学教学也没有帮助。

在线资源

我强烈建议你将这本书当作一本工作手册。在与本书相关的网络资源页面(https://mitpress.mit.edu/frankel)中,你能找到以下内容:

· 我们的在线课程《制作科学与工程图片》中的所有教程,包括"如何做"视频;

· 与《自然》杂志的创意总监凯莉·克劳斯(Kelly Krause)、作家兼摄影家布赖恩·海斯(Brian Hayes)、麻省理工学院的创意总监克里斯汀·丹尼洛夫(Christine Daniloff)、麻省理工学院埃杰格顿(Edgerton)中心主任 J. 金·凡得佛(J. Kim Vandiver)的访谈;

· 我发表在《美国科学家》杂志"视觉"专栏中的文章;

· 简要的参考书目;

· 我的一些美国麻省理工学院(MIT)主页快照;

· 其他图像制作者的示范视频,以及来自外部资源的其他有帮助的视频的链接。

关于图像的注意事项

大多数图片都经过了锐化处理,因此可以正确打印。此外,我以数字方式精修了一些图像,以免图像上的灰尘和划痕分散你的注意力。

　　在麻省理工学院获得工作职位，离不开前文提到的诸位和所有其他理解这项工作价值的人的帮助。我很荣幸得知，麻省理工学院的前任校长保罗·格雷（Paul Gray）和恰克·韦斯特（Chuck Vest）默默地支持了我的职位。菲利普·夏普（Phil Sharp），迈克尔·鲁布纳（Michael Rubner），克劳斯·詹森（Klavs Jensen）和保拉·哈蒙德（Paula Hammond）也给予了多年的支持。玛丽·博伊斯（Mary Boyce）（现为哥伦比亚大学工程学院院长），陈刚（Gang Chen），克里斯·舒（Chris Schuh），伊夫林·王（Evelyn Wang）和马蒂·施密特（Marty Schmidt）一直是我重要的支持者和同事，我对此表示由衷的感谢。

　　最后，我要把爱和感谢献给我非凡的家庭：我的儿子马修（Matthew）和迈克尔（Michael）；我了不起的儿媳罗拉（Laura）；还有生活中的快乐源泉，我的孙子约西（Yosi）和孙女埃莉·弗兰克尔（Ellie Frankel）、肯（Ken）会喜爱他们的。

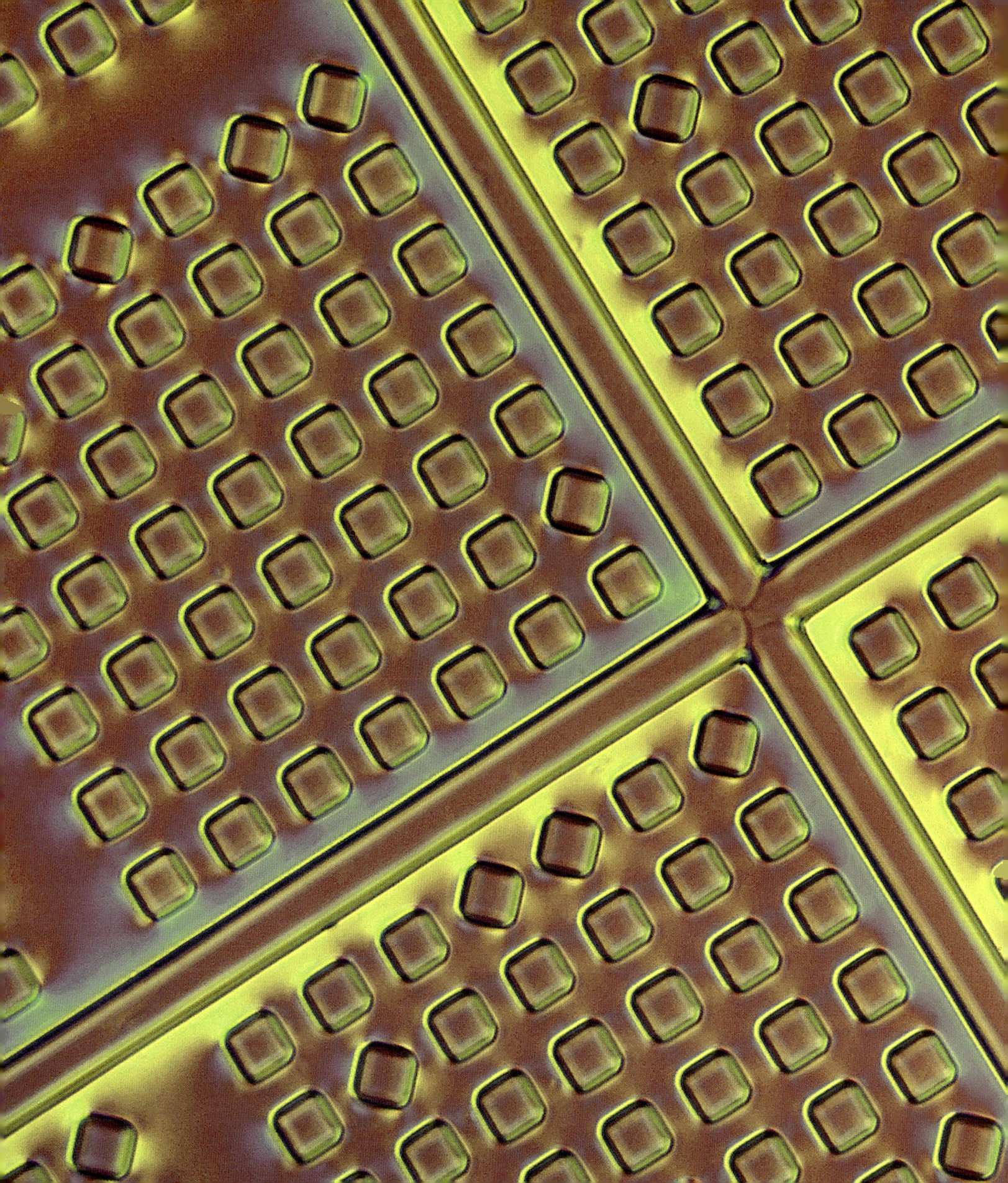

目　录

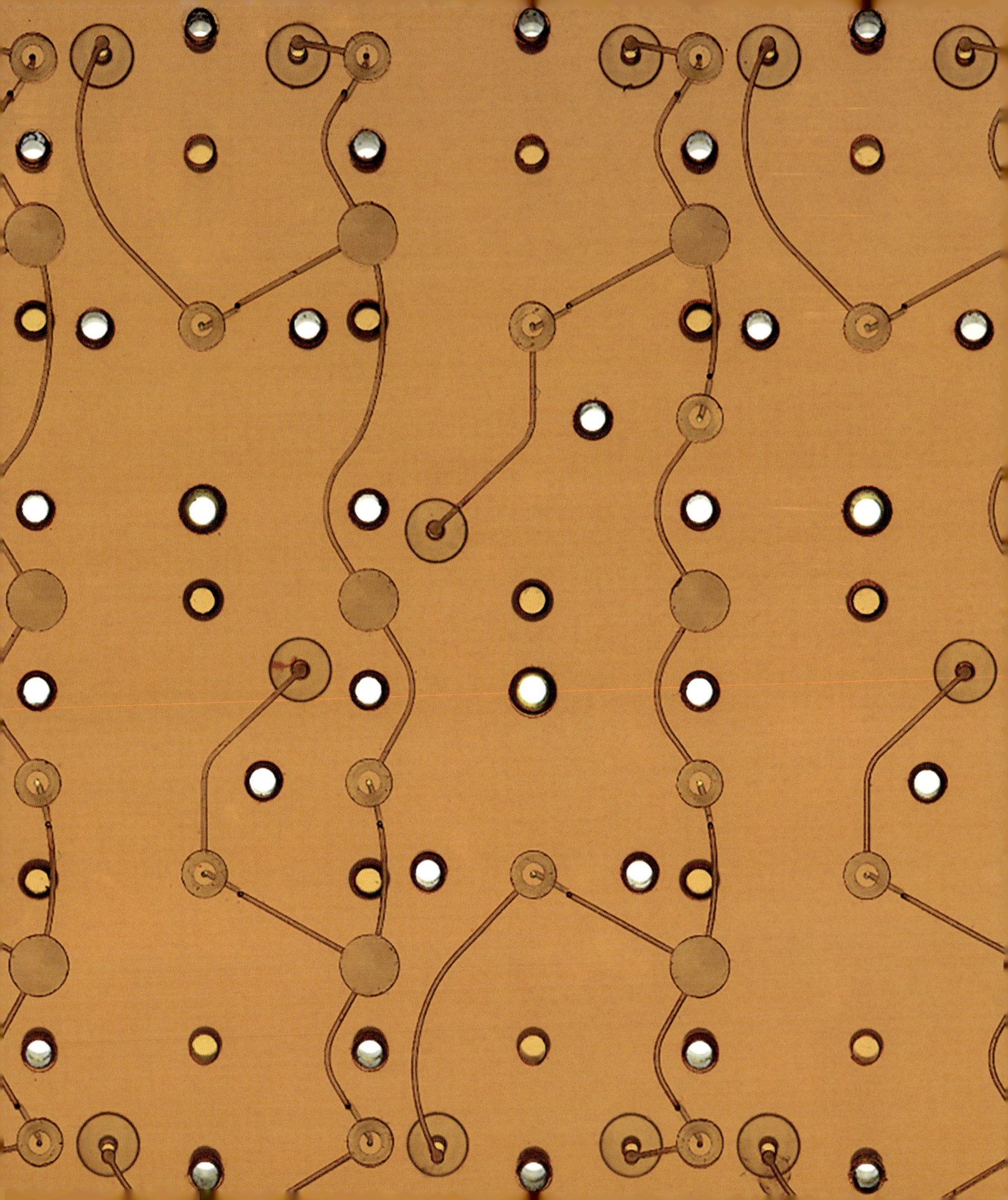

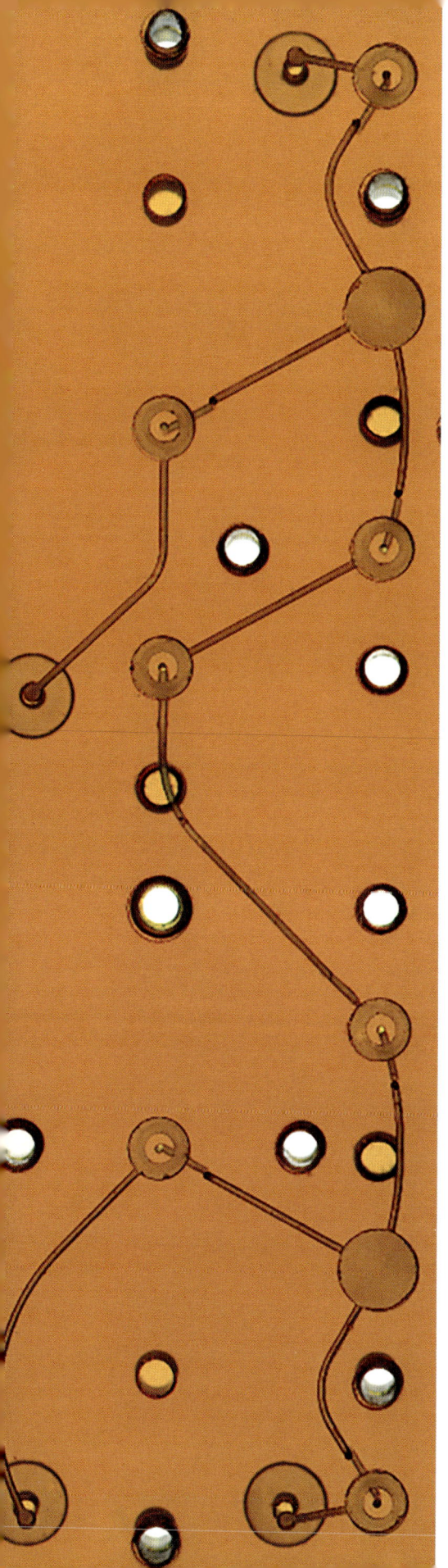

第一章
平板扫描仪

　　你可能想知道为什么我选择用"平板扫描仪"开始这本书——一个你可能不会想到的使用工具。我们从扫描仪开始，有两个原因：首先，为你提供一种体验创建图像乐趣的快捷方法；其次，从一些相对简单的事情开始，可以不必担心太多的技术问题，相信我，这些问题会在以后出现。

　　使用平板扫描仪，你可以控制图像的分辨率（将在稍后讨论），并且可以创建三维物体的一些非常精细的图像，如微流体器件、培养皿以及你可能在实验室中制造或使用的其他类型的材料。你会惊讶于扫描仪创建的一些精彩绝伦的图像及其可以捕捉到的细节。

　　但事实上，扫描仪不仅仅只是初学者的工具。

　　你可以用扫描仪创建一些令人惊叹的图像——无须进行类似相机的复杂设置。你可以立即与同事分享你的观察结果：快速发送你在实验室中观察到的图像或展示你新的发现的证据，包括展示较大结构中的一个小部分。

看看这张图片上的三瓶材料（**图 1.1a**）。当我们放大屏幕上的图像时，可以看到出色的细节。（**图 1.1b**）

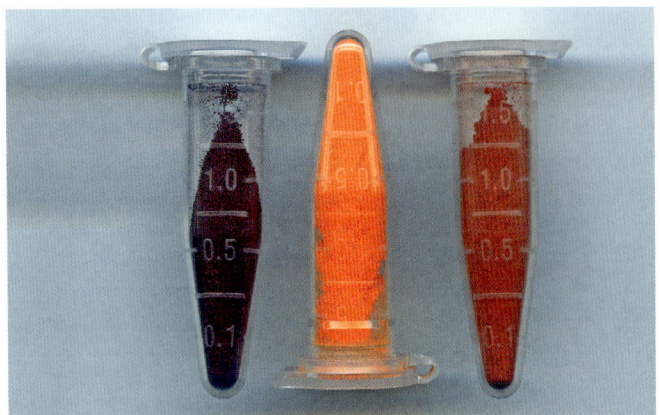

1.1a

1.1b

与本章首图中的器件相同，下面是放大的图像。（**图 1.2**）

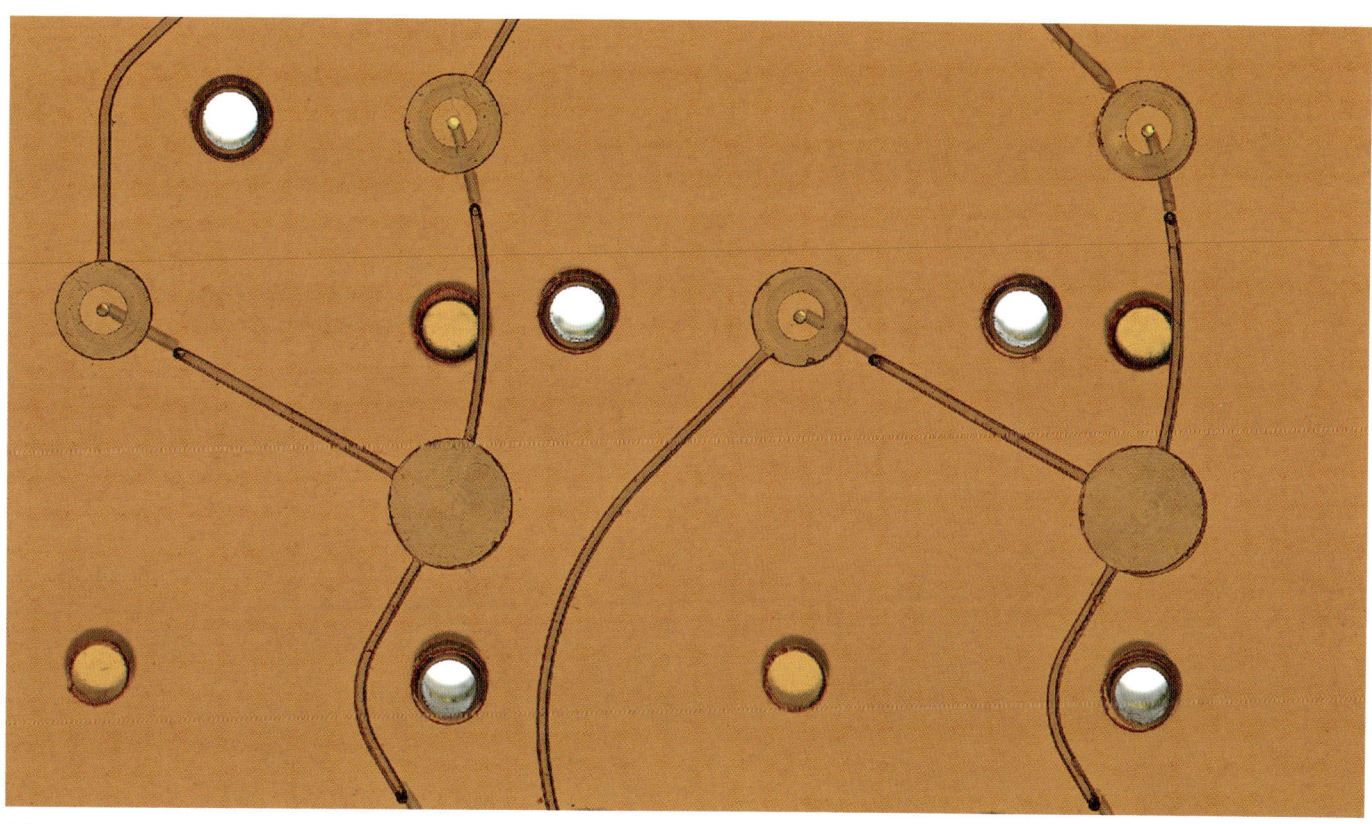

1.2

1.3a

1.3b

图 1.3a，b 是鲍鱼的照片，也是一样的效果。

你也可以将这些图像用作更高质量并最终用于期刊文章甚至申请专利图像的草稿。扫描仪的简单易用适合所有这些用途。（图 1.4，图 1.5）

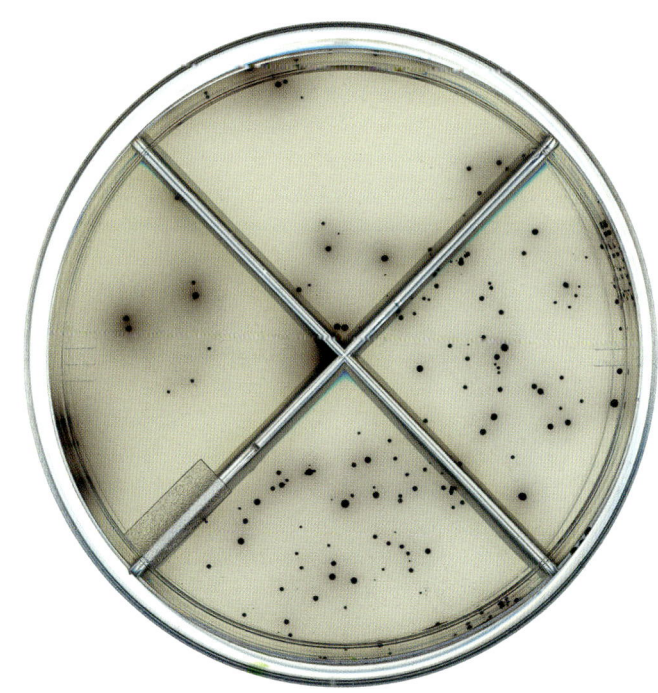

1.4

1.5

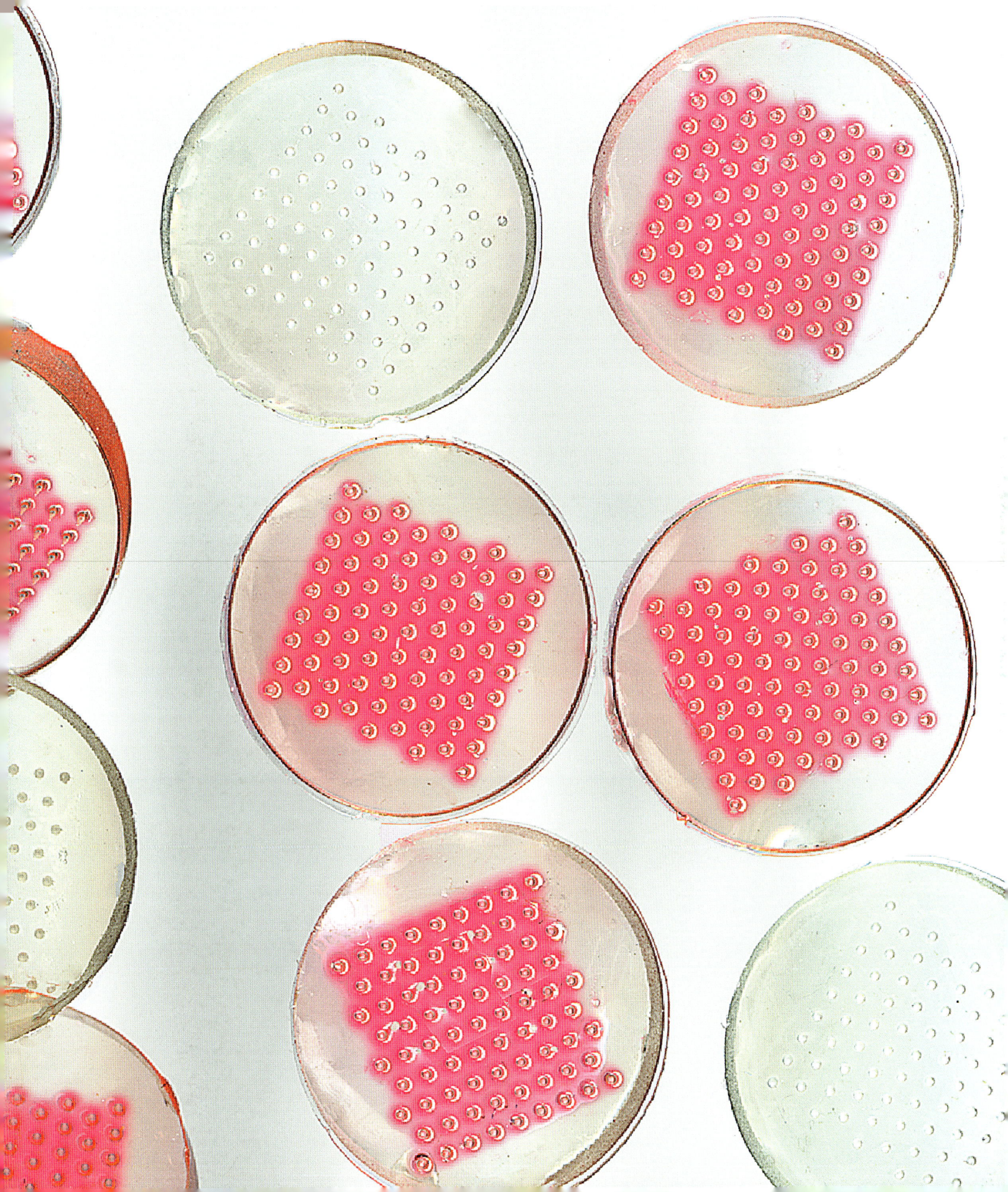

1.6

令人惊奇的是，你可以把一个三维的物体放在扫描仪上，创建可以显示其三维特性的图像。（**图1.6**、**图1.7**、**图1.8**）

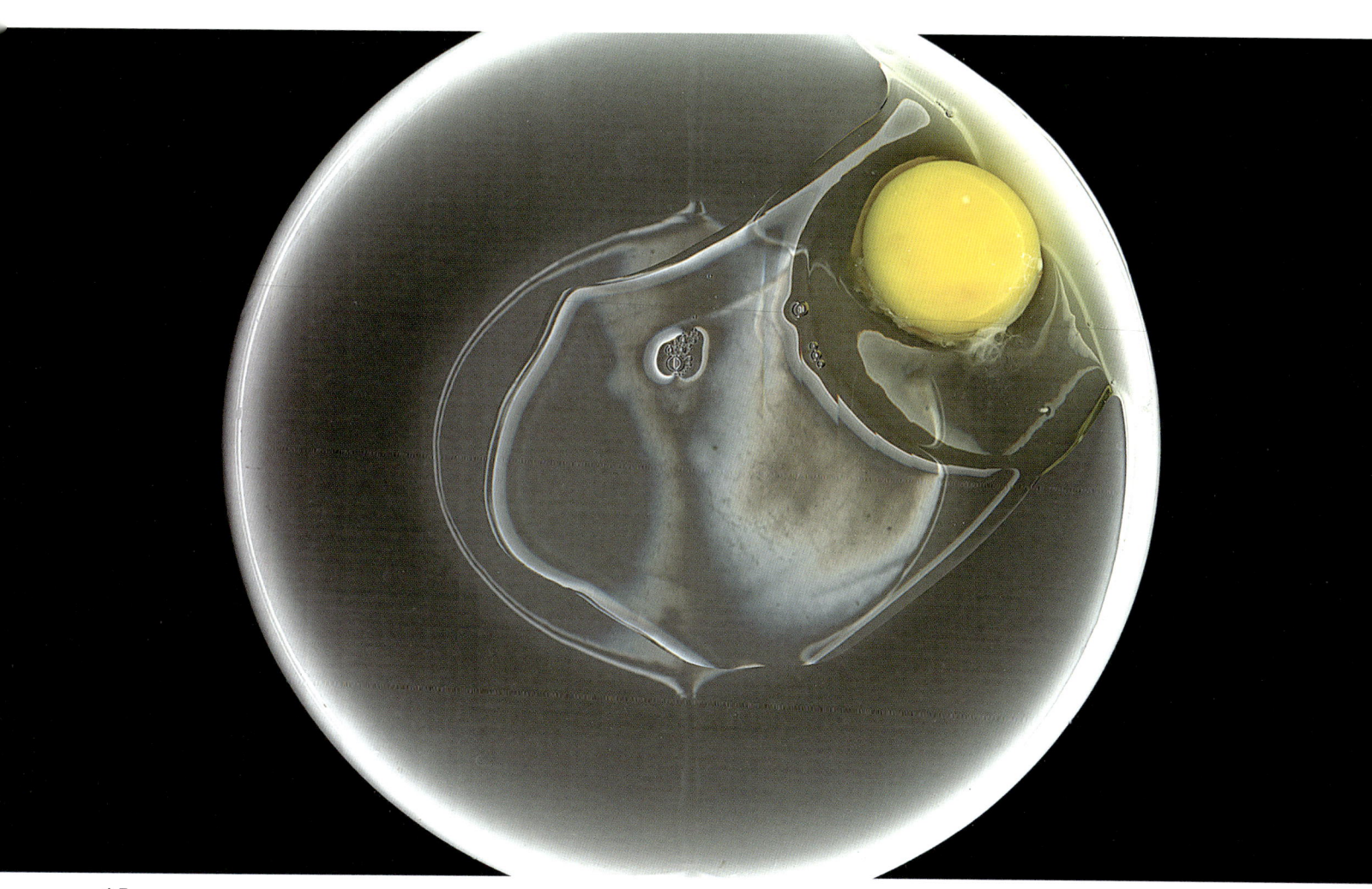

1.7

不可否认的是，采用上述方式图片会缺少景深，我们将在下一章有关相机和镜头的内容中讨论景深。但是你仍然可以用扫描仪创造一些非常出色的图像。

总的来说，本书旨在鼓励你用各种方法拍摄材料。最重要的是，在这个过程中你将学会观察。平板扫描仪在这方面起着关键作用。当你使用它去尝试新的方法和想法的时候，不会花费太多时间。我希望，你们的探索过程将成为一个主动的发现过程，我在为本书创作图像时就是如此。（**图1.9、图1.10、图1.11**）

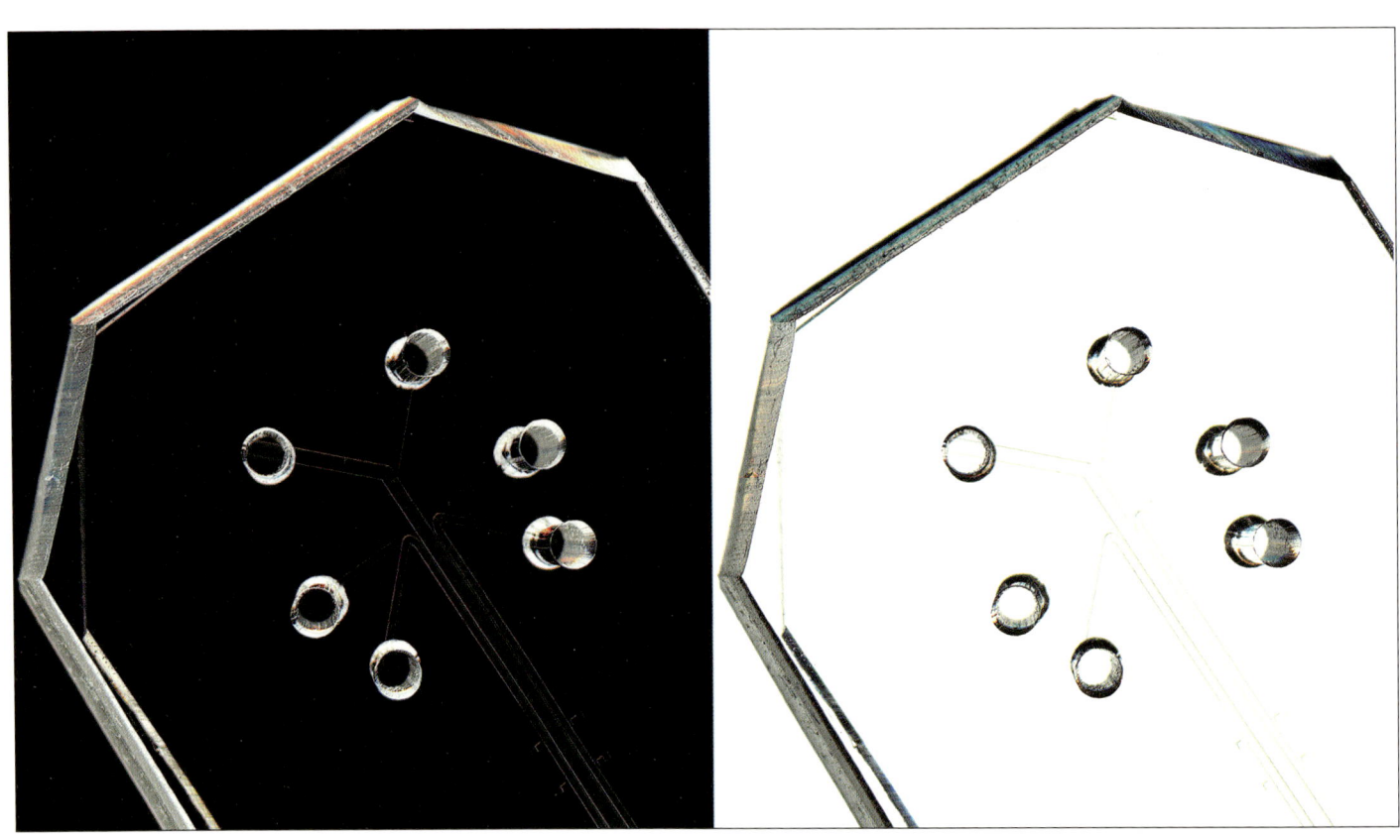

1.9

1.10

1.11

图像大小、分辨率和 DPI（每英寸点数）

在决定是否要使用平板扫描仪时，你首先需要考虑被扫描的物体或材料的尺寸。如果你打算看到几毫米到几厘米范围的细节，扫描仪是一个可靠的选择，正如你在 **图 1.12a**，**图 1.12b** 中看到的，你能

1.12a

1.12b

够捕捉 30～50 μm 范围内的细节。在本章的后部分，我将向你展示如何用扫描仪得到接近显微镜成像效果的图片。如果你扫描图像的分辨率足够高，你可以在电脑屏幕上放大图像，看到肉眼无法看到的细节。（**图 1.13a，图 1.13b**）

1.13a

1.13b

因此，你在图像中看到的和显示的内容将取决于你如何设置扫描仪的分辨率。目前，只要这样考虑：DPI 设置得越高（DPI：每英寸点数，即图像每英寸长度内的像素点数），发送给传感器的信息就越多。发送的信息越多，扫描到的细节就越多。改变 DPI 设置，就像**图** 1.14 中三张图片所呈现的那样，对捕获细节有直接影响。

你将在本书网络资源页面的"如何做"视频中了解更多有关 DPI 设置的信息。

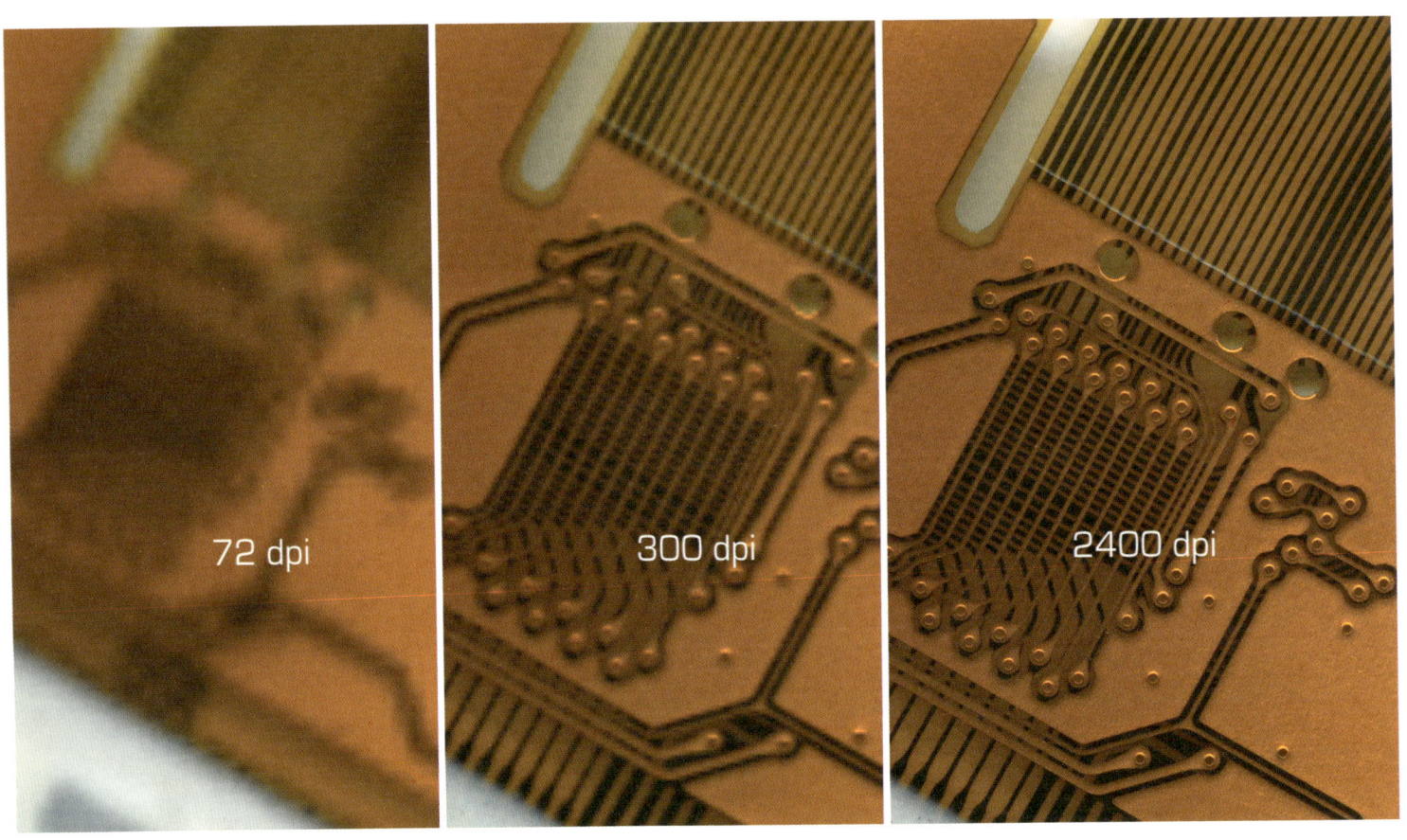

1.14

构图、方向和灯光

使用扫描仪时，注意有限的可控要素。当你阅读下面的具体示例
时，请考虑它们与你工作的相关性。

当我第一次扫描**图 1.15** 中的音乐盒时，图像看起来还不错。见
图 1.16。

1.15

1.16

但是，当我仔细地观察时，我发现了一些令我困扰的事情。首先是出现在音筒上的文字。仔细看**图 1.17**，我看到了数字和字母，这是不必要的干扰信息。

另一个问题是音乐盒转动杆的位置，如**图 1.18**。

1.17

1.18

转动杆的位置感觉不太和谐。为了解决这些问题，我改变转动杆的位置播放音乐盒，音筒转动后，就看不到文字了（**图 1.19**），同时重新调整了转动杆的位置，以获得构图更好的图像。（**图 1.20**）

1.19

1.20

起初，你可能会认为这些调整有些微不足道，但我强烈建议你尝试这样的调整。你会发现，进行一系列的细微调整后，图像的改善将超出你的预期。

接下来，我想知道如果改变扫描仪上器件摆放的方向会产生什么变化。请记住，扫描仪的光源和传感器只能沿一个方向移动。这是我们无法控制的。

目前拍摄的图像中，音乐盒的音筒与光源是平行的。（**图 1.21a，图 1.21b**）

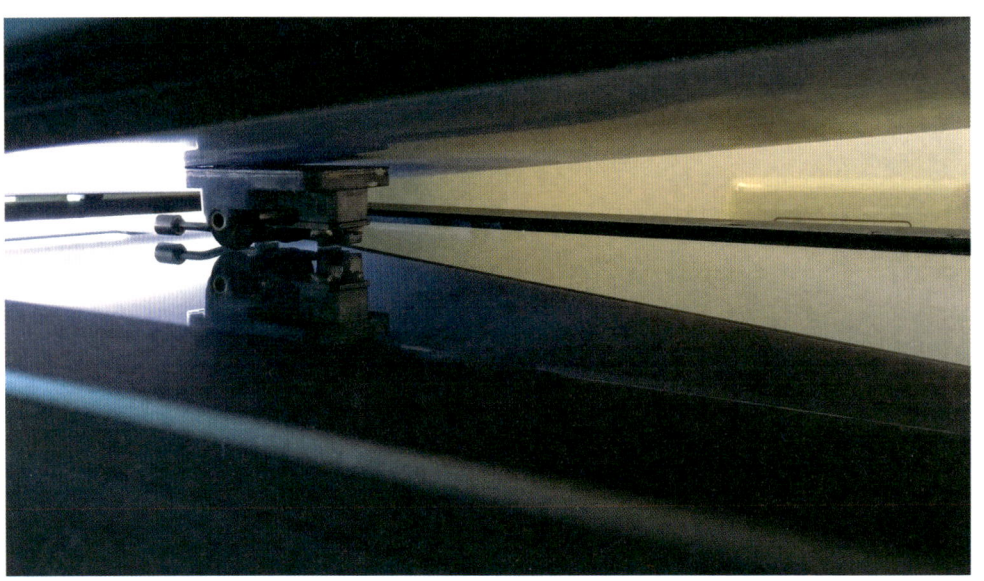

1.21a

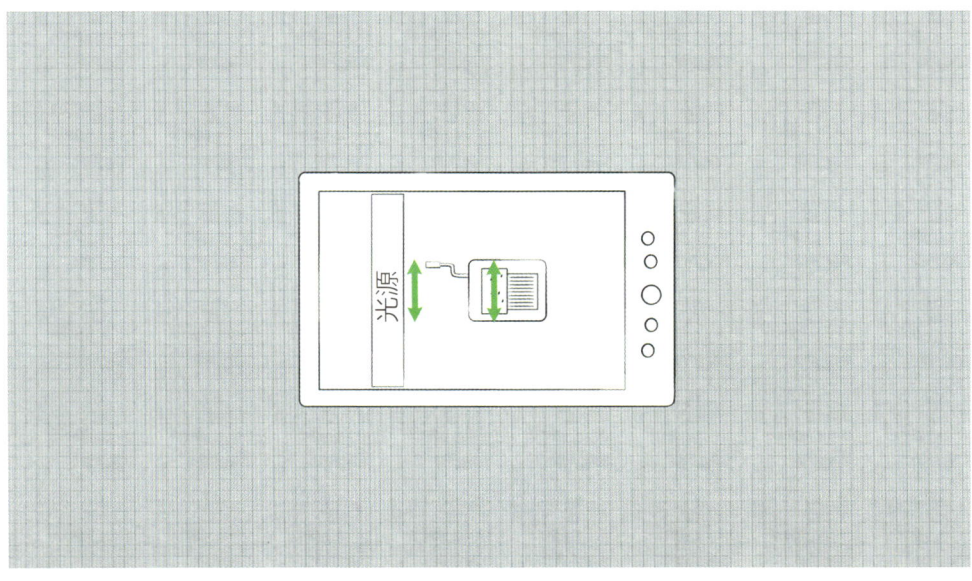

1.21b

在下一张图片中，我将音乐盒旋转了 90 度，使音筒与光源垂直。（**图 1.22a**）

图 1.22b 是拍摄的图片。

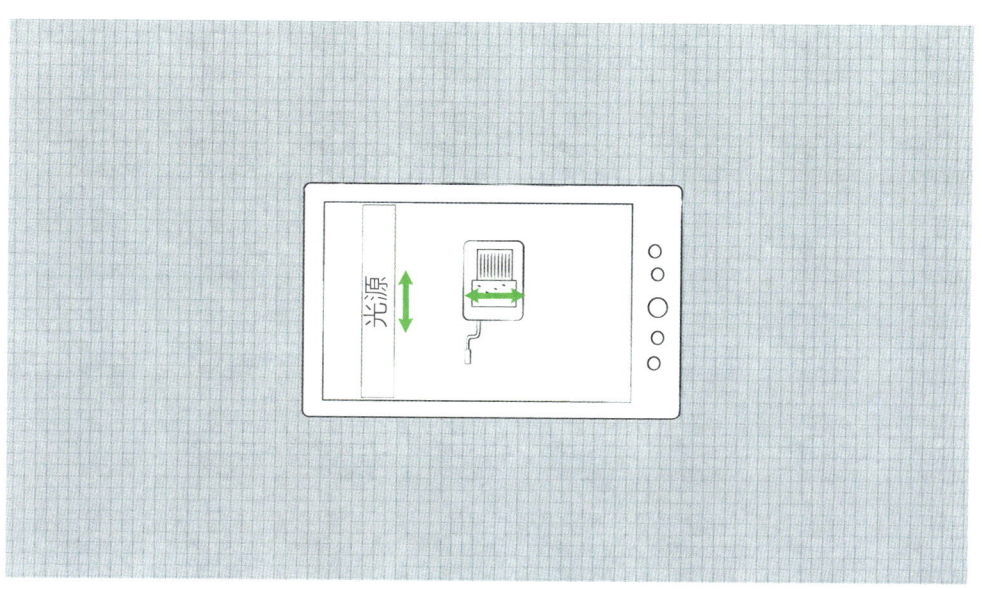

1.22a

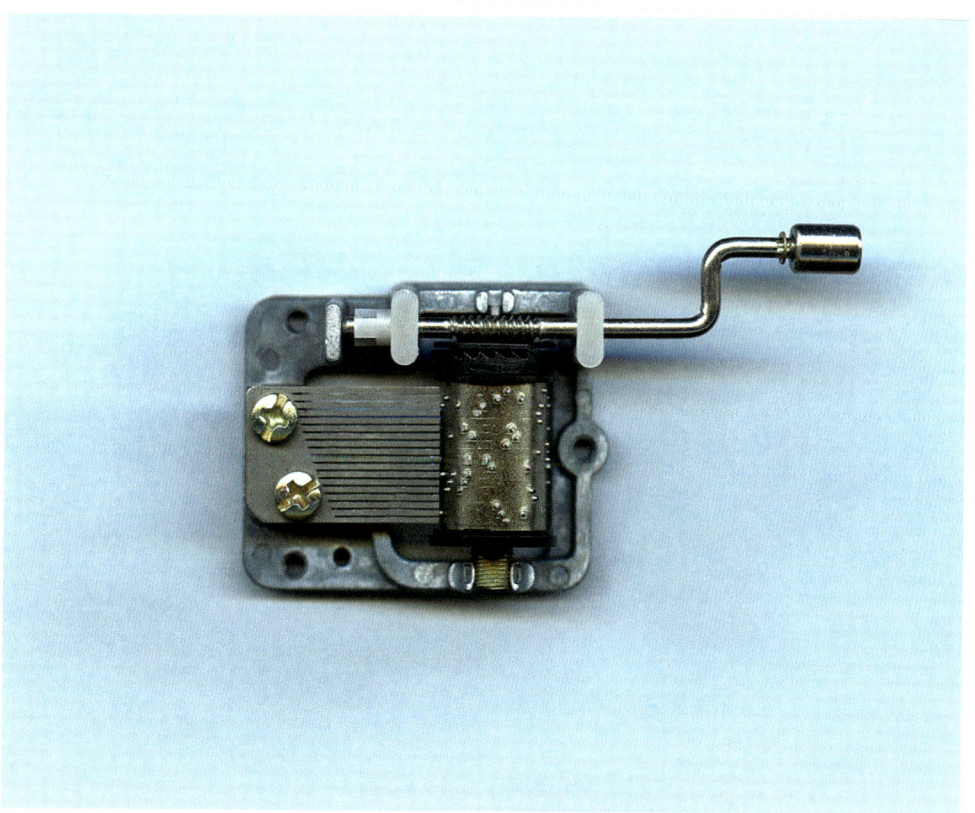

1.22b

把这两张图片放在一起，观察它们之间的差异。（**图 1.23**）

你会看到，左图中音筒与光源平行，产生了一个明显的高光。而音筒与光源垂直时则没有高光。

如果我尝试用箭头来表示从光源和反射等来预测结果，我或许能够提前预测出这些差异；但我更喜欢通过单纯的实验来发现结果，希望你用自己的材料也这样尝试。

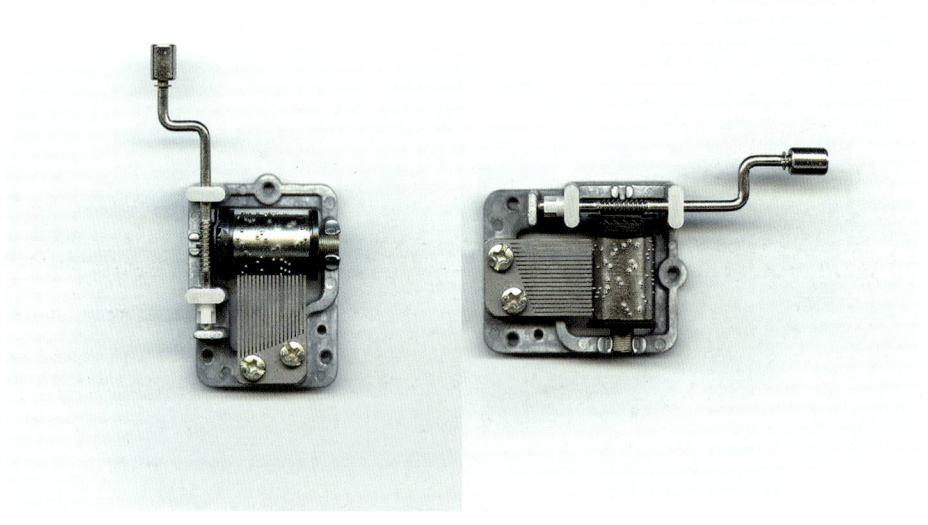

1.23

捕捉非常微小的细节

只有当你在足够高的 DPI 设置下拍摄图像时，才能看到作品的微小细节。（请参阅本书网络资源页面上的"如何做"文件夹中如何设置 DPI 的演示视频。）

在这里，你可以看到干燥状态下美丽的海洋动物玻璃海绵（Euplectella aspergilum），它也被称为维纳斯花篮。我把这个 8 英寸长的三维结构放到平板扫描仪上，在上面盖上黑绒布，然后创建了一个约 1GB 的高分辨率扫描文件。请记住各物体的位置，黑绒布是图像的背景。（**图 1.24a**）

顺便提一下，仔细观察后，你可以看到两只虾以共生关系生活在这个结构中。（**图 1.24b**）

当我们放大图像时，我们可以看到大约 50 μm 宽的二氧化硅纤维。（**图 1.24c**）

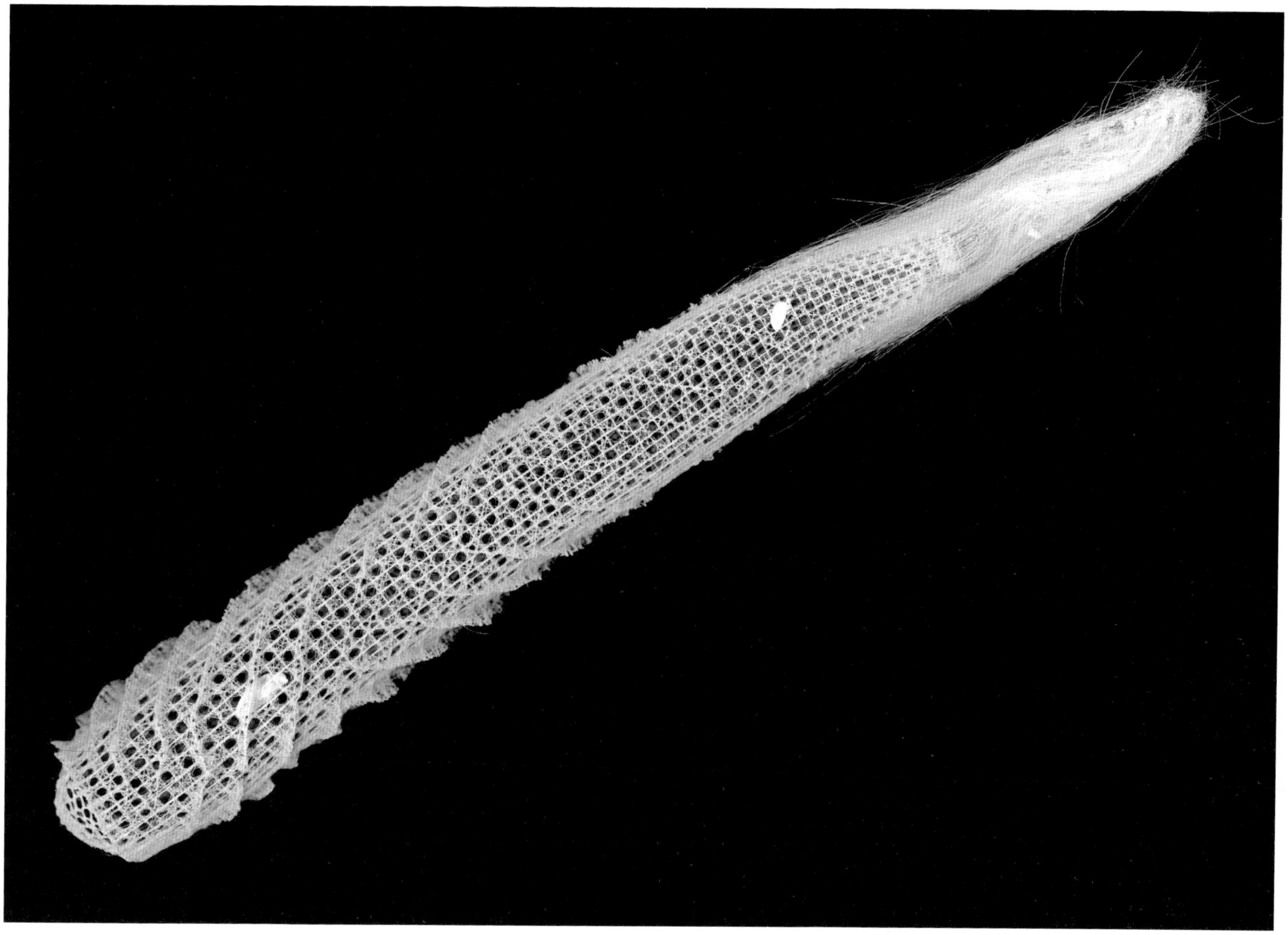

1.24a

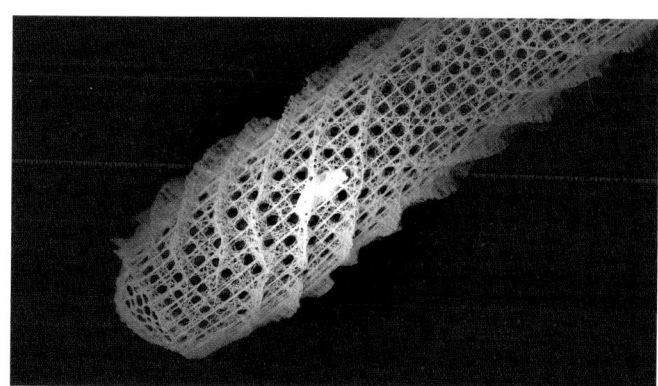

1.24b

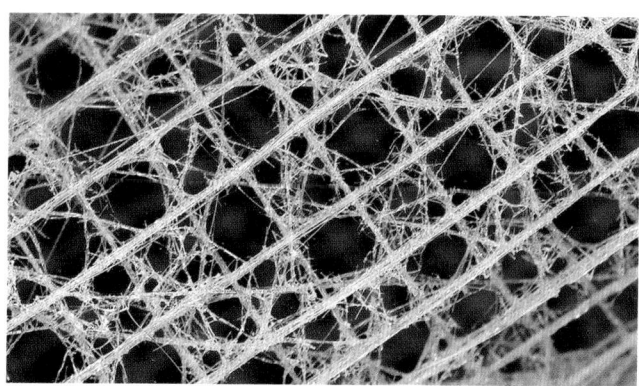

1.24c

图 **1.25a** 是另一种尝试。这个装置大约 2.5 cm 宽。同样，我只是把它放在扫描仪上。

在使用平板扫描仪的教程视频中，你将看到其中一些装置是如何邮寄给我的。当我从各个角度仔细观察这个装置时，一个关于如何拍摄图像的想法逐渐清晰。从各个角度仔细观察物体或材料，考虑所有可能性，这一点至关重要。

试着想象自己是第一次观察。图 **1.25b** 左图是对器件"正面"的扫描，右图是对反面的扫描。

这种"崭新"的视角是不容易获得的，因为你已经研究这种材料

1.25a

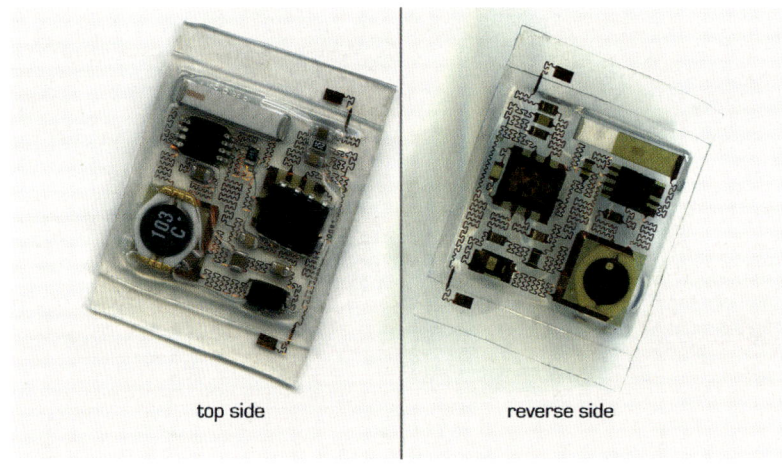

top side　　　　reverse side

1.25b

一段时间了，但有一个诀窍——后退一步，尝试用新的眼光来观察。对于这个项目，约翰·罗杰斯（John Rogers）和我的目标是期刊封面。

我决定选择装置的"反面"并将其扫描成一个足够大的文件，当我放大时，我们看到了一些迷人的细节（**图 1.25c**）

同样地，当你在扫描仪上以足够高的分辨率拍摄物体时，你可以看到这些细节。图像会有足够多的像素作为封面提交。如果你决定投稿封面，请考虑专门为该杂志封面进行裁剪和格式调整，例如为杂志标识和文本信息留出空间。（见第 8 章的案例研究）

顺便说一下，最终我们没上封面，但这是另一个故事了。

1.25c

自上而下的光

　　一台好的扫描仪将为你提供透射光（从盖板上方发出的光）或反射光（从玻璃下面发出的光）。为了比较这两种方式扫描出的图像，我们从**图 1.26**中的 5 个器件开始比较，其中 3 个在右边，2 个在左边。（我鼓励你在书尾的视觉索引中了解一下器件的研究人员。）注意构图，不要简单地排成一排。这张照片和本章大部分照片一样，都是在扫描仪的默认模式下进行扫描的——使用来自玻璃下面的反射光扫描文件。

　　光在器件下方扫描（移动），反射回去，然后被玻璃下方的传感器读取。（**图 1.27**）

　　出于兴趣，我调整了设置。例如，在这里我只是打开了扫描仪的盖子。（**图 1.28**）

1.26

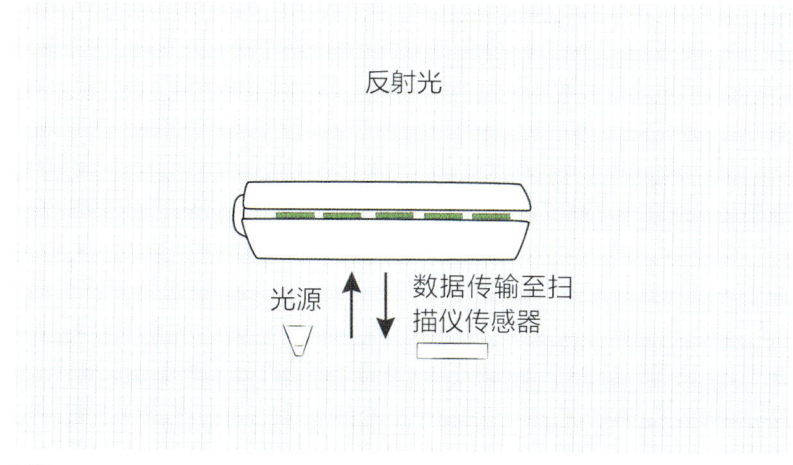

反射光

光源　　数据传输至扫
　　　　描仪传感器

1.27

1.28

同样，扫描仪设置为反射光。通过实验可以得到一些新的、可能有用的不寻常的结果，这是其中的一个例子。

现在看看当我使用透射光时会发生什么，也就是从上向下的光。（**图**1.29）

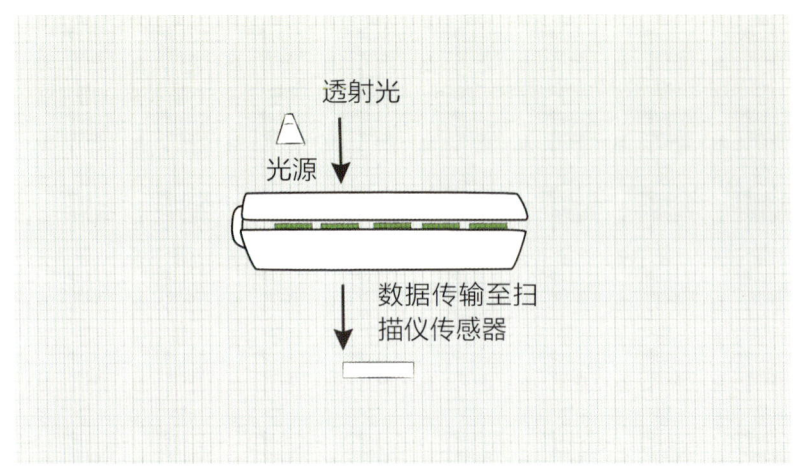

1.29

记住，扫描仪的传感器仍从玻璃下方拍摄图像。这个光源被认为是透射光，因为它穿透样本。

图1.30 是可以看到的结果。左侧的两个器件显示为黑色矩形。

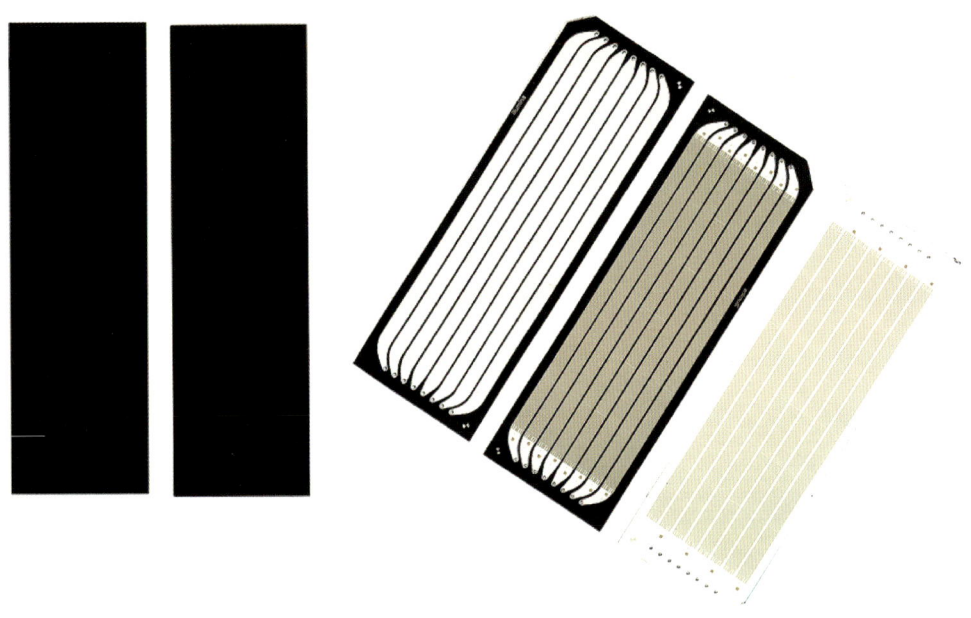

1.30

这是因为上方的光被固体硅材料阻挡，所以没有光传到下面的传感器，便显示黑色。相比之下，右边的器件是透明的，可以显示出一些细节。

当我们放大图像时，右边的器件显示出我们无法用反射光看到的有趣细节。（**图 1.31**）

你可以在 **图 1.32** 中比较这些细节。

这里的优越之处在于，扫描仪能够提供从上盖发出可以透过样品的透射光。我只需在扫描仪的设置窗口中调整为透射光模式，就好像我们在扫描底片或其他透明材料一样。

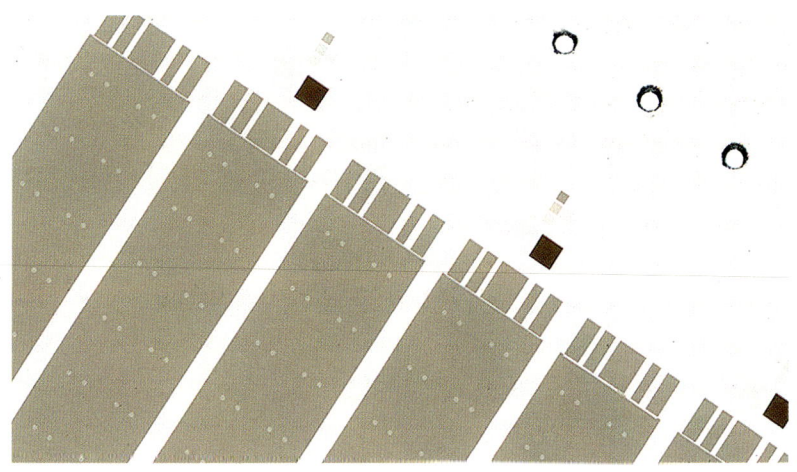

1.31

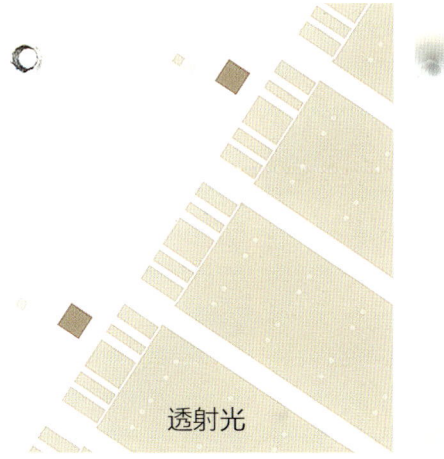

透射光　　　　　　　　　反射光

1.32

这是另一个分别用反射光（**图 1.33**）模式和透射光（**图 1.34**）模式扫描同一个器件的例子，区别非常明显。

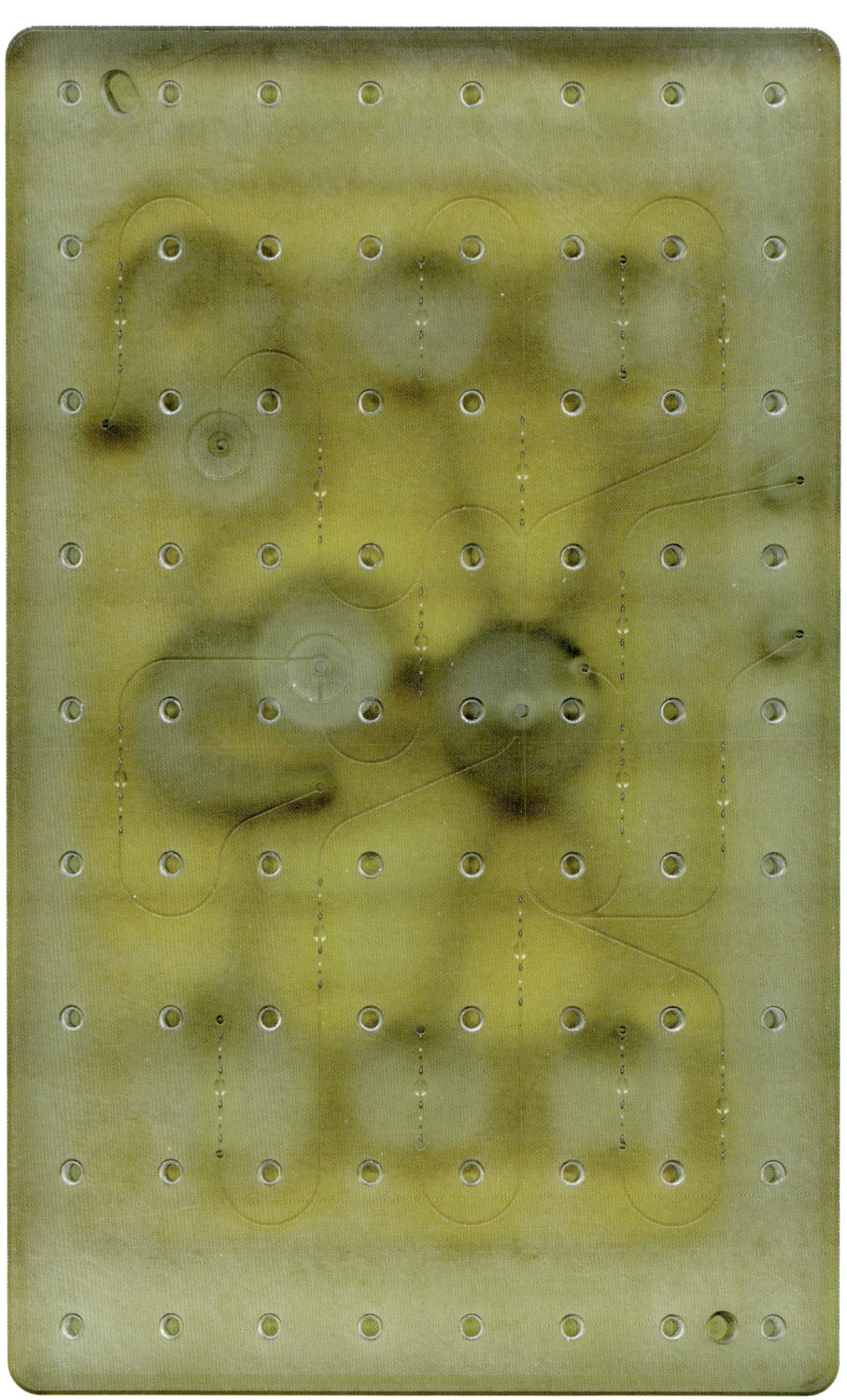

1.33

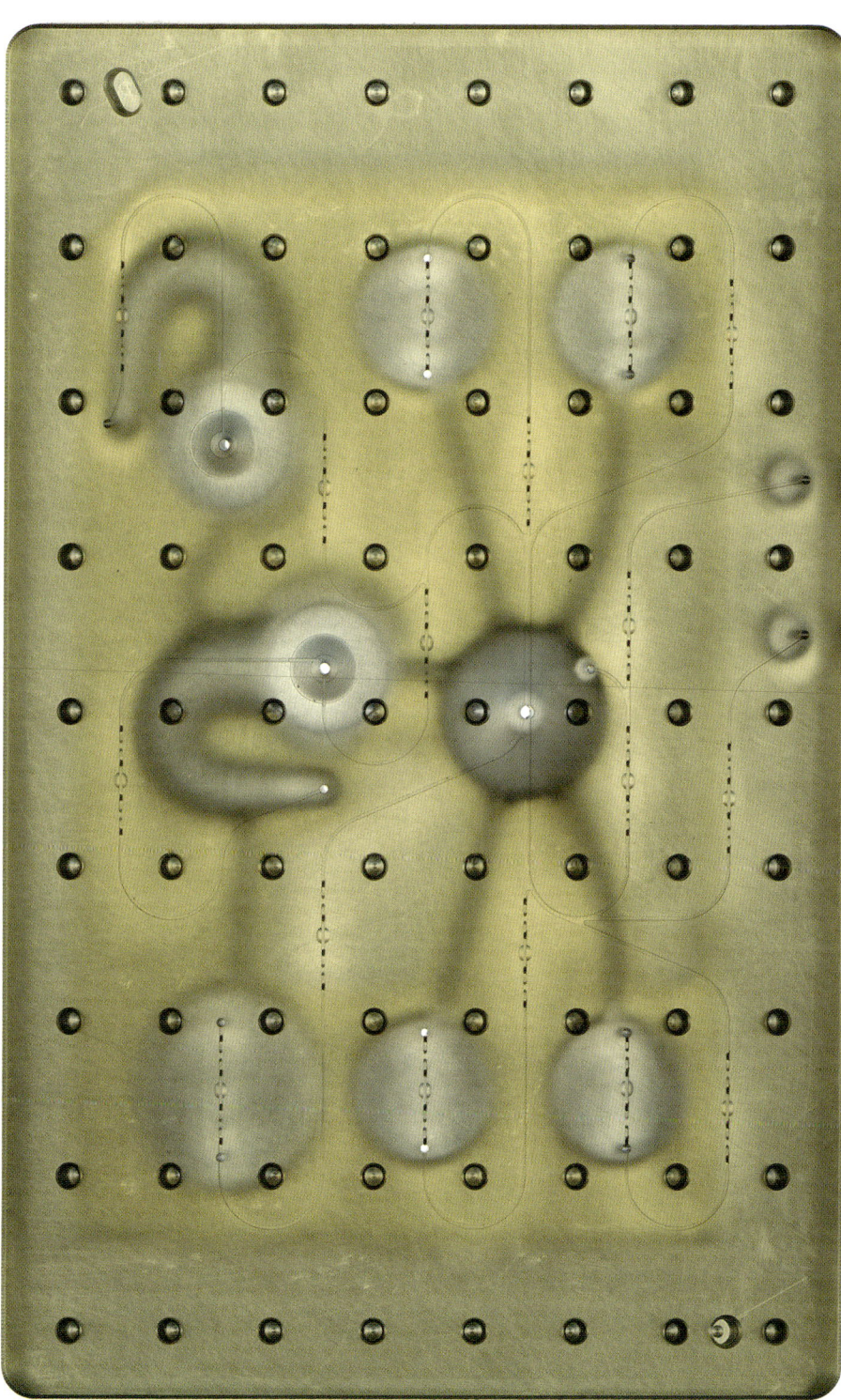

1.34

关于光线和分辨率的更多信息

让我们使用反射光设置来观察培养皿中生物的生长。

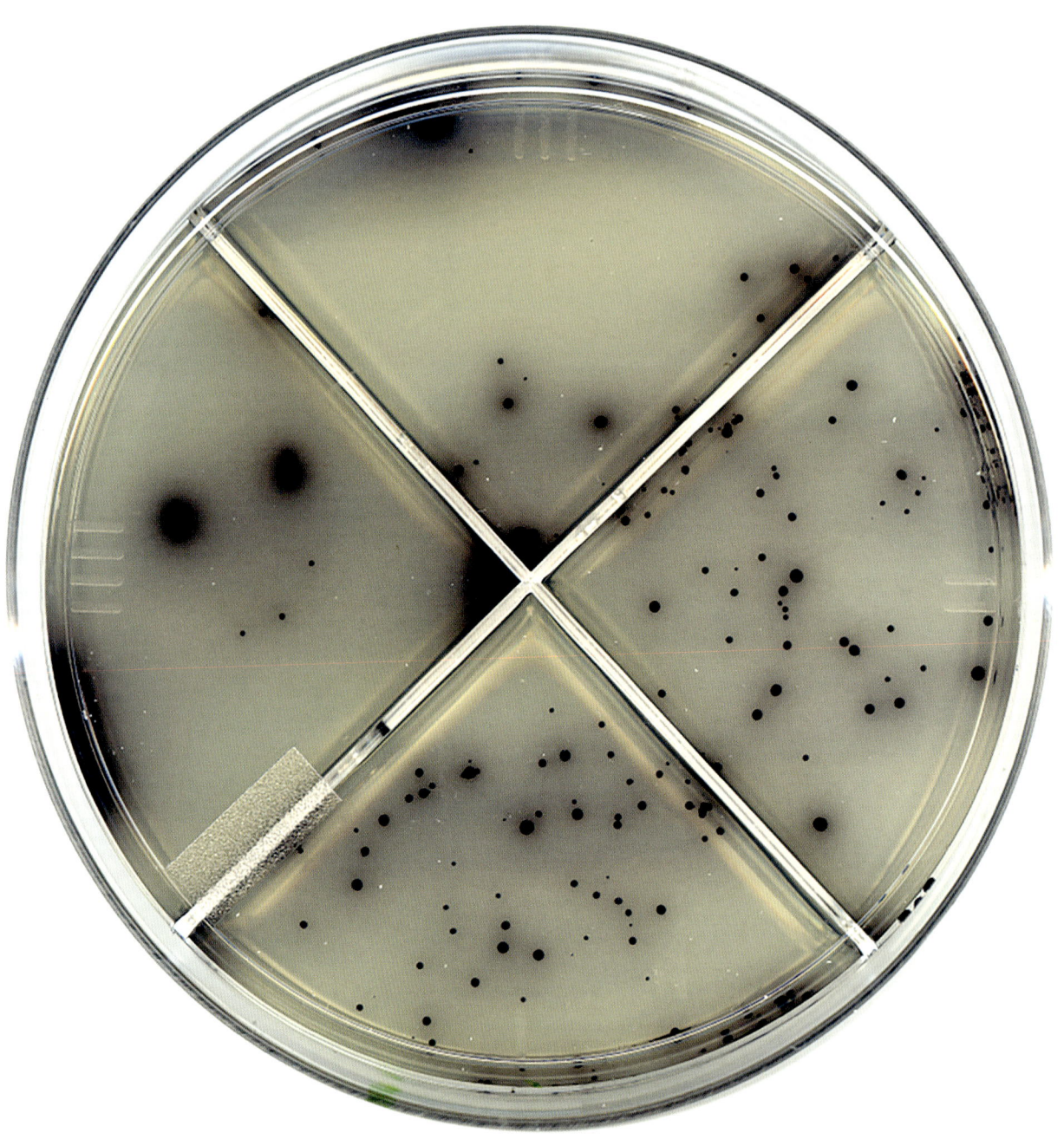

1.35a

在这里，我们看到大肠杆菌在四种条件下生长（**图 1.35a**）。我把培养皿放在扫描仪上，再次使用默认的反射光设置。得到的高分辨率文件大约有 400MB，从表面看还不错。但是，当我们放大时，我们看到了培养皿表面的一些灰尘和划痕。（**图 1.35b**）

因此，我决定尝试自上而下的透射光，来自扫描仪上盖的光源。（**图 1.36**）

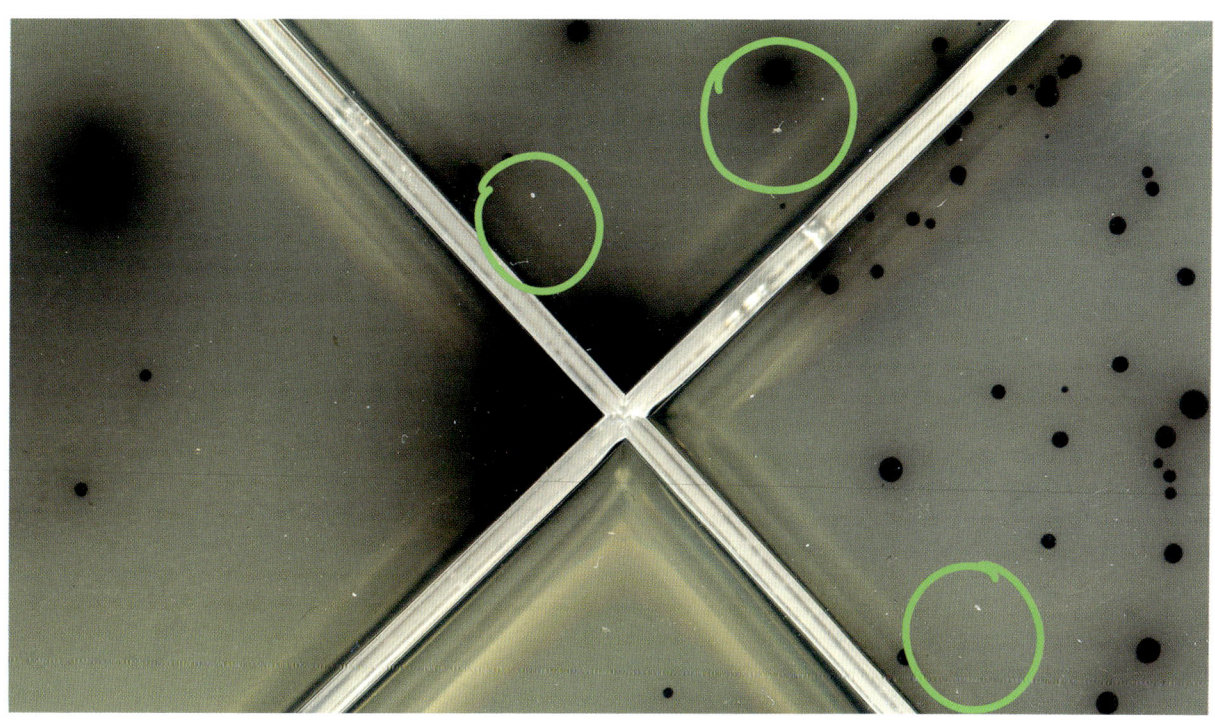

1.35b

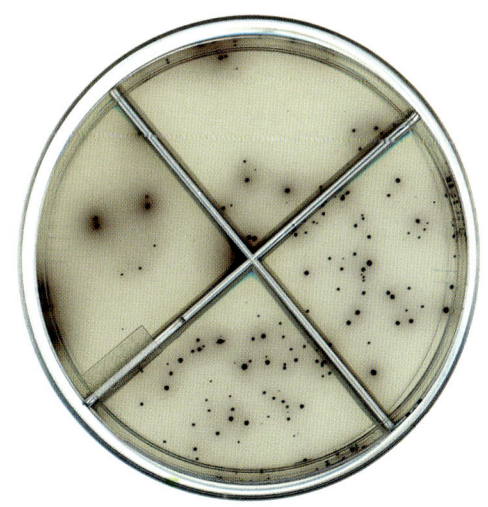

1.36

使用这种透射光的方法对观察培养皿中细菌和生物的生长是有意义的，而且更加精确。如果你的扫描仪没有透射光源，但扫描的对象是高品质的，你仍然有机会利用反射光得到好的作品。

在我们进一步讨论之前，我想特别指出一点。在第四章你会看到我是如何改变想法，而使用手机相机进行拍摄的。这项技术发展迅速，很高兴看到这些内置相机的潜力。然而，对于我们的大多数拍摄需求而言，它的问题仍然是文件不够大。在这里，我用手机相机拍了一张足以快速展示培养皿中细菌生长状况的照片。（**图 1.37**）

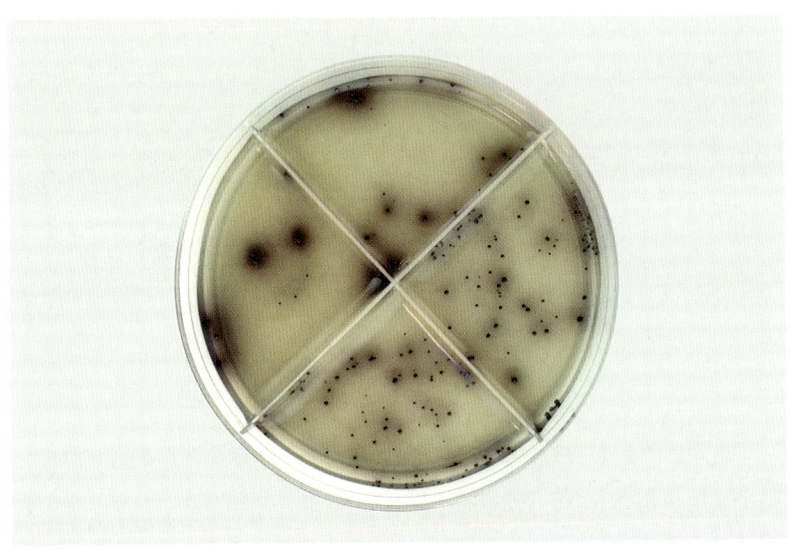

1.37

但使用透射光的高分辨率扫描图像是截然不同的。将手机图像与扫描仪中透射光扫描的图像等比例放在一起，就能说明这一点（**图 1.38**）。

就文件大小而言，手机图像要小得多，分辨率和传递的信息也更少。当我们在电脑屏幕上放大图像时，可以看到图像清晰度的显著差异。对比手机拍摄的图像，在 400MB 的扫描图像中可以看到出色的细节。（**图 1.39**）

你对所有这些变量的选择取决于你的目的。最后，我支持你从一开始就尽可能地拍摄最好的图像。

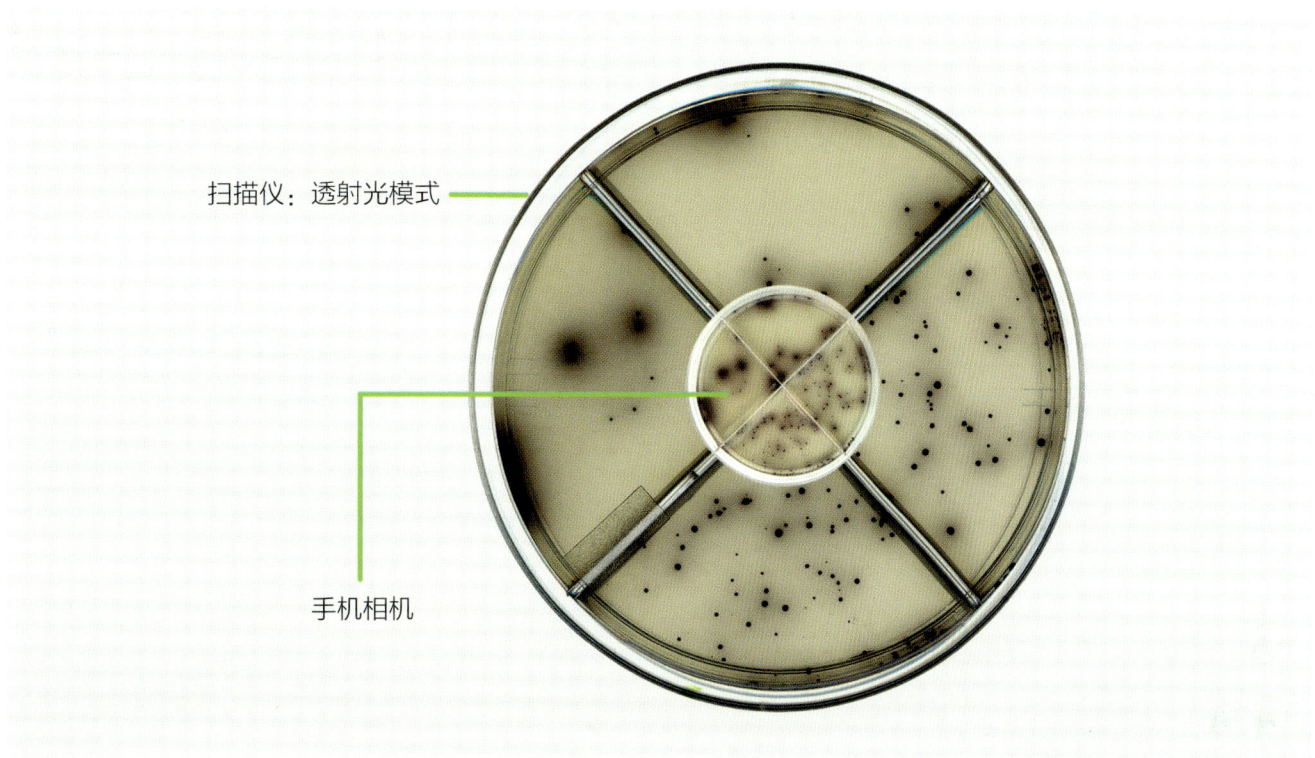

扫描仪：透射光模式

手机相机

1.38

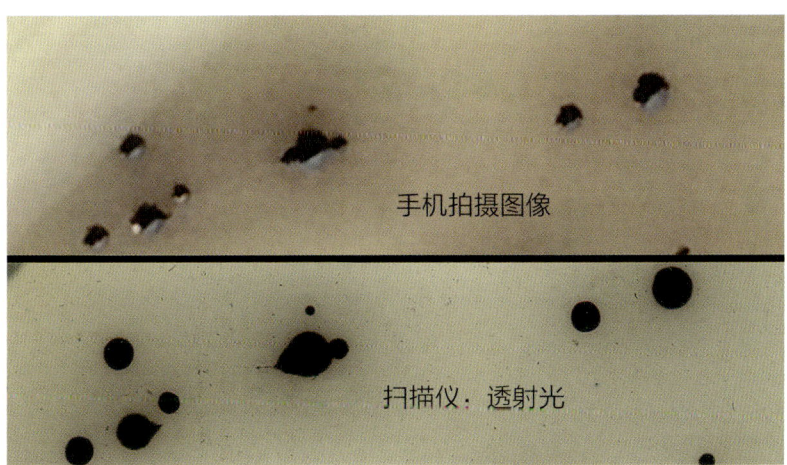

手机拍摄图像

扫描仪：透射光

1.39

关于背景的说明

正如你将在本书中看到的，我有点像一个背景收藏家。

每当我在邮箱里收到有趣的信封或卡片时，我都会把它保存起来，因为有一天它可能会对我的使用扫描仪有帮助。盘子、编织物或其他任何适合放在小物体和器件上，作为反射光扫描背景的东西，也是如此。（**图 1.40**）

此外，想起来也很有趣。

你也可能成为一个收藏家。每天看到的各种材料，会作为潜在的背景材料来帮助你构思图像，即便你并没主动使用到它们。（**图 1.41a、图 1.41b 和图 1.41c**）

1.40

1.41a

1.41b

1.41c

扫描仪使用的背景会对最终的图像产生很大的影响。我使用简单的方格纸作为此诊断器件的背景。（**图 1.42a**）

接下来，我尝试用一些气泡膜作为背景（**图 1.42b**）。这种尝试肯定过头了，行不通。器件和背景之间没有视觉上的联系或意义。

最后，我决定使用简单的绿色纸。（**图 1.42c**）

因为这张图片是在高分辨率（大约 400MB）下拍摄的，所以我可以放大、裁剪，最终定稿图像。（**图 1.42d**）

简单的彩色背景和构图都很适合这张图片。

参阅本书网络资源页面上的"如何做"文件夹，观看视频了解如何以数字方式添加背景颜色。

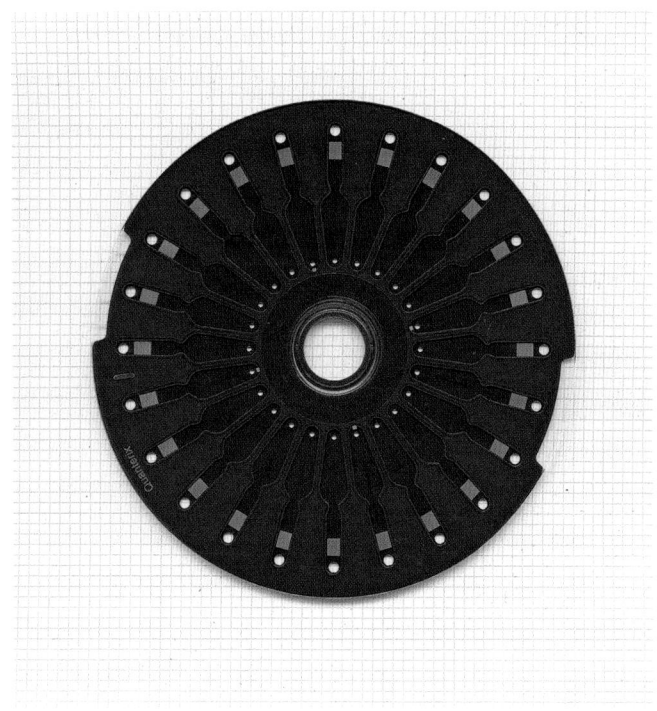

1.42a

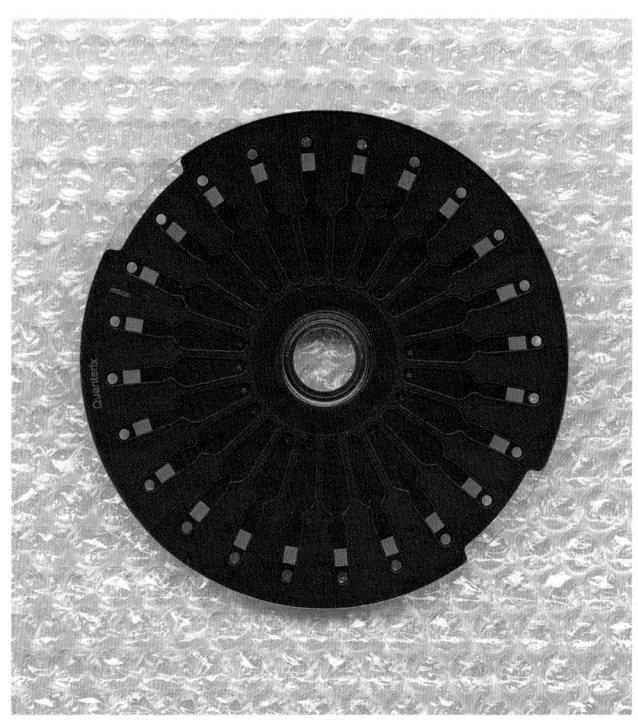

1.42b

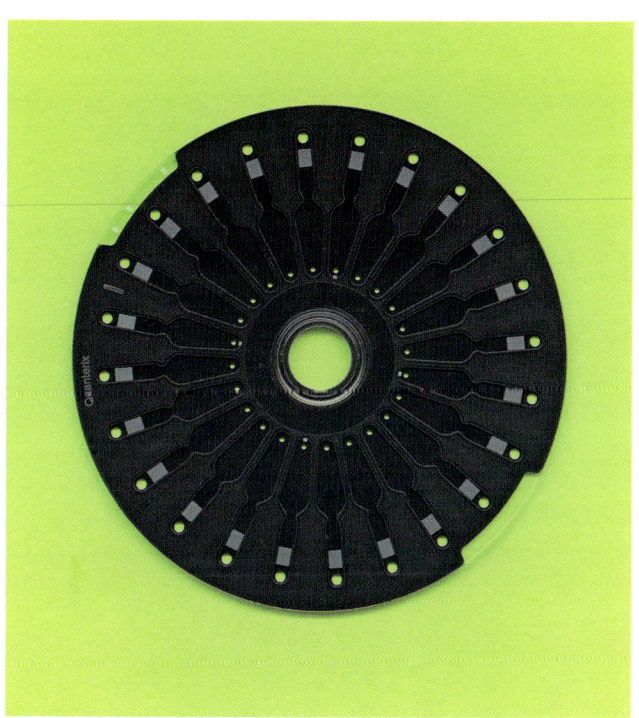

1.42c

1.42d

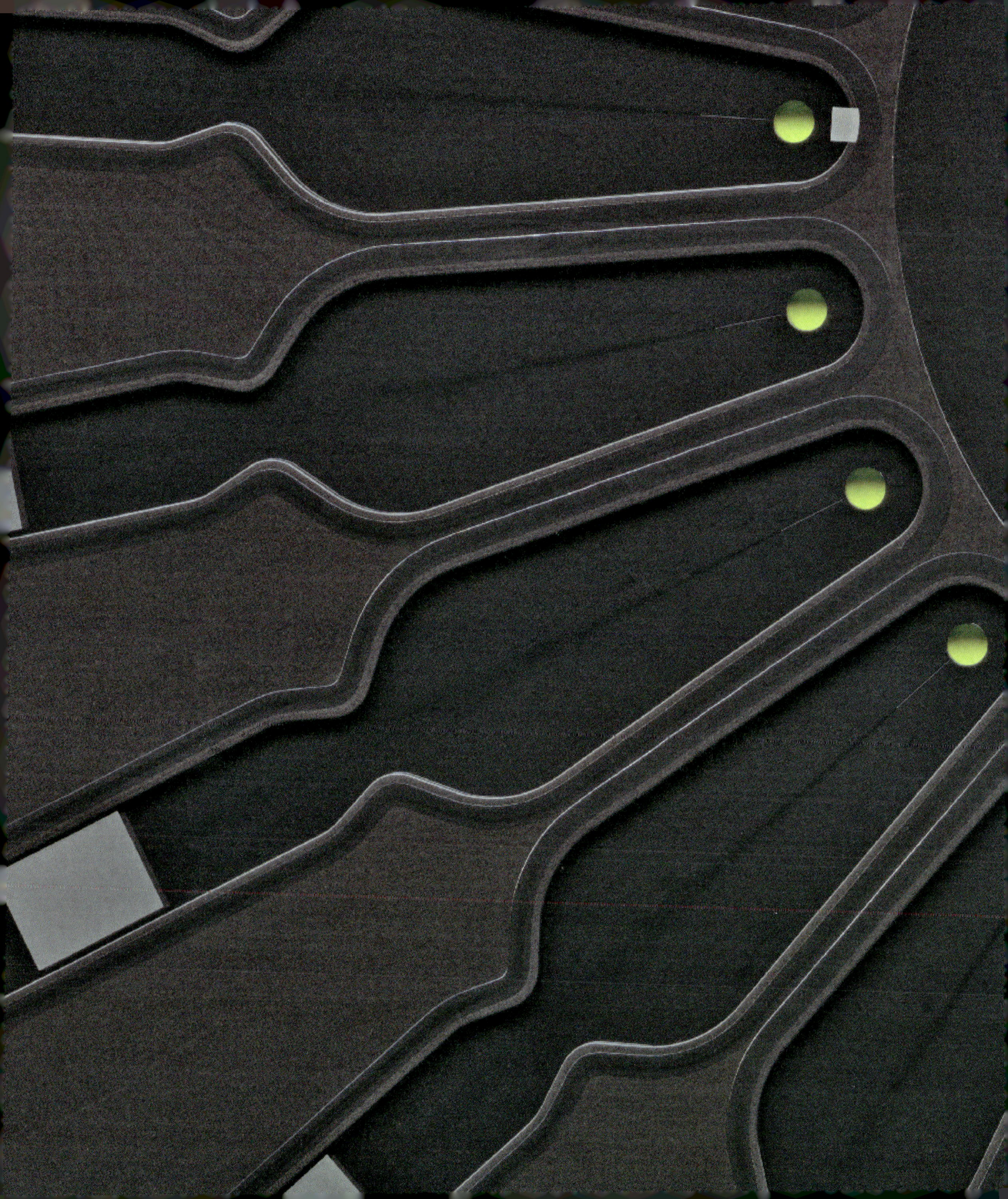

总结

为什么要使用扫描仪？

· 它是快速、廉价、高质量的相机替代品。

· 你可以用新的方式进行图像拍摄和新的方式分享熟悉的视觉内容。

· 非常适合草稿、预备图和专利申请。

思考：

· 你的拍摄对象是否适合扫描仪？

· 是否要看到有趣的细节？它们的尺寸在几毫米到几厘米范围内吗？

· 三维对象的景深是有限的，但不应该限制探索。

· 如何使用图像？（封面图像？演示文稿？论文里的图片？）

· 背景：确保你的选择不会造成干扰。

进行实验：

· 物体在扫描仪上的位置和摆放方式。

· 光线方向。

检查扫描仪设置

· 取消勾选所有图像处理。

· DPI 设置得越高，分辨率就越高，细节也会越多。

· 以 TIFF 格式存储。

保持记录

· 记录你的创作过程。

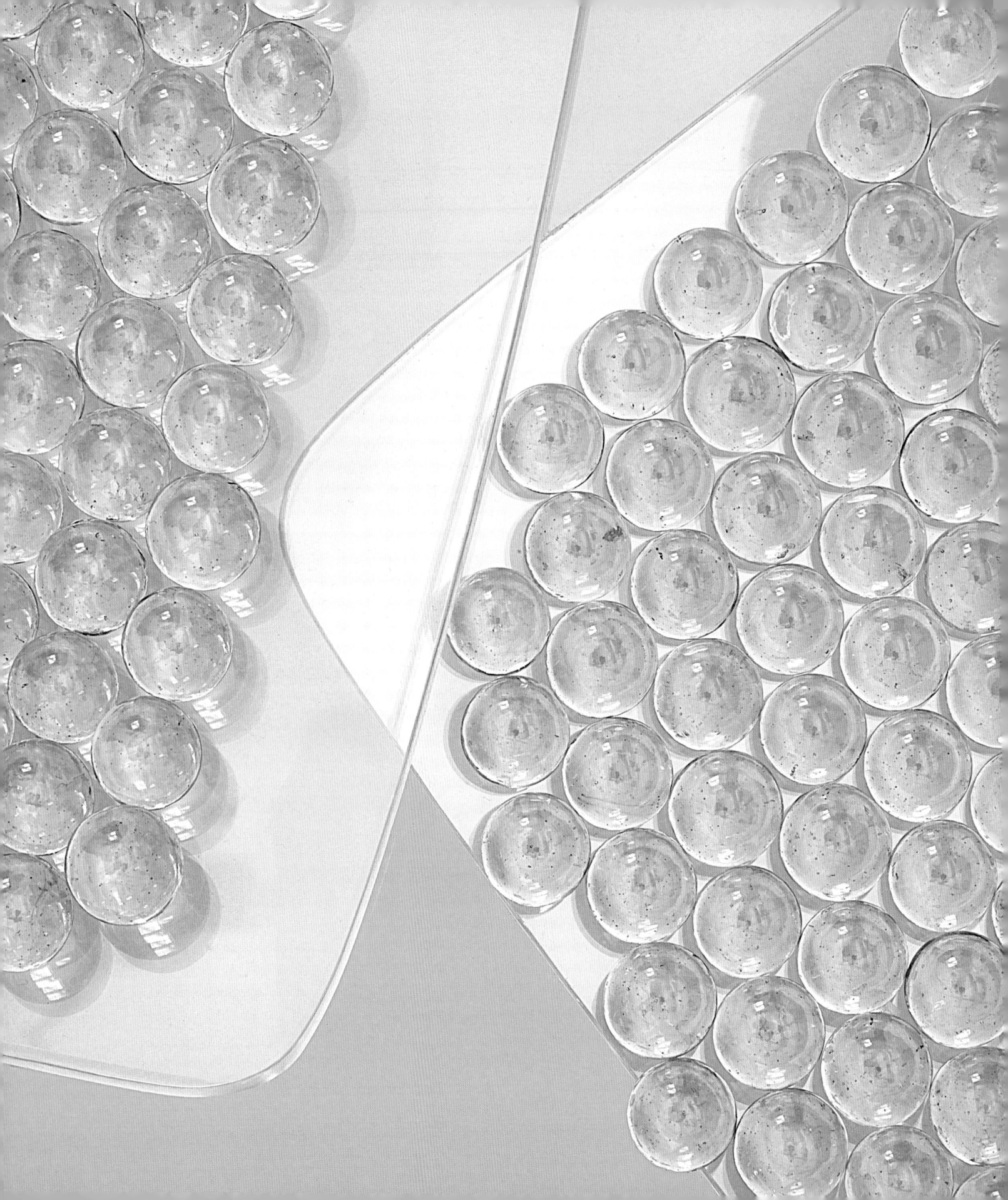

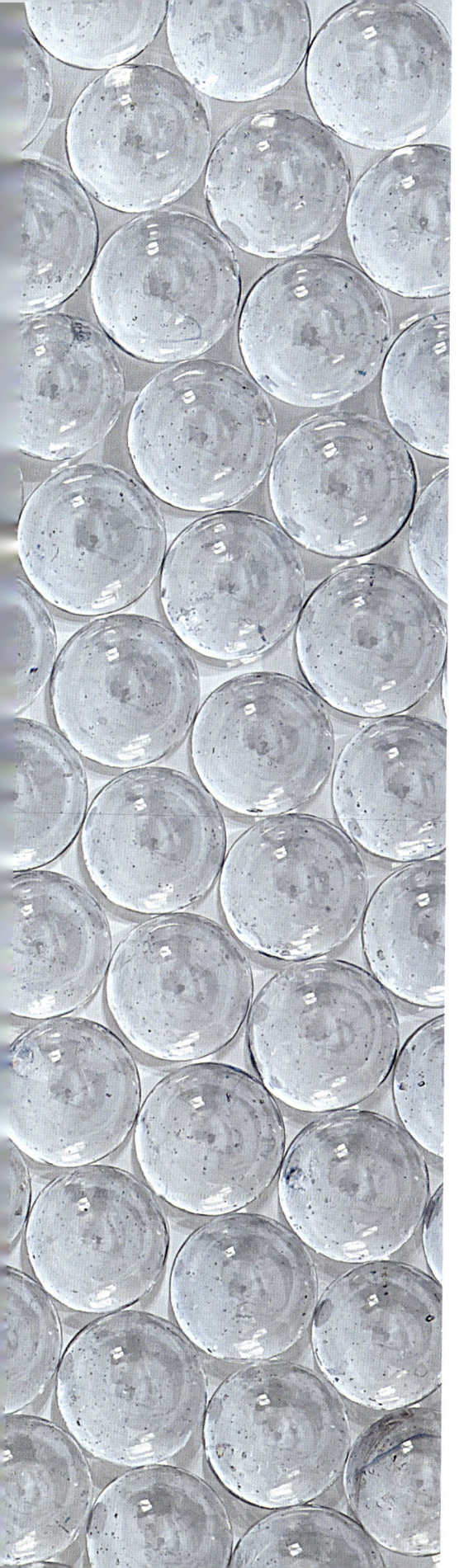

第二章
相机基础知识

　　在本章中，我们将介绍在实验室中使用相机和镜头拍摄研究成果图像的基本知识，其中的重点是相机设备。

　　因为这本书主要是关于在特定光学尺度范围内拍摄特定类型的材料，我将非常具体地提出对相机、镜头和其他设备的建议。拍摄是在特定环境中完成的。你将能够控制图像的呈现，而不是像拍摄人像或体育运动的摄影师一样，你无须猜测图像呈现会是什么样的，因为当你在摆放物体、打光、构图的时候，你已经知道最终图像呈现的效果。

　　我将假定你已经具备相机的基本知识（请阅读相机手册！）。为了清楚起见，我将回顾针对我们的特定需求进行准确曝光的过程。如果你是一位新手，你将会在本书找到有用的网站。

相机

你不需要一个有各种花哨功能的相机。你只需要一个能更换不同镜头，并能手动更改 ISO、光圈和快门设置的相机。最重要的是，你的相机能够捕捉到足够大的图像（以文件大小衡量），用于投稿，例如期刊文章或封面。以封面为例，你通常需要大约 24 MB 的文件。对于 8.5 英寸 × 11 英寸的封面来说，这大约是 300 DPI 的分辨率。所以你必须确保所选的相机的传感器能提供这样大小的图像。

镜头

我将专注于使用 105 mm 的微距镜头。有了这个特殊的镜头，你就可以利用微距摄影技术来接近材料或器件。不要在普通镜头上使用放大滤镜，它的光学成像质量是不能与一个精细的微距镜头相比的。

其他设备

你还需要一个三脚架。我建议买一个带有快装板装置的，这样你就可以很容易地在三脚架上装上和取下相机。（**图 2.1**）

我想劝你不要使用翻拍架，我在很多实验室都看到过。使用翻拍架时，相机只能放在一个位置，会限制你的视角。在本书"视角"的章节，你会发现能够在三脚架上移动相机不仅会让你慢下来（这是一件好事），而且会教你仔细观察你的材料。

最后，我强烈建议你将相机和电脑结合起来使用。这意味着你可以使用软件（1）进行各种曝光设置，（2）将图像直接存储在电脑里，而不是存储在相机的存储卡中。确保你在电脑上安装了正确的软件。如果你决定不使用软件，你就必须学习如何在相机上进行曝光和光圈设置。

2.1

技术问题：设备设置

学习使用设备的最好方法就是拍照。我们的第一个拍摄对象你已经见过了——一个音乐盒的内部器件。

让我们从获得正确的曝光度开始，这意味着在相机的传感器上从被拍摄物体捕捉适量的光。请记住，我使用的是 105mm 镜头，以及预先在我的电脑上安装了控制相机的专用软件。第一步是打开软件并找到允许你设置 ISO 数值的界面。ISO 也是国际标准化组织的缩写，在相机上是测量光线敏感度的行业标准单位。

图 2.2 是我的软件界面。将 ISO 数值设置得尽可能低，以便得到最佳的图片。对我的相机而言，最低设置是 200。这个数字"告诉"传感器"读取"被测物体发出的光线时的敏感度。ISO 数值越高，比如 6400，传感器就越敏感。在光线较暗的情况下，设置一个更高（更敏感）的 ISO 数值是一个合适的方式。但是请记住，在当前的情况下，我们可以控制拍摄条件。原则上，我们应该能够根据需要增加更多的光线。更重要的是，将相机设置成高 ISO 数值的问题在于，随着传感器越来越敏感，它会接收到"噪点"——相机电路中的电子信号，噪点表现为图像中的颗粒感。它不是来自拍摄对象的数字信息，所以不是我们想要的。

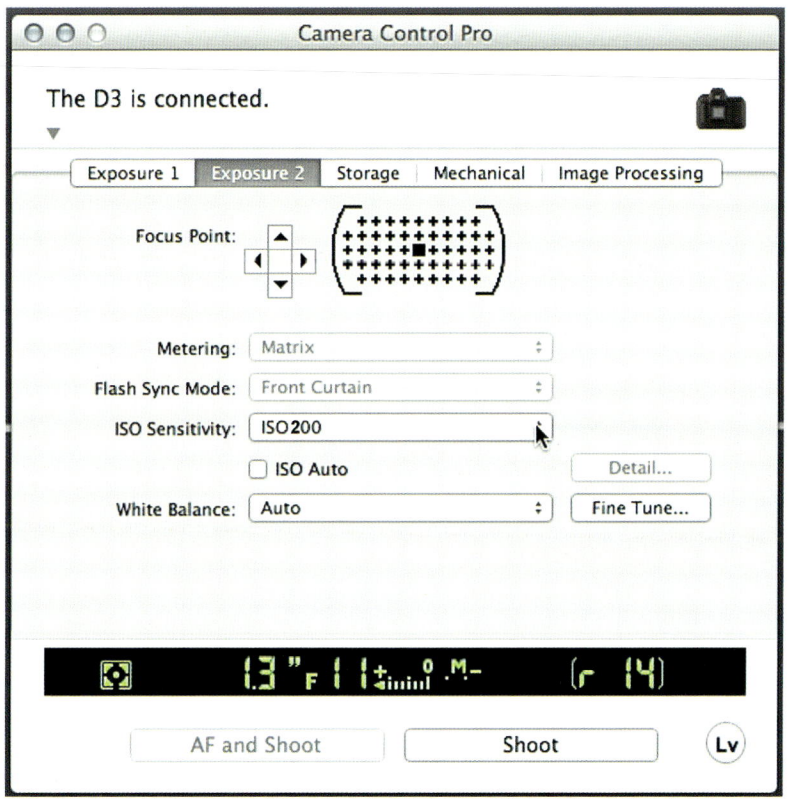

2.2

为了更好地了解我的意思，我们来看看这两幅图像的区别。（**图 2.3a，图 2.3b**）

2.3a

2.3b

左边的图像是 ISO 数值设置为 200 时拍摄的。右边的图片是在 6400 设置值下拍摄的。在完整画面中，你可能看不出噪点水平的差异。但是现在看看放大后的图像（**图 2.3c，图 2.3d**）。ISO 数值 6400 图像的颗粒感不是我们想要的。

2.3c

2.3d

下一步，找到可以通过调整快门速度和光圈来改变曝光设置的界面（**图2.4**）。我通常将光圈设置为 F/32。我的意图是想要尽可能让拍摄对象对焦。注意，"F/32"在软件界面底部的读数中有显示。

下一步，设置快门速度，这是你在查看曝光数值时选择的（**图2.5**）。大多数时候，我们的目标是让曝光读数在正中间显示为 0：既不会曝光不足，也不会曝光过度。

曝光读数和你在取景器里看到的很相似。我发现用电脑屏幕更容易完成设置。

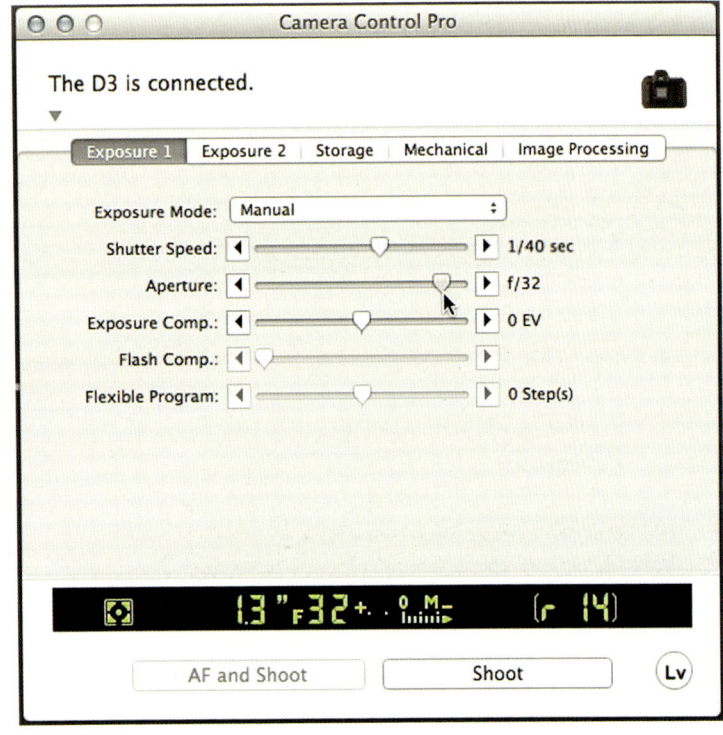

2.4

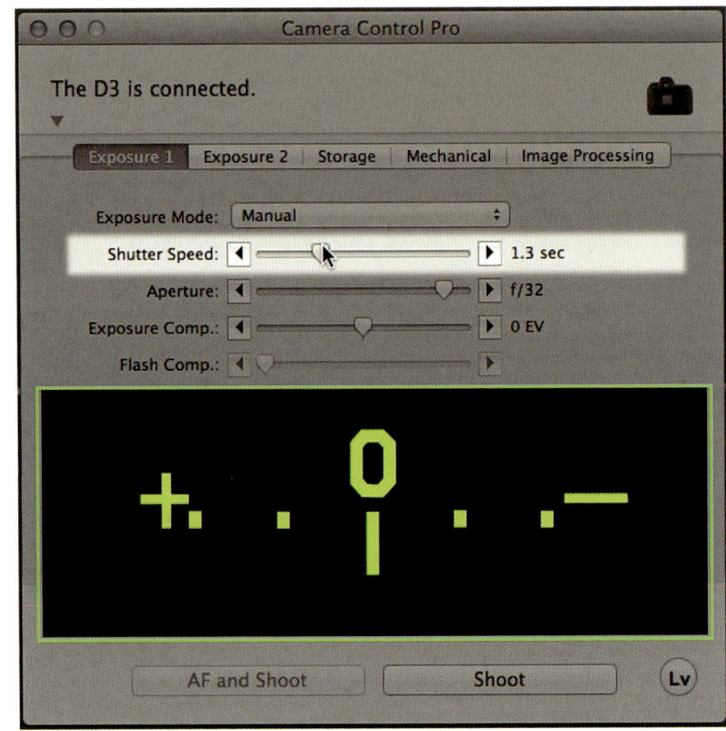

2.5

正好说一下三脚架的作用。为了获得正确的曝光，我们可能需要将快门速度设置为类似半秒这样的数值。我不知道你会怎么样，但如果我手持相机拍摄时，如果快门速度非常慢，放大后的图像就不会很清晰。看看接下来的这两张图片。第一次是手持拍摄（**图2.6a**），第二次是相机牢固地安装在三脚架上拍摄的。（**图2.6b**）

差别相当大。利用三脚架拍摄时，你可以使用慢速快门，而不用担心相机不稳定和抖动。

2.6a

2.6b

现在，你已经设置好了 ISO 数值、光圈和快门速度，你可以点击"实时查看"（Live View），这是该软件另一个很棒的功能（**图2.7**）。在"实时查看"模式下可以关注两方面。首先，你可以决定是否需要调整构图，比如当出现拍摄对象没有正确排列的情况。其次，你可以预览所选光圈设置下的图像，并注意拍摄对象是否对焦。

2.7

当你准备拍照时，只需点击"拍摄"（Shoot）。（**图2.8**）

图像会被相机捕捉并立即下载到电脑上。这一过程非常快。在电脑上，即使你在屏幕上看到的缩略图很小，你也可以判断曝光是否达标，你的构图是否正确。（**图2.9**）

如果图像看起来不舒服，你可以在"实时查看"中反复修正它。

回顾使用软件调整曝光设置的原因：

1. 在你的电脑屏幕上很容易看到设置；

2. 你可以立即判断这些设置是否正确；

3. 你可以实时调整你的构图（使用"实时查看"模式）；

4. 根据设置好的光圈，你能够在屏幕上看到哪些地方对焦了，哪些地方没对准焦；

5. 你可以将图像直接存储在你的电脑上，而不必担心相机存储卡上的存储空间。

如果你仍然选择不使用软件，所有这些曝光设置都可以在你的相机上进行。你只要阅读相关手册就可以了。

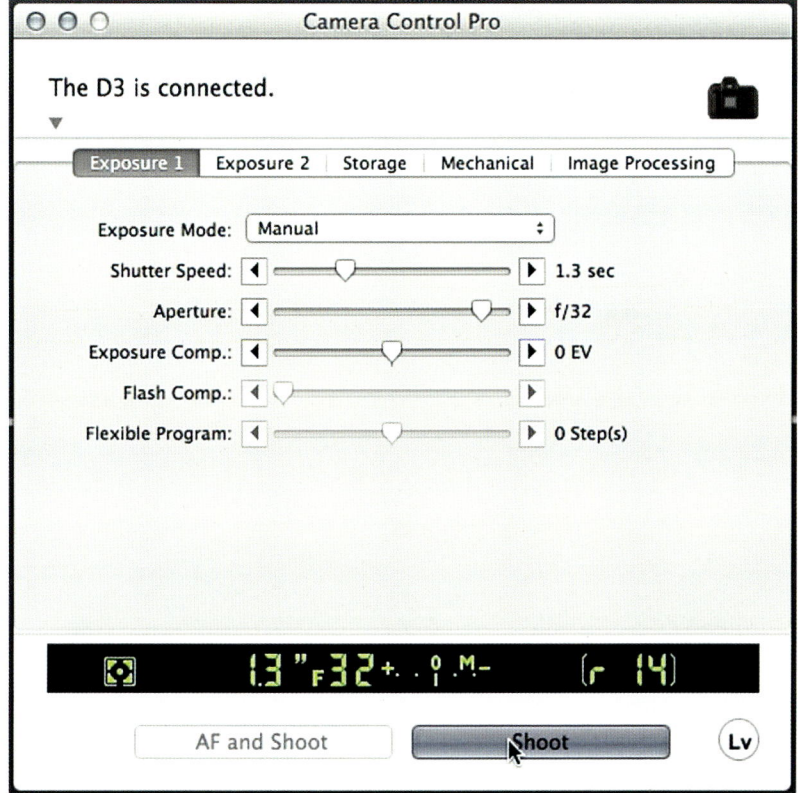

2.8

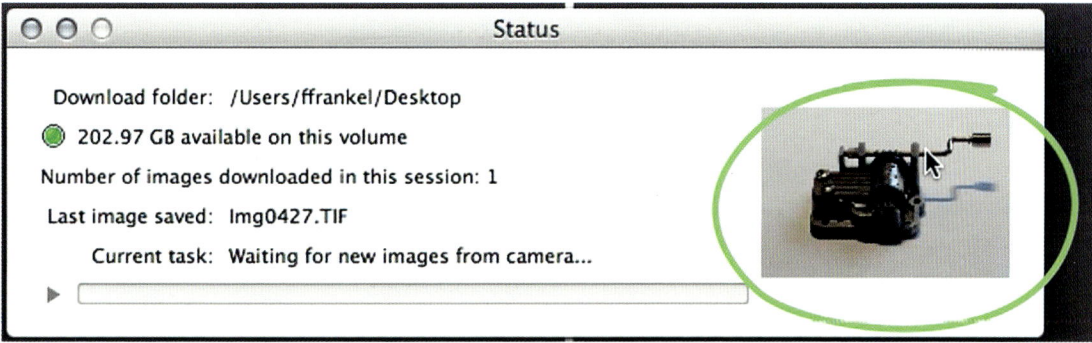

2.9

深入了解光圈

让我们更仔细地研究光圈的设置，和所谓的"景深"。景深是指一张照片中哪些部分是对焦的（以及哪些部分没有对焦）。改变光圈设置可以调整镜头的开口大小。（**图**2.10）

光圈的大小决定了图像对焦部分的多少。你可以在相机的取景器和软件的适当界面中查看所选择的设置，这一数值被称为 f 值。对于我的 105 mm 镜头，光圈设置可以手动调整光圈环或是利用软件进行调整。在一些较新的镜头中，光圈只能通过电动调节。在购买设备时需要注意。

2.10

2.11

如果你想通过相机的取景器查看对焦情况，你必须按下"预览"按钮。当你这样做的时候，光圈会缩小到你所选择的 f 值，然后你将看到与该特定光圈值对应的对焦图像。但请记住，因为预览使光圈变小，图像将会变暗，并难以看清。这是我喜欢使用软件的另一个原因，因为不需要按"预览"按钮。在软件的"实时查看"中，你可以在屏幕上看到所选光圈的图像，而不会出现任何变暗，这样就更容易查看对焦情况。

当你选择镜头提供的最大光圈时，我们会说镜头是"全开"的。对于我这个 105 mm 镜头，最大光圈的 f 值为 2.8。在讨论时，我们会简称为"f2.8"，但当我们写的时候，我们标示为 f/2.8。注意这一数值实际上写成 f 除以 2.8。标注在镜筒上的各种数字代表的是分数（**图 2.11**）。因此，f/2.8（"f 除以 2.8"）比 f/4（"f 除以 4"）有更大的开口——更大的孔径。类似地，f/4 大于 f/5.6，以此类推。这可能有点让人困惑，但如果你从分数的角度考虑时就会理解。

这是用 f/4 拍摄的我们之前看过的手表（**图 2.12a**），和对应的镜头光圈。（**图 2.12b**）

2.12a

2.12b

看一看，哪里对焦了，哪里没在焦点上。前景和后景都没有聚焦。因此，我们说这幅图像的景深很窄，只聚焦在一个相对狭窄的区域内。

图 2.12c 是之前图片与另一张图片的对比，后者拍摄于 f/11 光圈，以及两个光圈在一起的对比（**图 2.12d**）。为了进行这种比较，我跳过了一些中间的光圈数值，因为有时在书里很难看到差异。

2.12c

2.12d

让我们来比较一下。我们看到对焦发生了变化。我鼓励你使用这本书的网络资源页面上的互动工具，看看当你一点一点地改变光圈时，手表上越来越多的区域是如何变得聚焦的。

出于此目的，如果我们直接跳到 f/32 光圈拍摄，并将这张图像与第一张 f/4 光圈拍摄的图像进行比较，我们会看到一个明显的对焦差异（**图 2.12e**）。另外还要注意两个光圈的不同。（**图 2.12f**）

但是请记住，当你把光圈缩小到 f/32 这样的设置时，也会减少进入相机的光线量。在拍照时，你必须通过增加快门打开的时间来进

2.12e

2.12f

行补偿。例如，当你将快门速度从一秒改为两秒时，你保持了原来两倍的快门时间，让更多的光线进入相机。快门打开的时间越长，允许光线进入相机并被传感器读取的时间就越长，从而补偿了较小的光圈设置。

特殊情况。有些时候，即使你缩小光圈，也无法将你想要的所有区域对焦。在这种情况下，你可能需要使用一种称为焦点堆叠的技术。为此，你要在不同的焦平面上创建一系列的图像（5张或6张）。每张图像都是从相同的角度用相同的曝光拍摄的。它们之间唯一的区别是，你首先聚焦于前景，然后逐渐过渡到材料的后面，基本上就是制作图像切片。然后使用软件（我使用 Photoshop）将这些图像堆叠成一张有理想景深的最终图像，只要确保拍摄过程中没有移动相机。（**图 2.13**）

2.13

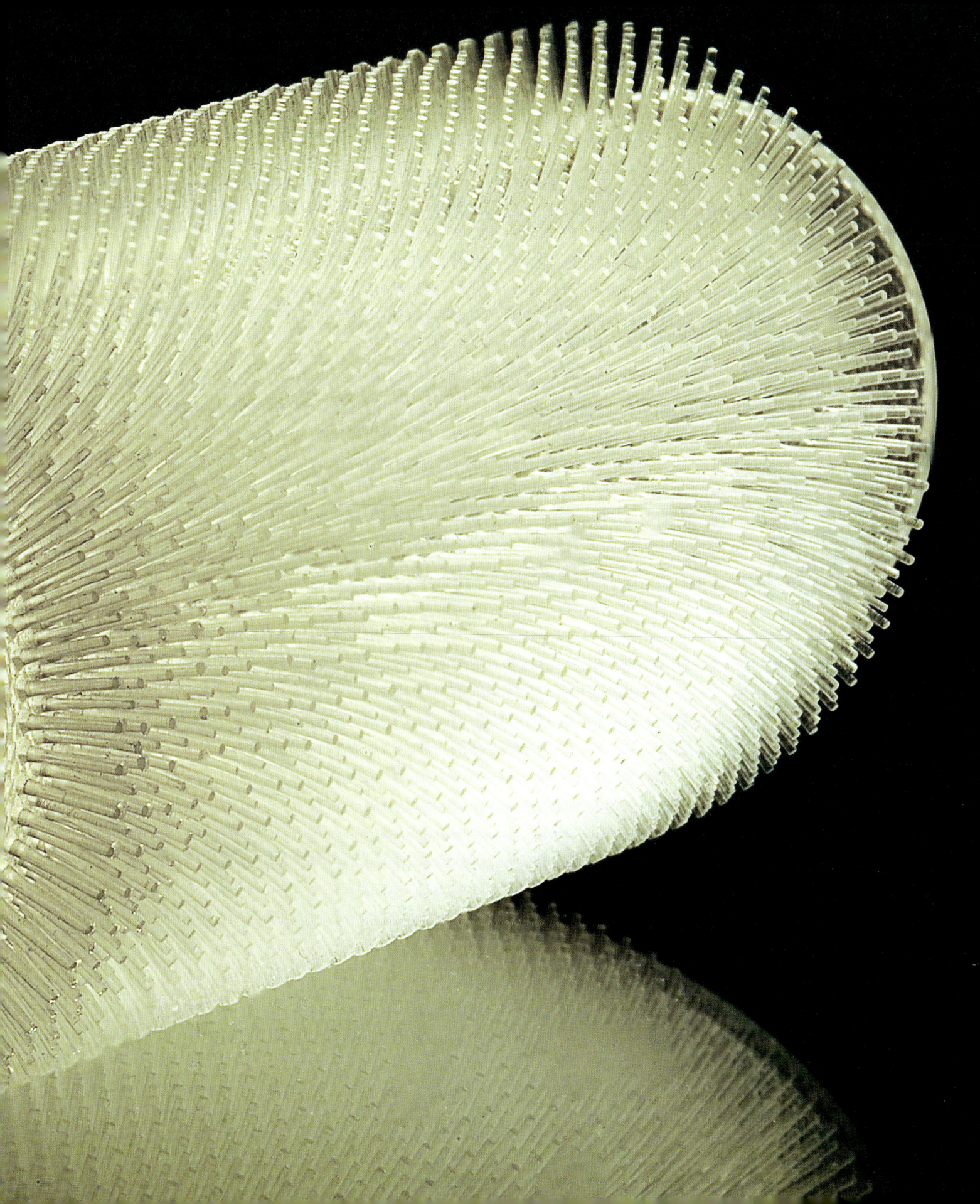

构图、视角、背景和打光

区分构图、视角、背景和打光是比较困难的，因为它们是协同作用的。例如，当你调整光线时，你会得到一种不同的阴影，而这个阴影会成为构图的一部分。所以，尽管我们把它们分成不同的类别，重要的是要记住它们是紧密关联的。

让我们从这个放置在灯箱上的秋叶图像开始。（**图 2.14**）

2.14

我将在第三章关于光的讨论中介绍这个设备。在这里，灯箱本身成为图像中一个重要的组成元素——光在叶子之间创造了强烈的负空间或形式。你可能会发现使用背景作为构图元素是很有趣的。

现在看看这些晶体，它们随机放置在背景上（**图 2.15**）。注意晶体的阴影是如何成为构图的一部分的。你将在第三章看到其他的示例。

2.15

成双构图

我的建议是，如果成对地展示你的拍摄对象，那么图像会更有趣，也就是说，两个比一个好。

这是我拍摄的两个器件的例子。除了在构图上有趣，这种方式也证明了研究人员能够制造不止一个这样的器件。我在有天窗的工作室拍摄了这些器件。注意这里有一个关于景深的问题，上方的器件被虚化了。（**图 2.16a**）

所以我减小光圈，创造出更好的景深，这样对焦区域更多了。（**图 2.16b**）

然而，请注意意外的结果。现在图像的大部分区域都已经对焦，以至于我可以看到器件表面倒映出天窗框架，以及外面的环境。所以再一次说明，图像创作的所有组成部分都是相互关联的。在这种情况下，改变光圈会给图像增加一个不需要的新元素。你是否经常在照片中见到你朋友头上"长出"一棵树？这是因为你设定的光圈会使意外的元素被对焦。你必须密切关注和学会发现在图像中呈现的内容。

图 2.17 是另一个"成双"拍摄的例子。我发现这样构图要容易得多。这幅图像也再一次表明，制造能力并不是一次性的。

2.16a

2.16b

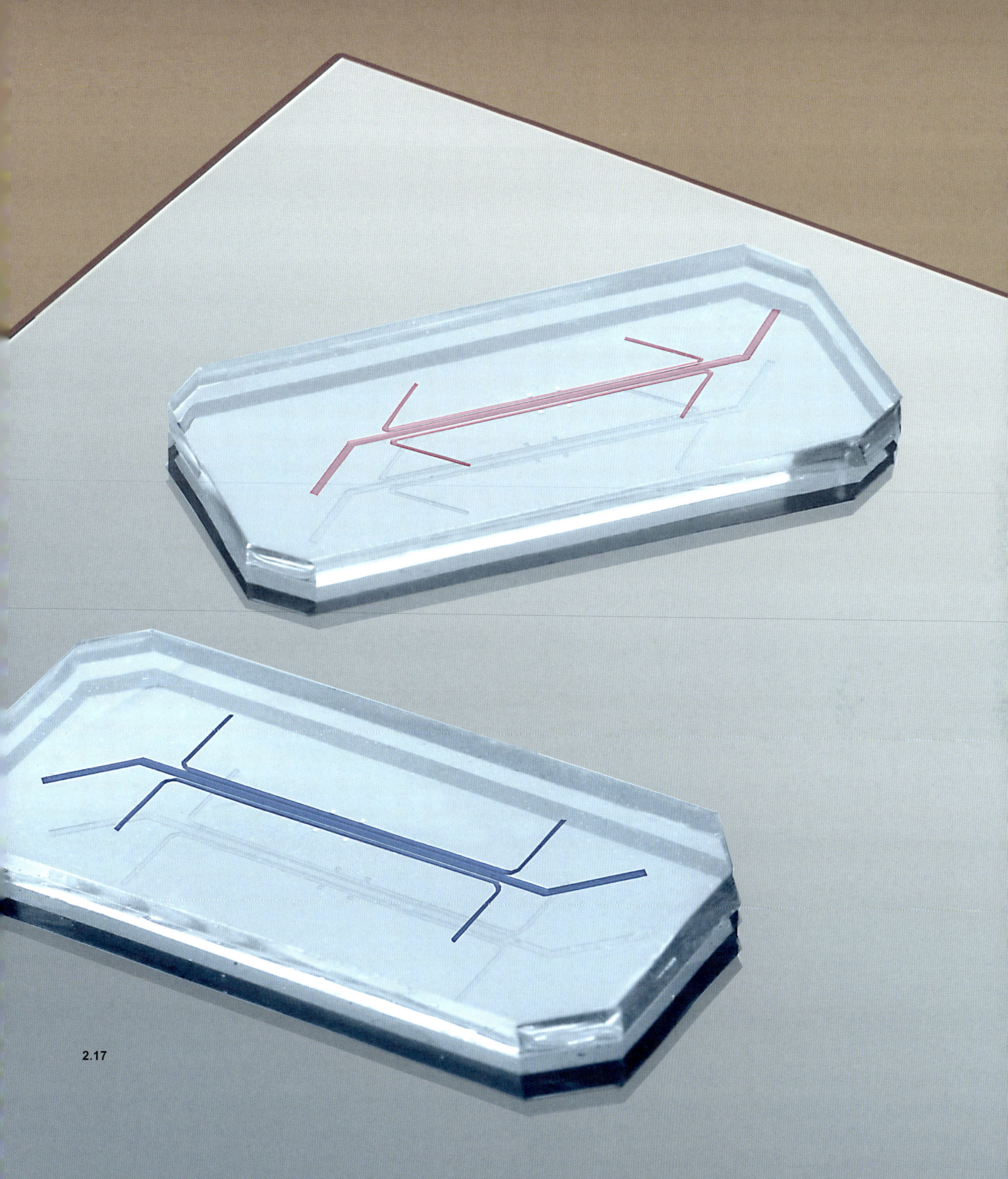

这是两个亚克力球，它们具有极细微的压印图案，以至于光线会从表面折射出来。（**图 2.18**）

2.18

接下来是两个表面也能和光线发生作用的硅芯片。（**图 2.19**）

2.19

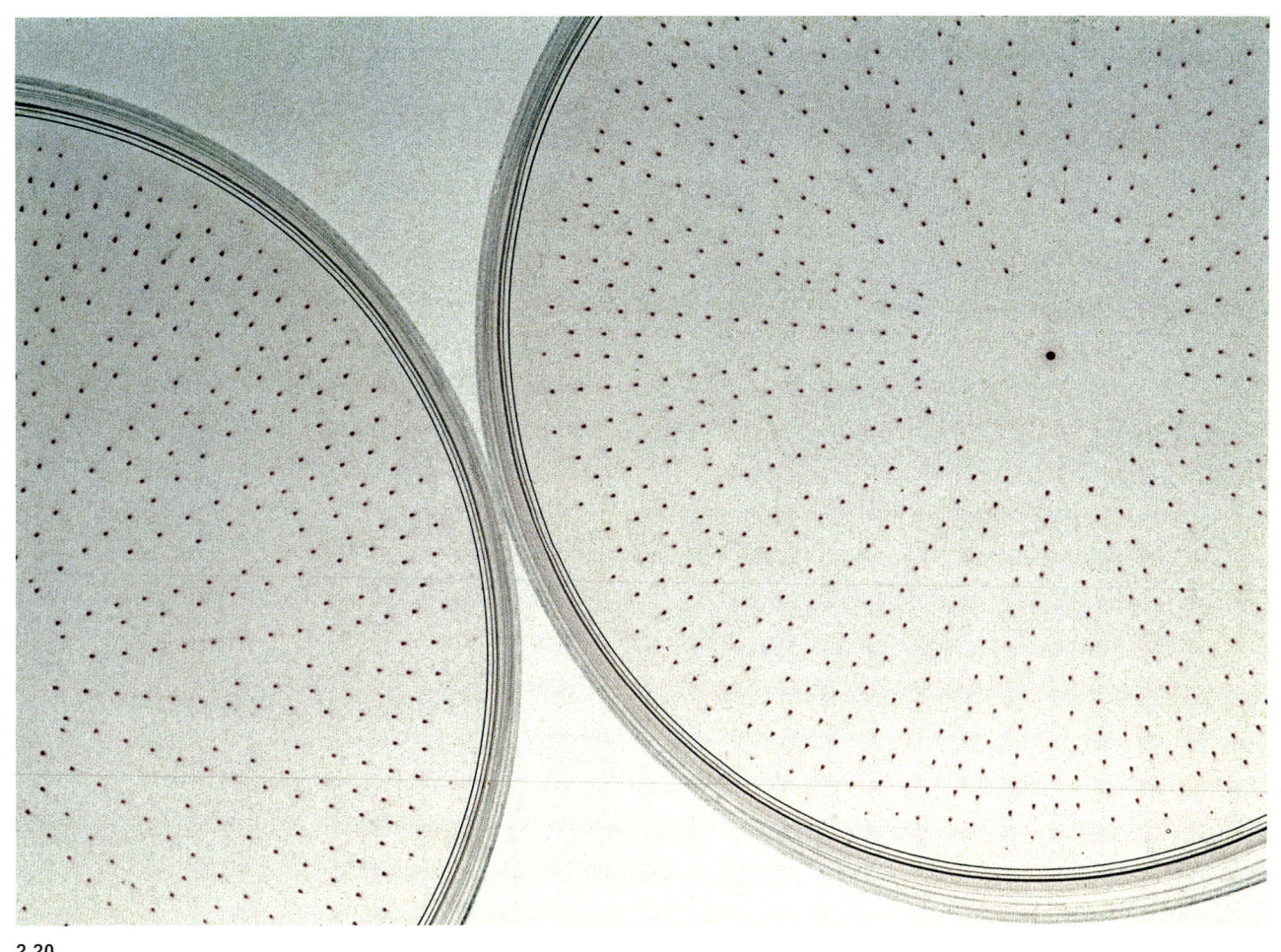

2.20

　　这是另一个成双拍摄的图像：两个装有大肠杆菌的培养皿（**图 2.20**）。请注意构图。它们并不是完全对称摆放的，其中一个展示得更多一些。

2.21

在我们的《见微知著》（*No Small Matter*）一书中，我们想讨论一种称为自组装的现象。这是两个盛有亚克力球的亚克力盘子，我把这些亚克力球"倒"到盘子里，它们自发地排列整齐。（**图 2.21**）

最后，为拍摄一个期刊封面，我将两个制备材料的样本重叠起来。（**图 2.22**）

两个比一个更容易创造出漂亮的构图，我鼓励你去尝试这个想法。

注意你的背景

要想拍摄出好的照片，尤其是小型器件的照片，一个重要的部分就是选择合适的背景。有趣的图像可以通过使用与拍摄对象一致或相关的背景来变得更加有趣。选择正确的背景真的可以改变一张图像。但重要的是，背景不能影响你想表达的内容。

以我们的音乐盒图像为例。（**图 2.23a**）

这张图像的问题是桌子和墙之间的水平线。如果采取额外的步骤，将一张纸从桌面弯曲放置至墙壁上（不要把纸弄皱），这样你就可以得到一个没有水平线干扰的漂亮的背景。（**图 2.23b**）

2.23a

2.23b

这些是我强烈建议你开始考虑的微小调整。这种在背景中添加纸张的想法在小型器件上非常容易实现。

这是另一张在实验室拍摄的器件图像（**图 2.24a**）。通常情况下，研究人员都清楚地知道图像要显示什么，但我们不能期待第一次观看的人会直接看到我们希望他们看到的内容。观众通常会看到器件背后的各种混乱。简单应用之前提到过的背景纸，把器件放在上面，然后像之前一样把纸弯曲成背景，但这次要掩盖所有视觉干扰。（**图 2.24b**）

2.24a

2.24b

所有多余和不必要的东西都隐藏在后面，观众可以更清楚地看到器件。

有时，让背景呼应我们关注的对象可以添加一些有趣的构图元素。我曾经拍摄过一些硫酸铜晶体的照片。所以我找到了两块铜，并把它们作为背景，作为暗示这种材料含铜的一种方式。（**图 2.25**）

2.25

在接下来的三张图像中，我尝试在每张图像中传递关于这个高柔性传感器的视觉信息。第一张图片展示了传感器是如何包装的，接下来的两张说明了该器件的一个重要特性——柔性。（**图 2.26a、图 2.26b、图 2.26c**）

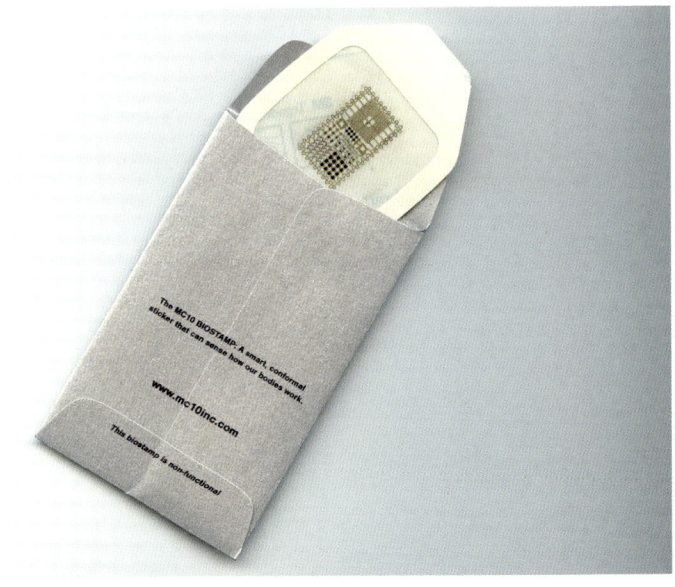

2.26a

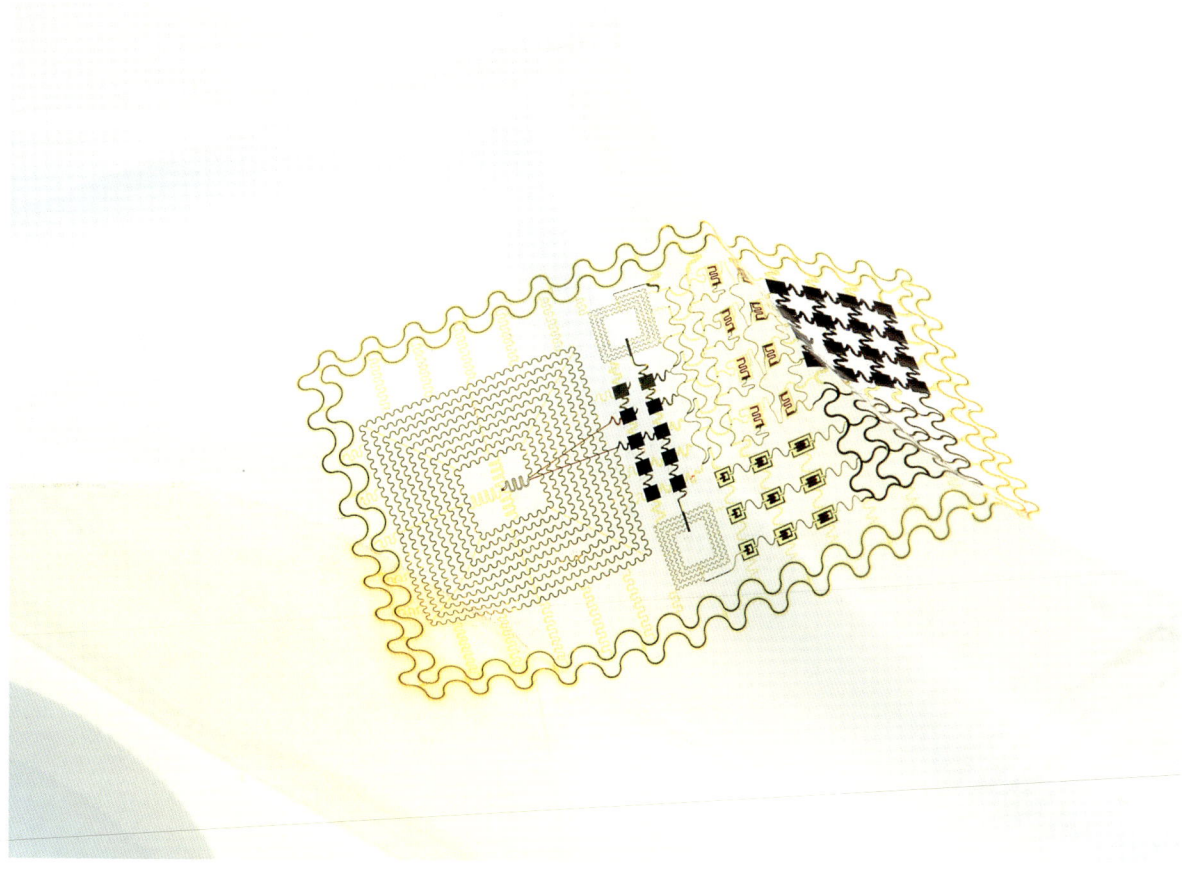

2.26b

2.26c

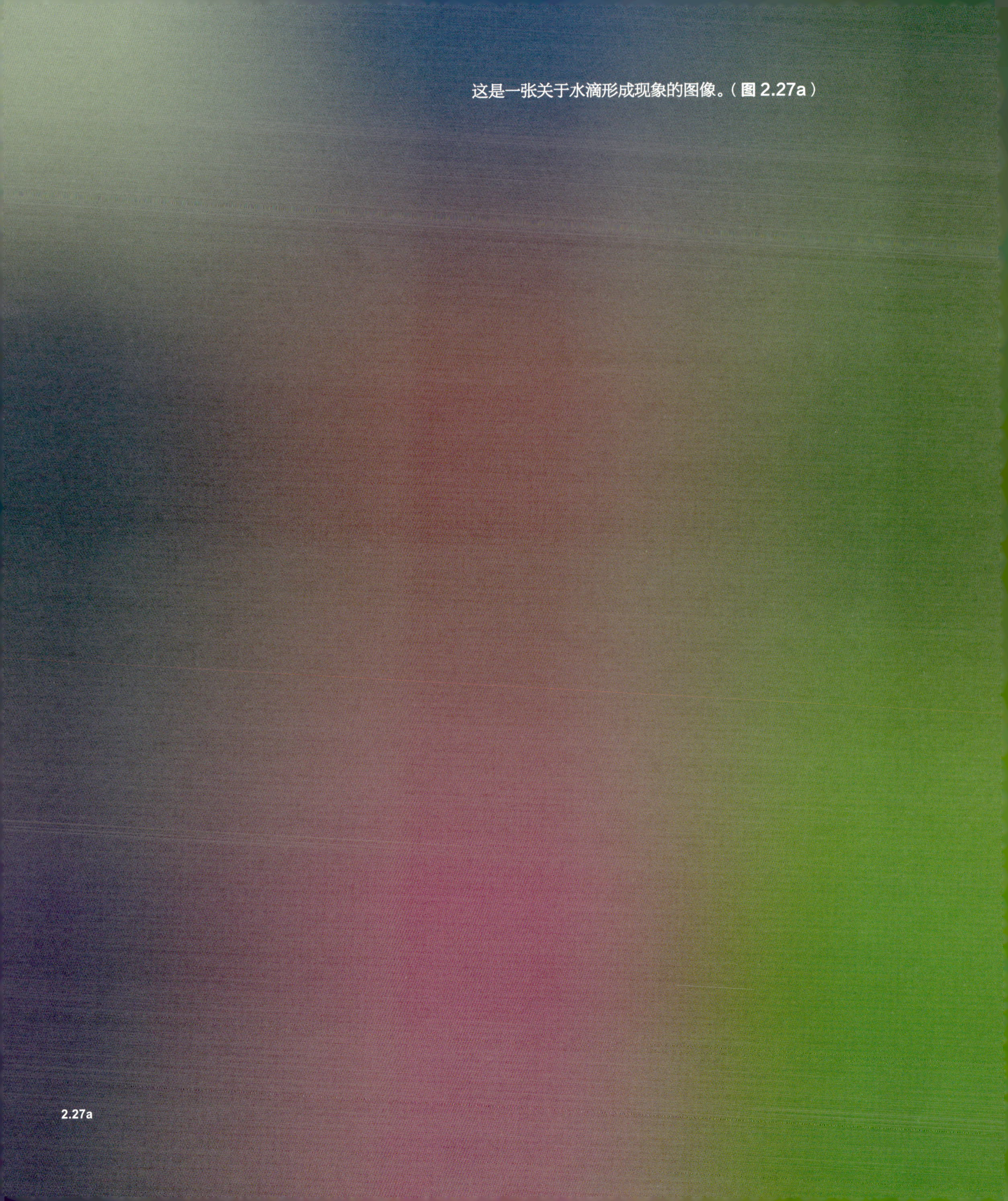

这是一张关于水滴形成现象的图像。（图 2.27a）

2.27a

记住，我使用的是 105 mm 镜头。利用它很浅的景深，我用这个粉彩颜料方格作为背景，因为我知道方格会在焦距之外。（**图 2.27b**）

2.27b

顺便说一句，如果你仔细观察水滴，你会发现它就像一个透镜，把背景聚焦起来。

在接下来的这张生长在培养皿中的枯草芽孢杆菌的图像中，我决定添加两个背景。我先把培养皿放在蓝色塑料上，然后把蓝色塑料放在橙色塑料上。另外要注意构图。（**图 2.28**）

这是另一个背景分层的例子。我先把器件放在一张蓝色的便利贴上，然后把它们都放在黑色背景上。我认为这是可行的。（**图 2.29**）

在接下来这个分层的想法中，我使用了一个夸张的图案背景。但是不行，这个背景只会碍事，不会给图像增加任何好处。（**图 2.30**）

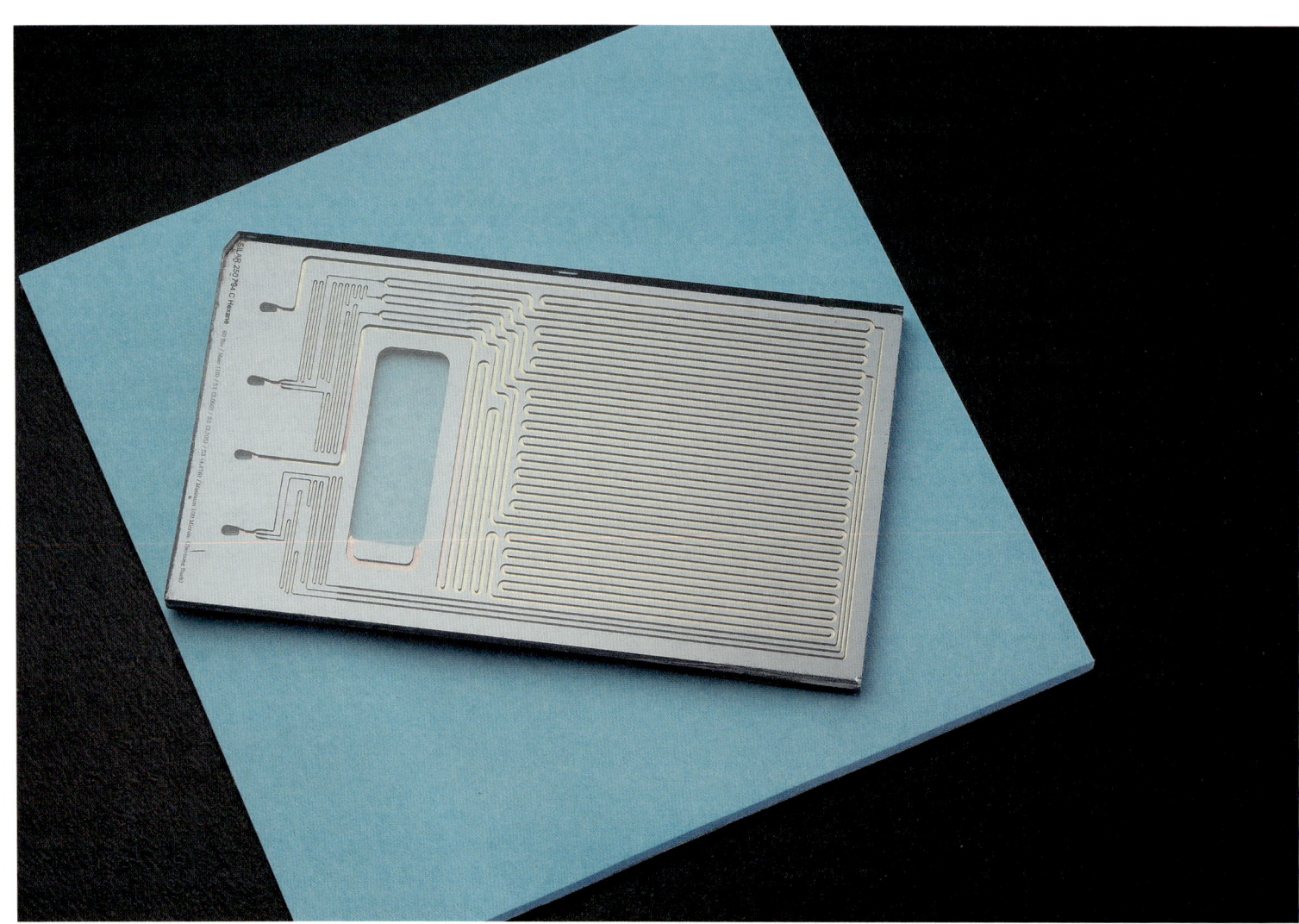

2.29

2.30

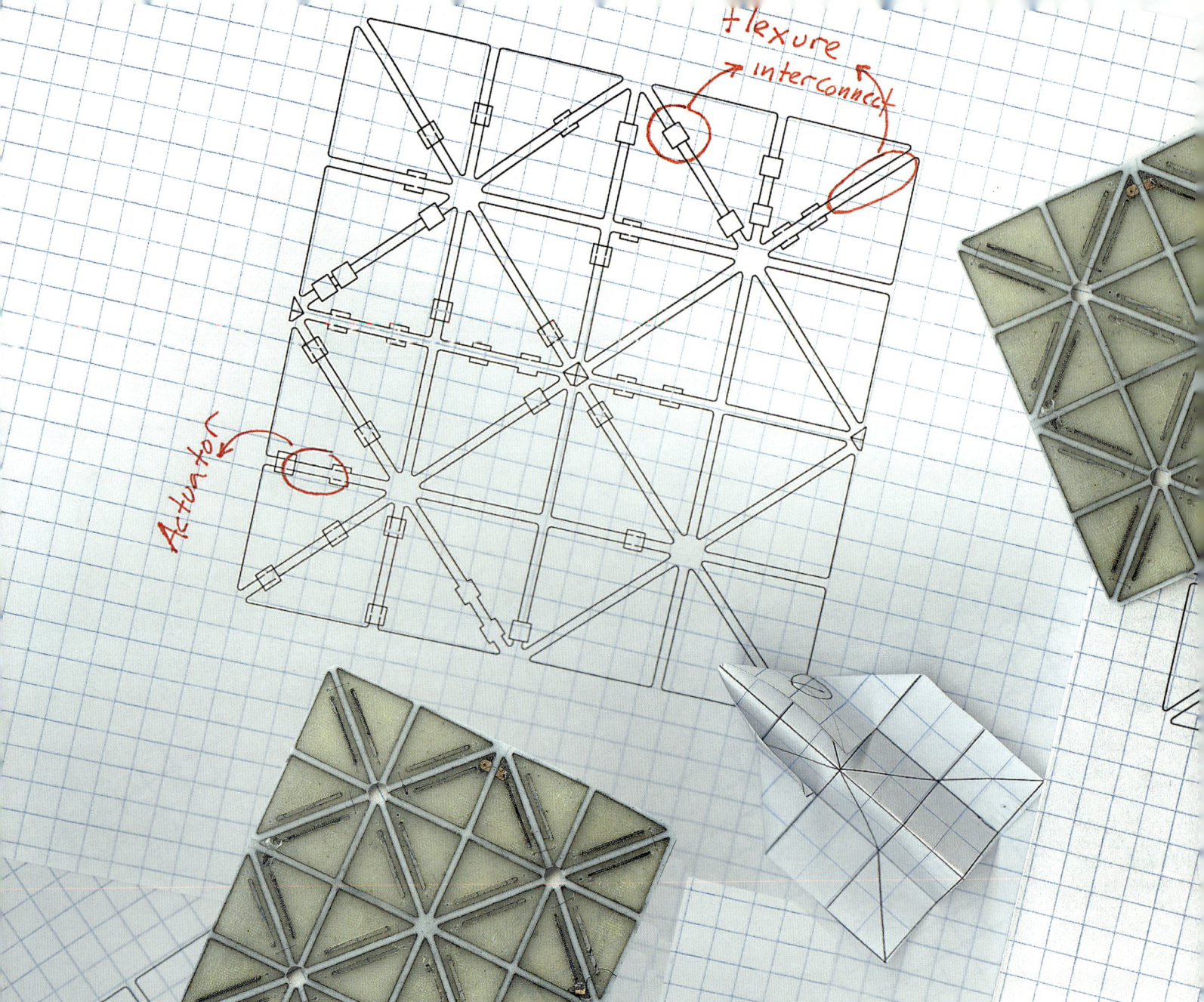

flexure

interconnect

Actuator

2.31

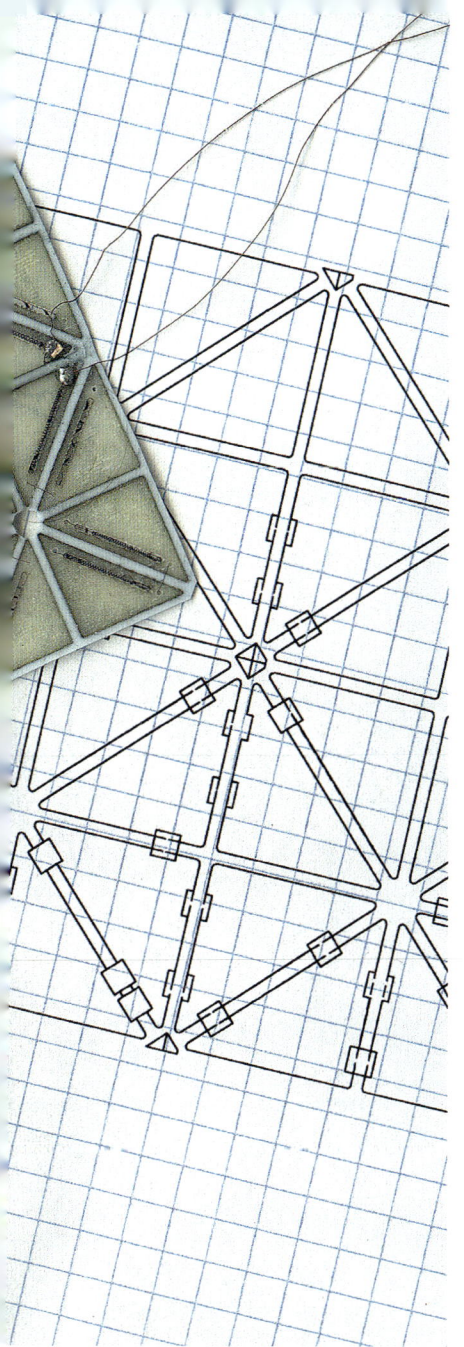

在这张图像中，我使用了设计器件的 CAD 草图（**图 2.31**）。我喜欢这个在高科技制造中体现人的元素的想法。

下面是一个电子芯片，拍摄用了两种背景（**图 2.32**）。请注意，最后两张图像的相机角度（视角）的细微变化是如何改变颜色的。

这是一个展示构图、视角和背景是如何相互关联的例子，其中任何一个元素的变化都会导致图像的变化。

下一页的图像，为了展示制作各种晶体的能力，我在桌子上放了一些称量纸。还请注意我是如何结合日光和窗户的阴影作为构图元素的。（**图 2.33**）

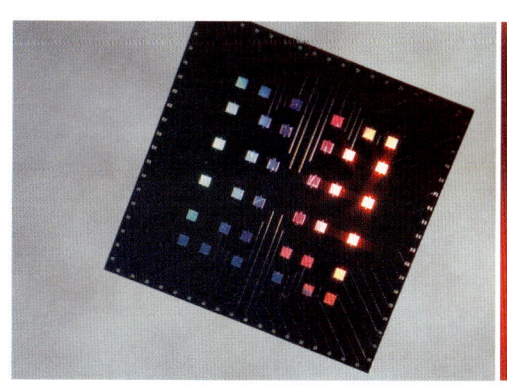

2.32

2.33

在这里，我们可以看到类似的称重纸作为形状的叠加，为实验室的一些粉末材料创建一个简单的背景。（**图 2.34**）

在下一张图像中，我使用了一块具有反射性质的大片玻璃作为载玻片下面的背景（**图 2.35**）。载玻片的表面具有疏水性，然后我在每片载玻片上都滴了几滴水。这个想法是为了强调表面的疏水性。在这种情况下，载玻片下面的水滴的反射可能会更加分散注意力而不是更有用，我不是很确定。

2.34

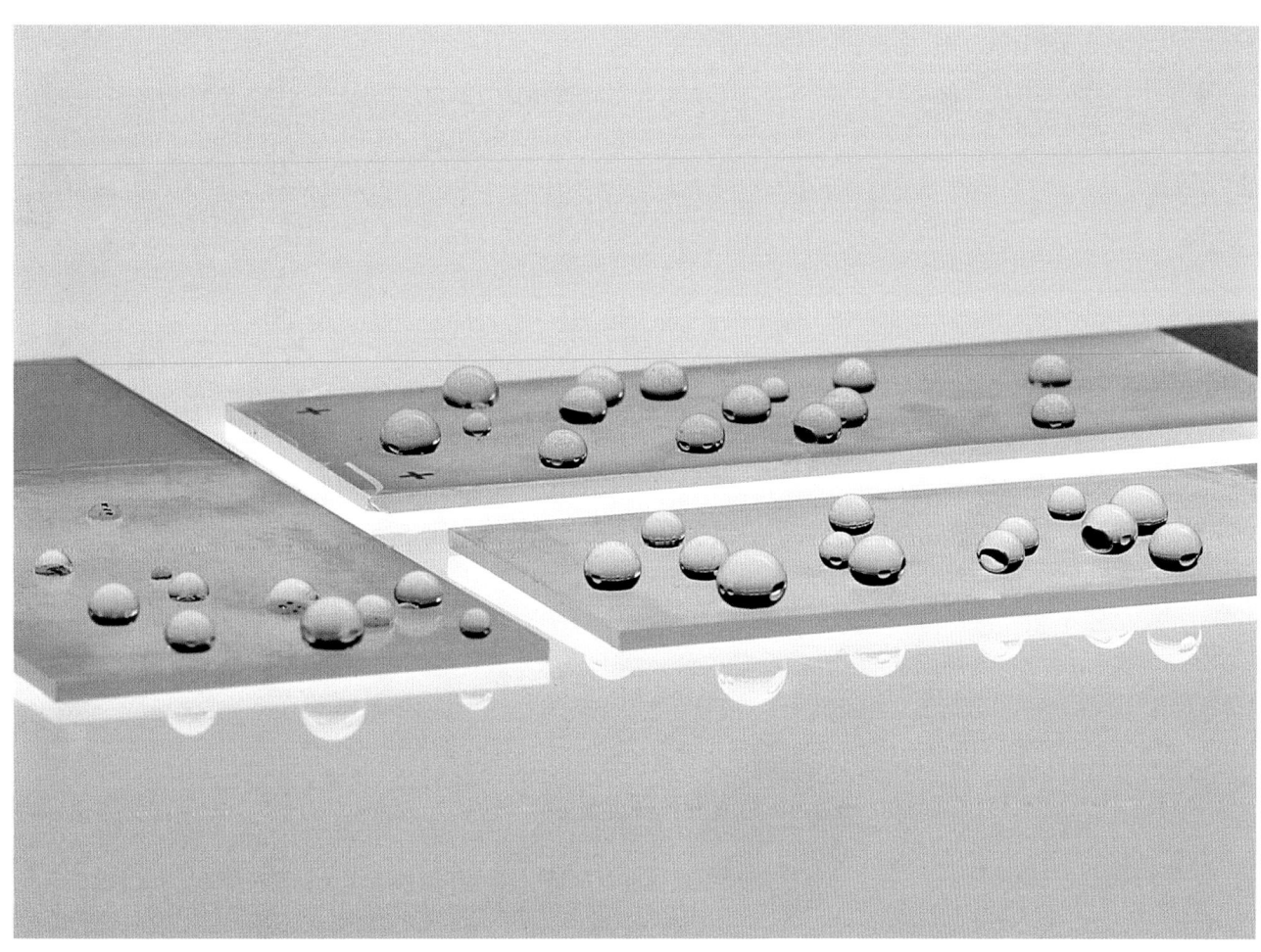

2.35

在下一页的图像中，我使用了一个黄色圆桌作为背景，呼应了这
种特殊金属材料的形状。（**图 2.36**）

下图是一张小型飞行机器人的照片，这个机器人大约 1 cm 长（**图 2.37**）。我使用了塑料盒子和盖子作为画面构图的一部分。它们添加了有趣的构图元素。

右边的图像是我非常快速拍摄的一张测试图，我只是想看看利用这些 1 cm 宽的器件能够得到怎样的景深。（**图 2.38**）

2.37

2.38

　　我喜欢这张图像的随意性。这个背景具有偶然性，对我来说是可行的。我将在第八章的"案例分析九"中详细介绍我是如何制作最终图像的。

视角

确定正确的视角并不像人们想象的那么简单。

坚持你的第一次尝试可能不是最好的选择。我鼓励你移动相机和材料，尝试不同的视角。你不仅能找到最好的选择，还能拓宽你的思路。所有这些图像都是用相同的材料，从不同的角度拍摄的（**图2.39**）。背景也稍有改变，但大多数情况下，我只是简单地将样品或者相机移动到不同角度，拍摄了四张图像。其中一张是在平板扫描仪上拍摄的。哪一个是"正确的"？或者根本就没有正确答案？

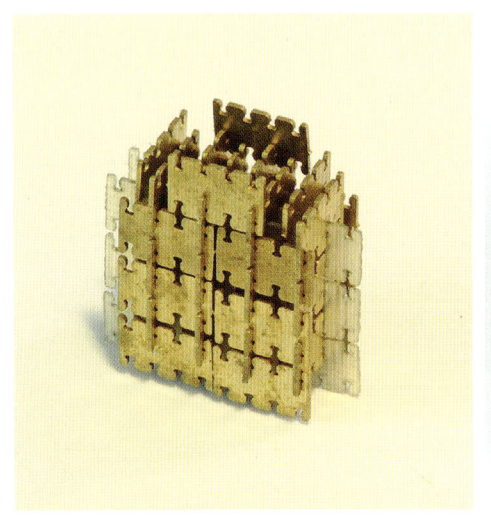

2.39

接下来的这张图像，是我用一种新的立体显微镜，从一个微型转子的上方进行拍摄的（**图 2.40a**）。你选择的设备可能会强调一个特定的视角，因为相机的位置可能是固定的，就像这种情况。

不幸的是，从这个角度我们看到了各种各样的灰尘颗粒。当我重新用我的相机和 105 mm 镜头拍摄照片时，我的设备给了我一个不同的视角，我拍到了一张干净得多的照片。（**图 2.40b**）

2.40a

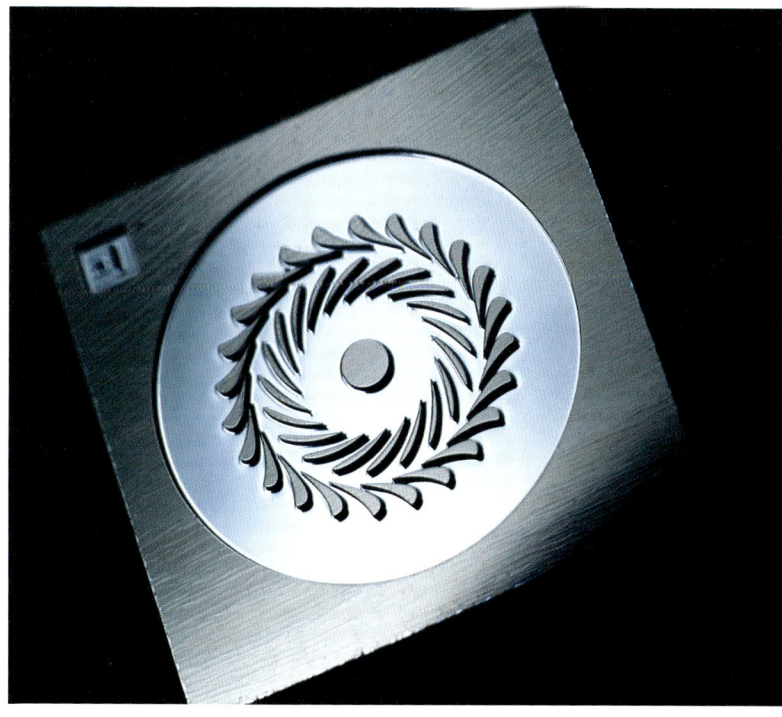

2.40b

坚持用固定的方法——比如在这种情况下直接把相机放在上方——不一定能得到最佳的图像。

这是一张玻璃晶片，它的表面被蚀刻形成了凹槽。这张图像是从一个角度显示整张晶片。（**图 2.41a**）

但这是另一个角度的呈现，只显示部分晶片。（**图 2.41b**）

有时候，用一种更有趣的构图方式，用不同的视角展示样本，效果最好。

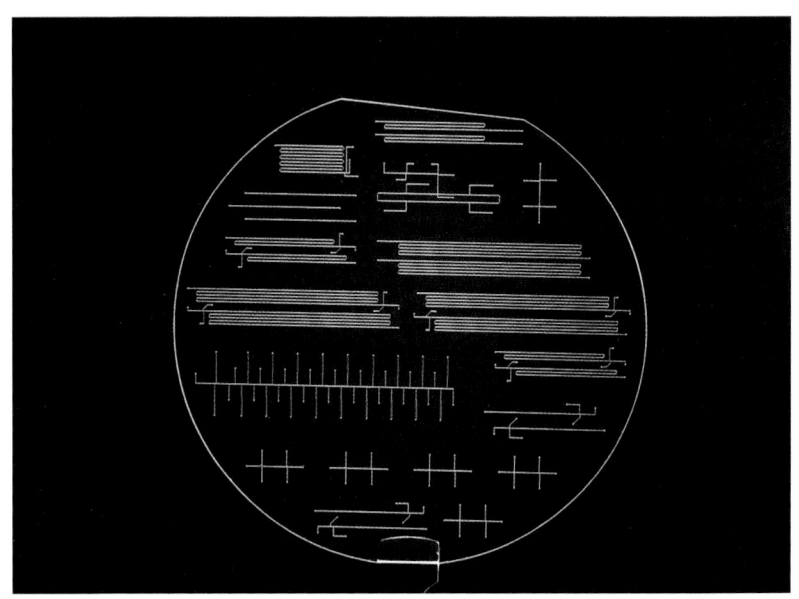

2.41a

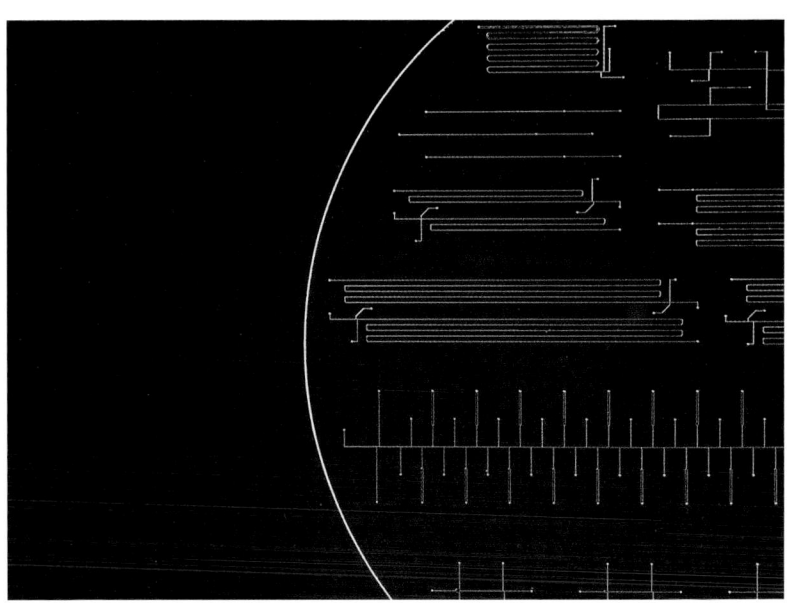

2.41b

这是约翰·罗杰斯（John Rogers）决定展示这种材料柔性时的视角。他用手来示意材料的大小，这很有效。（**图 2.42a**）

我决定在材料的柔性上做更多的尝试，并在图像中加入一些反射和阴影，以强调各种形状（**图 2.42b**）

2.42a

2.42b

在这种情况下，我们得到了一张期刊封面，这总是很棒的事。我拍摄的这张图像是同一种材料的完全不同的视角。两种呈现都是好的，不能说一种比另外一种更好。

这里还有两个关于 3D 打印材料的视角。现在是提醒你的一个很好的时机，拍摄图像实际上是将三维转化为二维视图。你的视野变成了平面。当我第一次把这个物体拿在手里的时候，我期望从它的侧面来拍摄图像（**图 2.43a**）。然而，在转动样品之后，我改变了我的想法。我认为俯视的视角更容易理解图像（**图 2.43b**）。请仔细想一想。

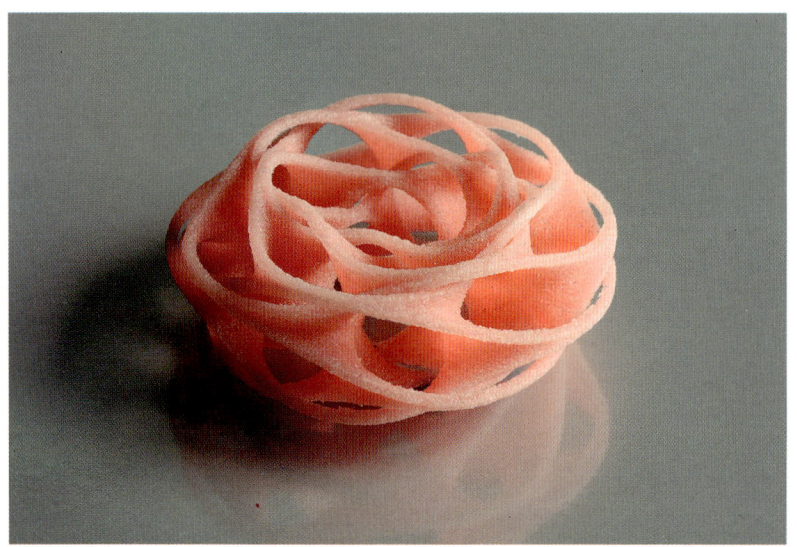

2.43a

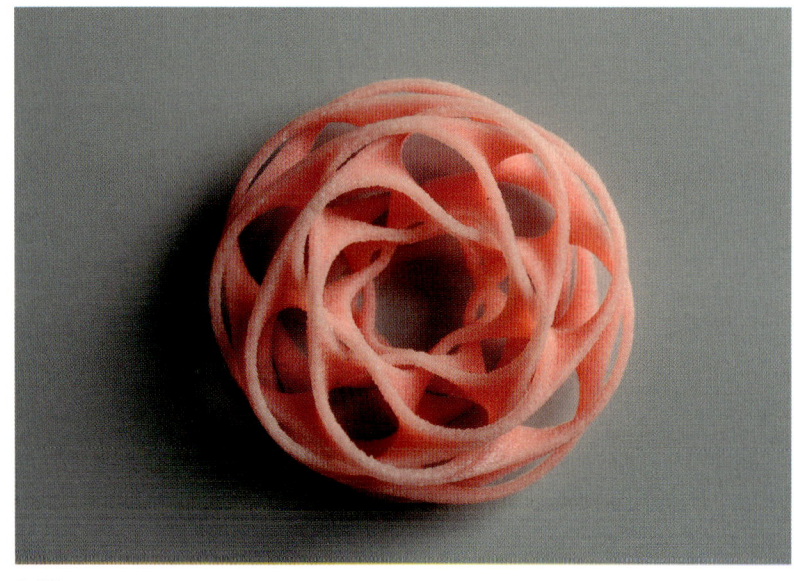

2.43b

这张器件的图像是从研究人员的角度拍摄的。（**图 2.44a**）

下图是我的视角（**图 2.44b**）。我只是简单地将器件倾斜，改变相机的视角，并将它放在白色背景上。我认为这是一张更加成功的照片。

2.44a

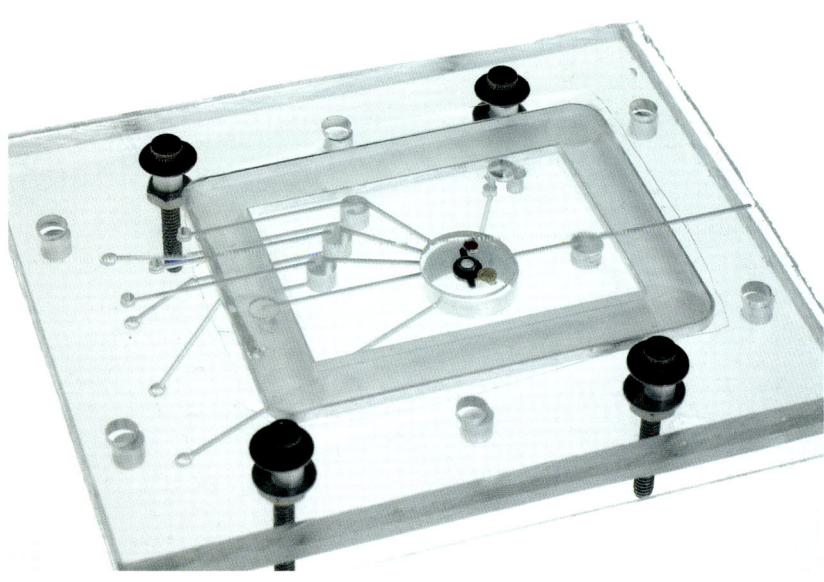

2.44b

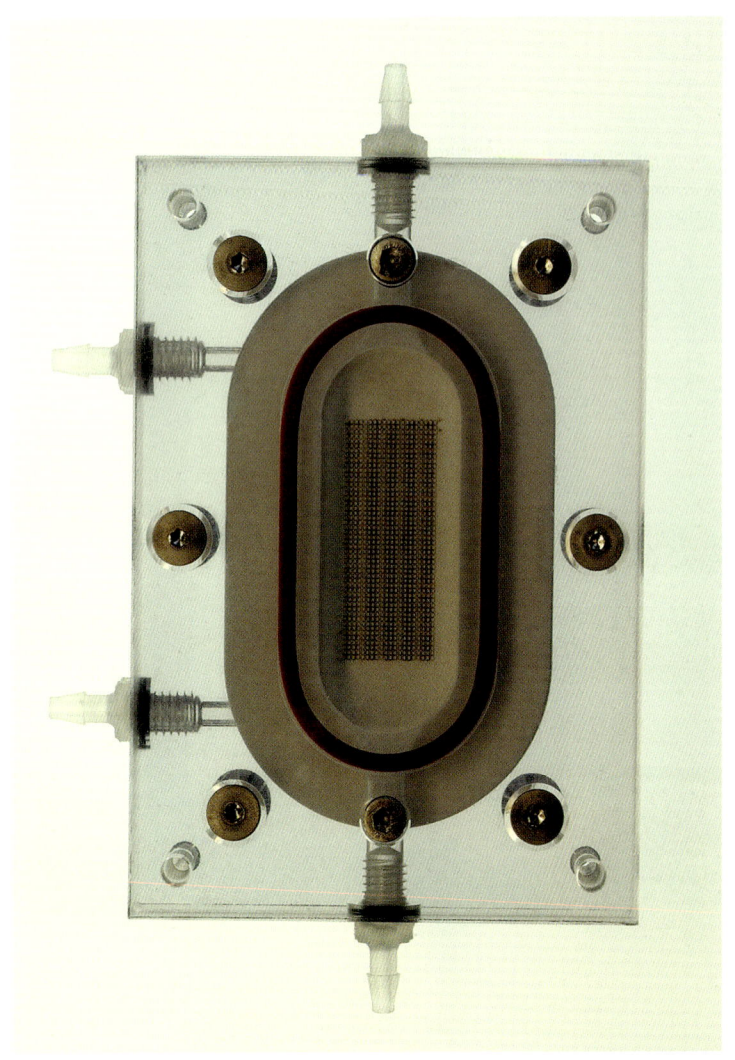

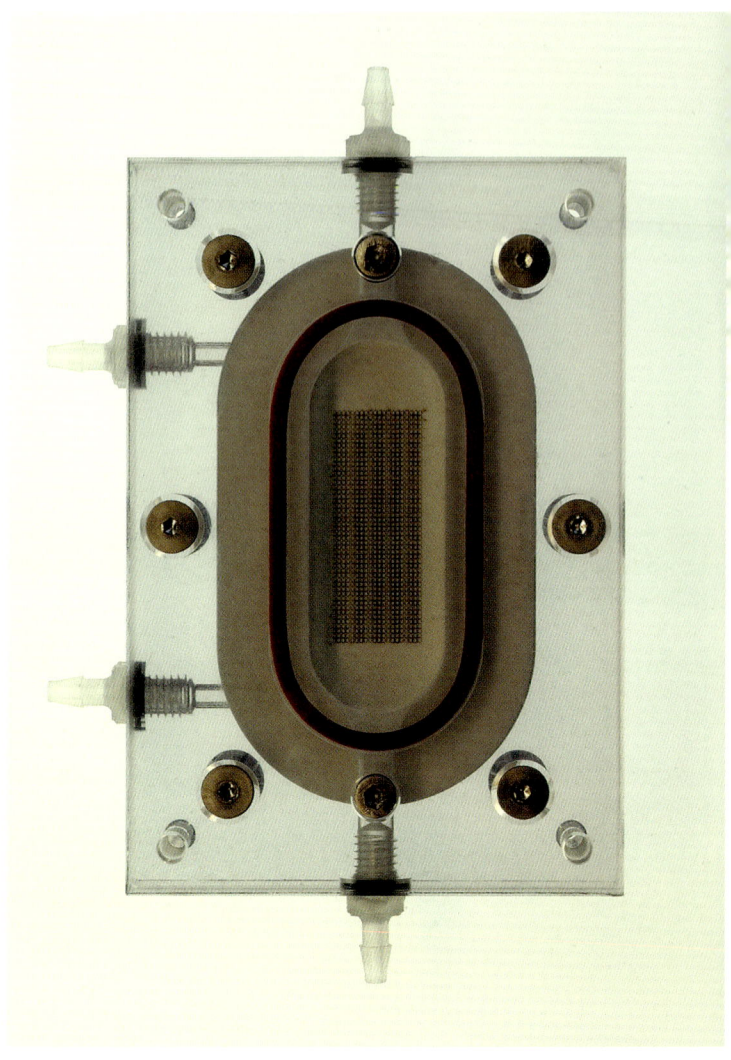

2.45a

2.45b

　　最后，当你的器件大致对称时，如果你要从上方拍照，最好确保你的图像是精确对称的，即完全对齐。看看第一张图片（**图 2.45a**）。没有比差不多对称的图像更糟糕的了。修正它（**图 2.45b**）。这很重要。

总结

使用正确的工具

· 相机，微距镜头，带有快装板的三脚架。

· 使用软件来控制 ISO 数值，光圈，快门速度。

曝光

· 将 ISO 数值设置得尽可能低（数值越高光敏度越高）。

· 将光圈设置至可能的最高数值（f/32）。

· 调整快门速度以使曝光读数为 0。

光圈

· 这个开口决定了景深，也就是对焦区域。

· 光圈写作 f/ 数值。

· 数值越大，光圈越小，对焦区域越多（景深越大）。

· 开口越小，到达传感器的光线就越少，因此必须将快门打开
更长的时间。

构图

· 注意负空间和阴影。

· 简化复杂图像。

· 尝试两个或多个相同的对象来对比方向、尺度或颜色。

背景

· 注意接缝处和水平线；用一张纸或一个容器来去掉接缝。

· 缩小景深以软化边缘或虚化背景。

视角

· 距离和角度（以及产生的阴影）影响最终图像。

· 你可以为展示大小、位置或表达三维特性选择更好的视角。

保持记录

· 记录你的创作过程。

第三章
用　光

　　摄影的定义即：用光绘画，光是摄影过程中必不可少的元素。即使把本书的所有篇幅都用来讲解用光，也只能涉及这个主题的皮毛。这里，我们将介绍一些不同光源反映光照特征的概况。我们虽然无法涉及所有的可能性，但能做的就是激起你的好奇心，使你关注，并了解这些光源是如何影响"影像"的创作过程。例如，当你看到**图 3.1**中的阴影，可以判断出它和高光是如何随着光源的移动而变化的。

　　本章和其他章节一样，我将一如既往地鼓励你去观察正在发生的事情，即使是细微的变化。我不建议使用其他微距摄影书籍中经常介绍的小型摄影棚，一是如果所有的工作都应用相同的设置会让拍摄公式化且无趣。但更重要的是，由于这本书的目的在于鼓励你学会去看，我们的理念是用不同的布光方式拍摄你的对象并且近距离观察。我相信，当你想出具有个人特色的布光方式时，也会影响你的科学思维。

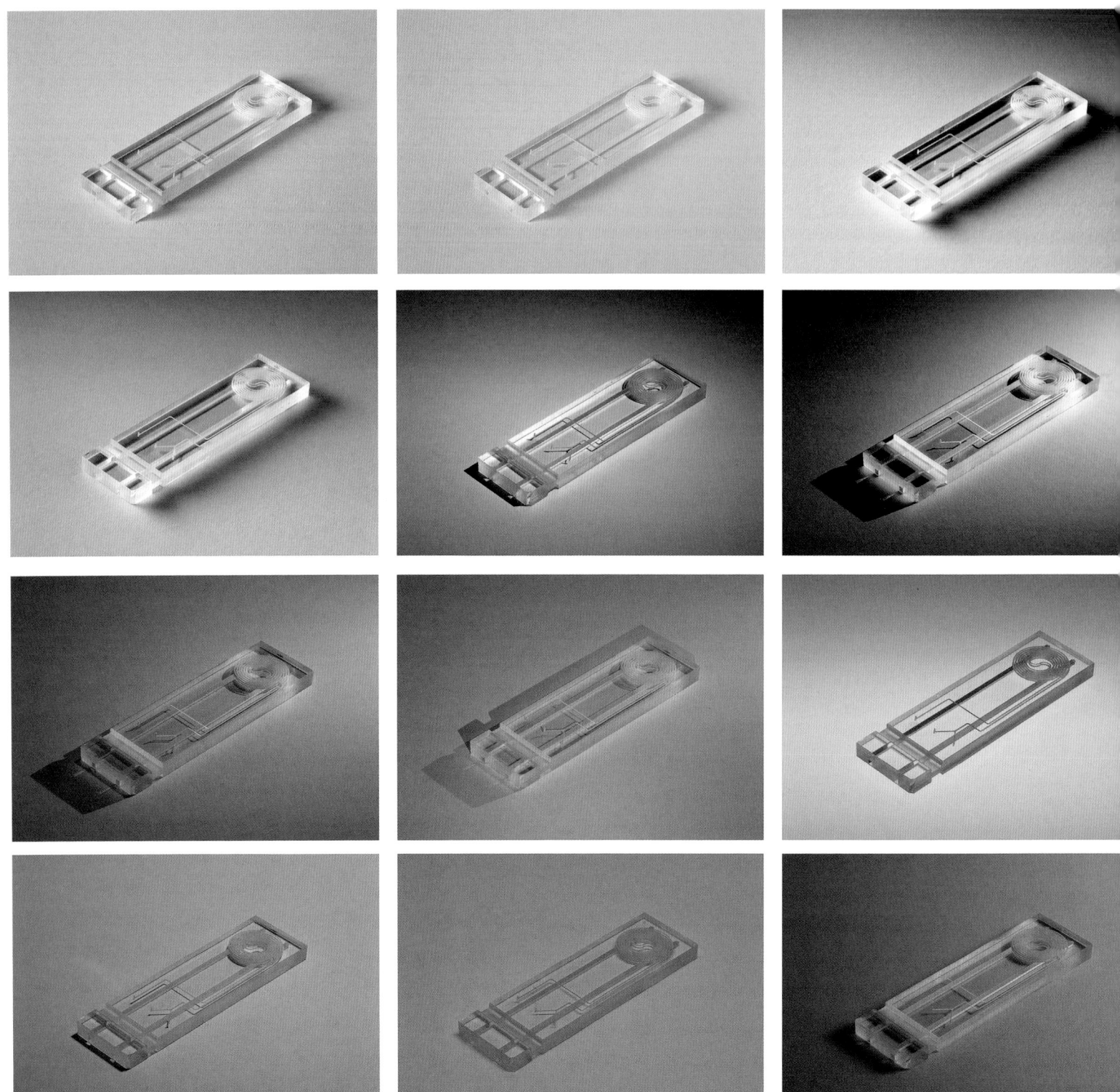

3.1

我们将从一个非常简单的设备灯箱开始。（**图 3.2**）

当拍摄透明材料时，灯箱是一种方便好用的光源。只需将你拍摄的物体直接放在灯箱上，十分简单，就像**图 3.3** 中的培养皿一样。

（稍后我们将看到这个简单的灯箱也可以用作另一种通用的光源。）

在之前的章节中，我们看到了一张在灯箱上拍摄的效果不错的图片，图片中是两个培养大肠杆菌的培养皿。（**图 3.4**）

3.2

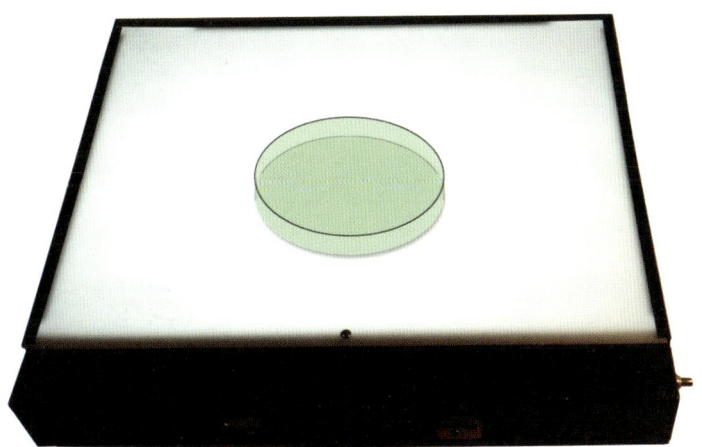

3.3

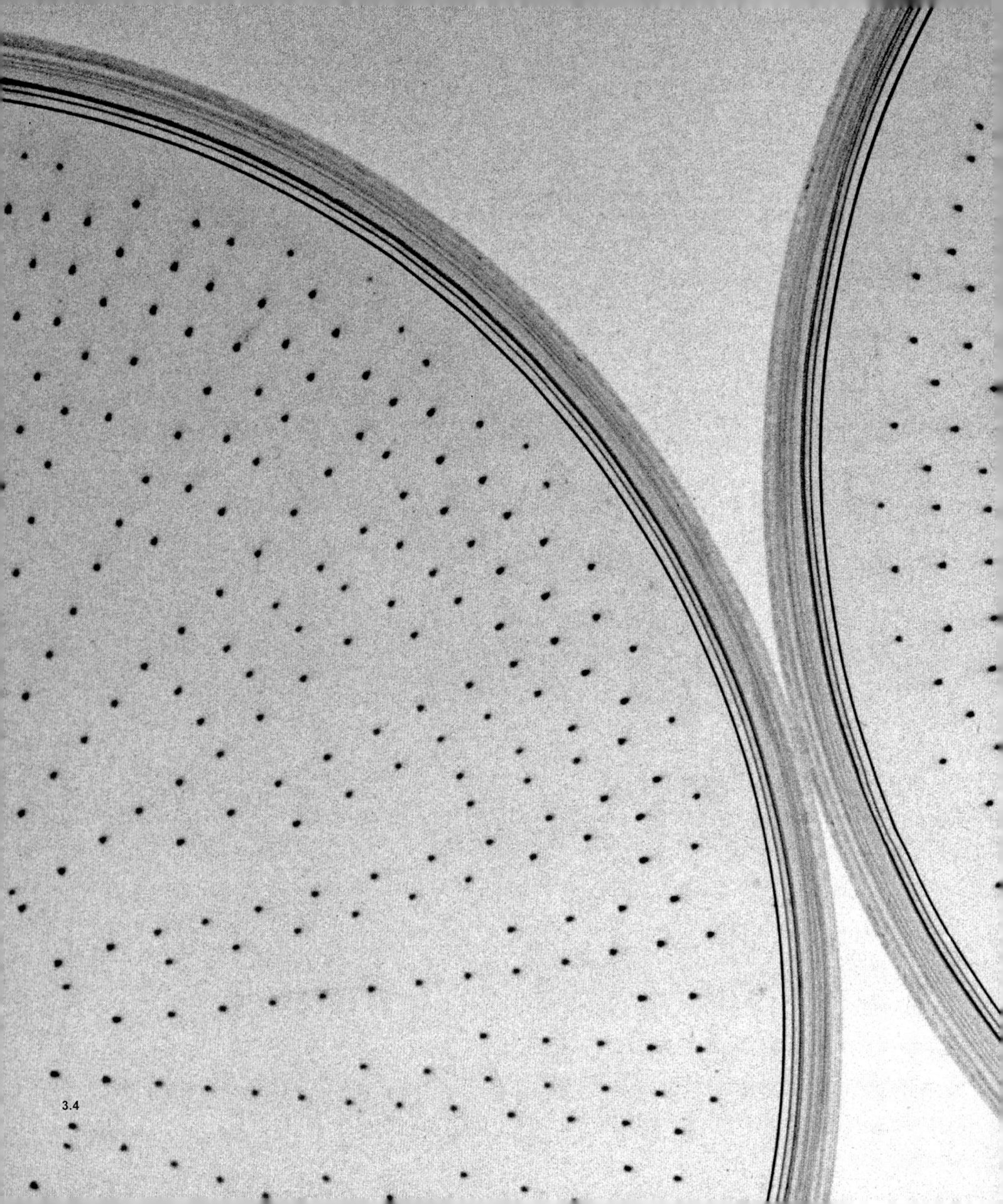

3.4

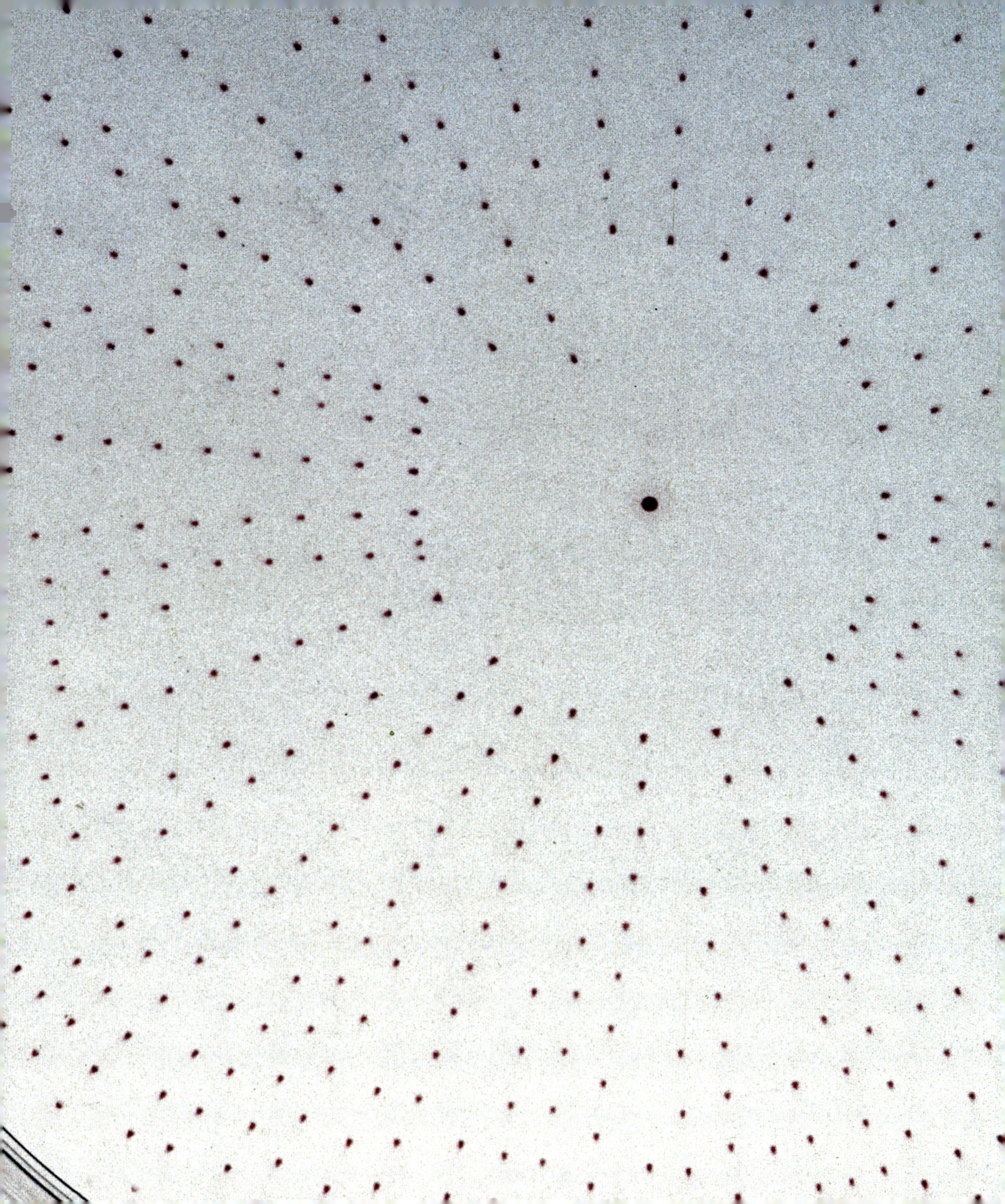

在下一张图片中，我们看到了一些直径约为 3 mm、具有特殊几何形状的彩色塑料片，它们在两个溶液之间的界面上正在排列或自行组装。在这个界面上，它们形成了一个平面的聚集。（**图 3.5**）

再一次，我只是简单地将装有所有材料的玻璃容器放在灯箱上，并在不露出容器的情况下拍摄了这个现象。

接下来是糖在木棍上成核长出晶体的图像（一些咖啡店为吸引客人而设置的噱头）。（**图 3.6a**）

通过数字化反转图像，这个过程我们之前也见过，得到了另一个迭代结果。（**图 3.6b**）

在下一页的图像中，希望你现在可以识别出图片的内容了，我们看到与之前在音乐盒图像不同的打光方式。（**图 3.7**）

3.5

3.6a

3.6b

我利用窗户射进的日光和上方四个钨灯泡的光线从物品的正上方进行拍摄，**图 3.8** 是设置图。

这是针对这种情况的，但你也许会发现它对你有帮助。

在**图 3.9a** 中简单添加一个小光源时，看看图像会有什么变化。（**图 3.9h**）

通过在钓鱼竿绕线轮上方添加额外灯光，注意这个图像发生的巨大的变化。（是的，这就是在垃圾桶中的钓鱼竿绕线轮！）

图 3.10 中，我觉得通过拍摄一个塑料、半透明的垃圾桶对环境光的过滤，看我能得到什么质量的光会很有趣。在这一章的最后，我们将讨论用你的想象力构造一些不寻常的打光技巧。

3.8

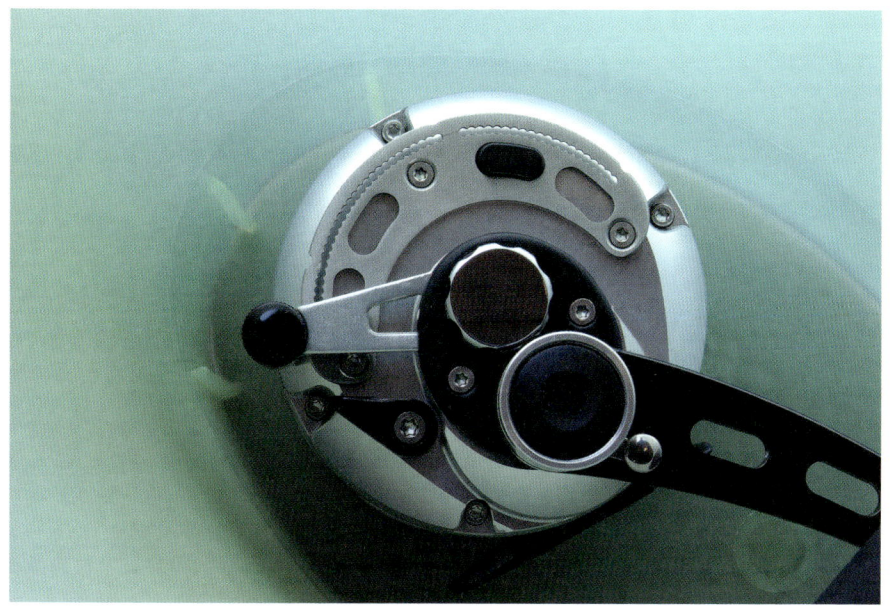

3.9a

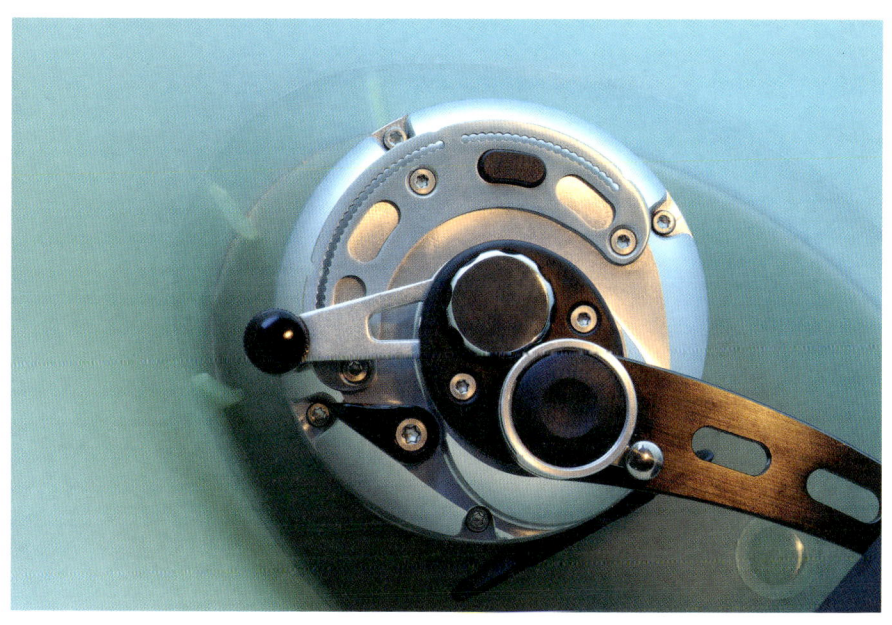

3.9b

3.10

又一次，在一个制造硅片的腔体里增加一个光源，我们看到**图3.11a** 变成了**图 3.11b** 的效果。

3.11a

3.11b

图 **3.12a** 中有一个大约 1 cm 长的三角形水滴，我们可以看到灯的反射。在这个例子中，我只是将灯对准了水滴。这种操作被称为直接照明。

借助反射光线，我先将灯光投射到一张金色卡片上，然后将光线反射到水滴上，从而得到完全不同的光线效果。（**图 3.12b**）

我用的是金色卡片，因为水滴是在黄金的表面。反弹使光线具有漫反射质量。

你可以用其他材料来反射光线（如镜子或白色卡片）以形成补光（fill），它确实符合"填补"这个词的含义。它不能作为一个主光源，而是提供一部分额外的光进行填补。

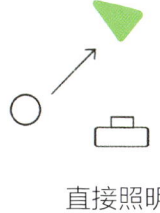

直接照明

3.12a

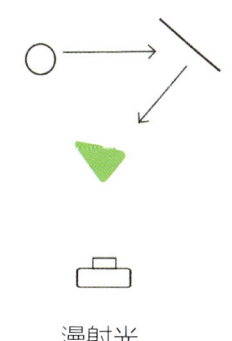

漫射光

3.12b

接下来是三张之前熟悉的手表照片，我用了不同的补光。它主要的光源是从窗户透进来的日光。

第一张图仅有日光，拍摄于没有阴影的阴天。（**图 3.13a**）

第二张图是我在手表的一侧添加了一个白色卡片用于补光。（**图3.13b**）

第三张图是我在手表旁边放了一面镜子来补光，用来反射日光到手表上。（**图 3.13c**）

3.13a

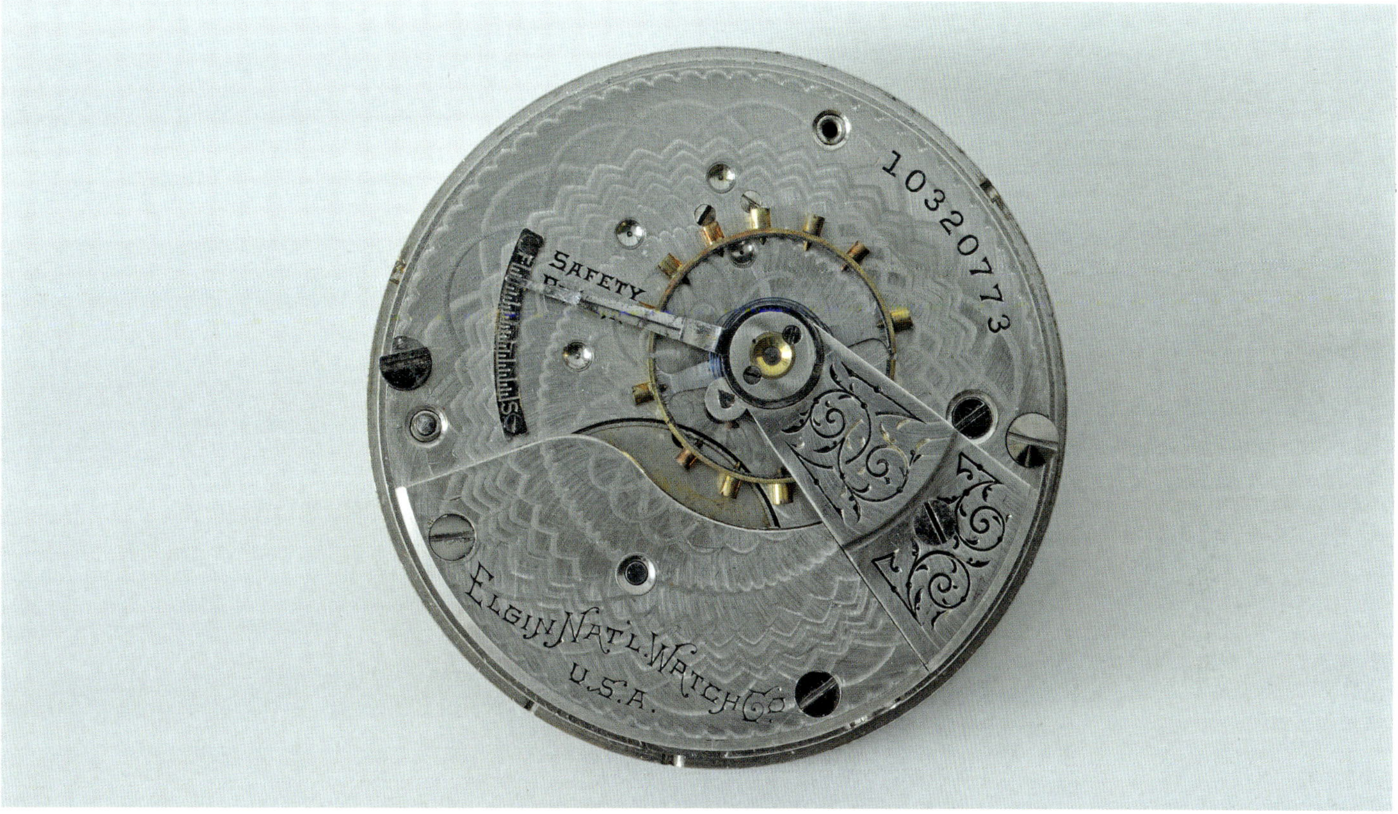
10320773
SAFETY
ELGIN NATL. WATCH CO.
U.S.A.

3.13b

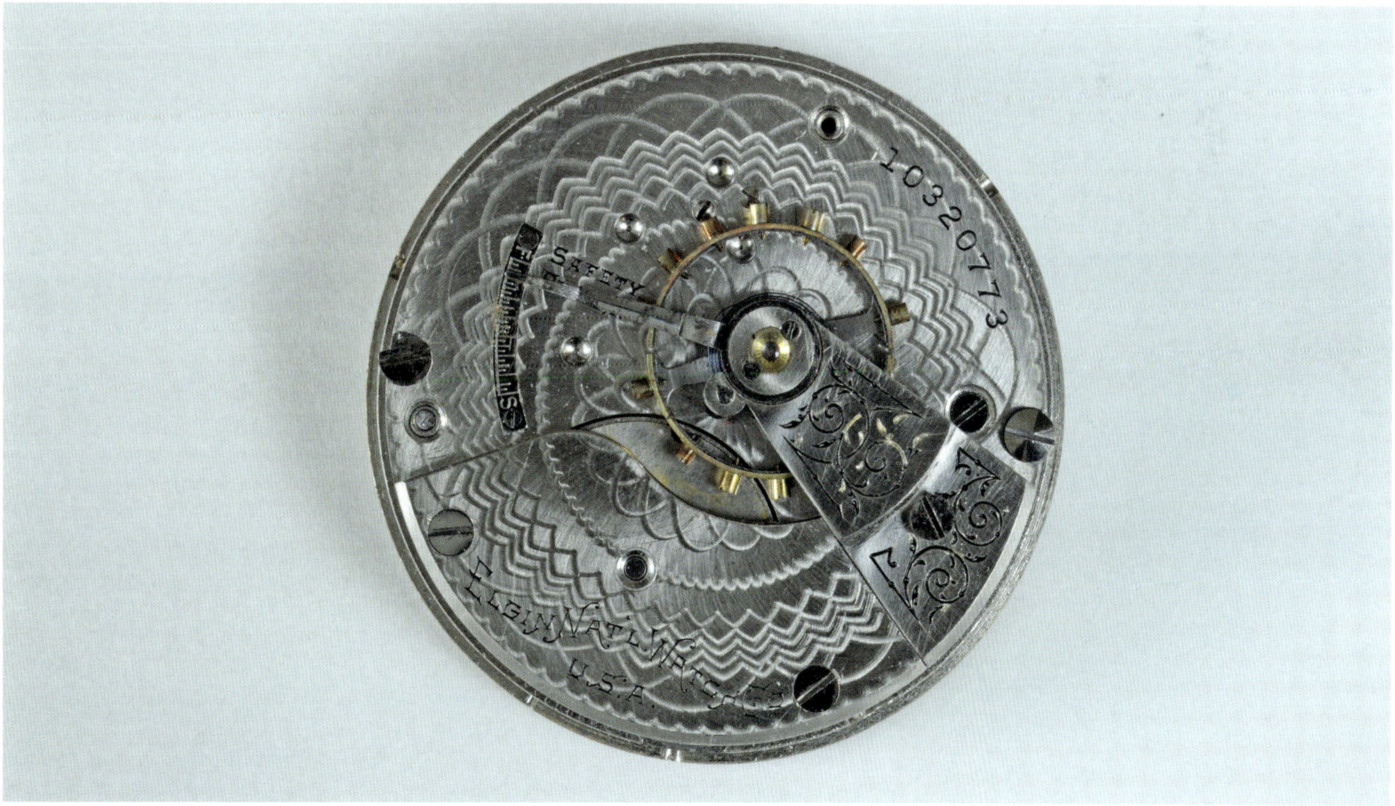
10320773
SAFETY
ELGIN NATL. WATCH CO.
U.S.A.

3.13c

如果将图片放大，我们可以看到它们之间的细微差别。（**图 3.13d**）

对于你的材料，你可能会看到更多的显著的变化。我鼓励你们尝试这些想法。

3.13d

阴影

　　大多数情况下，有光的地方就有阴影，尤其是光强且直射的时候。仔细观察，你会发现光源位置的微小变化和其他一些摄影诀窍，可以改变图像中的阴影质量和位置。

　　强直射光源可以产生明显的阴影，阴影在这两张图片里成为一个非常重要的构图元素。（**图 3.14**，**图 3.15**）

3.14

3.15

图 3.16a 是带有芯片的晶圆。在这张图中，我尝试之后决定只使用一个斜侧光，晶圆其余部分落入重阴影区域。

在下一张图片中，使用了"漫反射"打光设置，没有出现阴影。（图 3.16b）

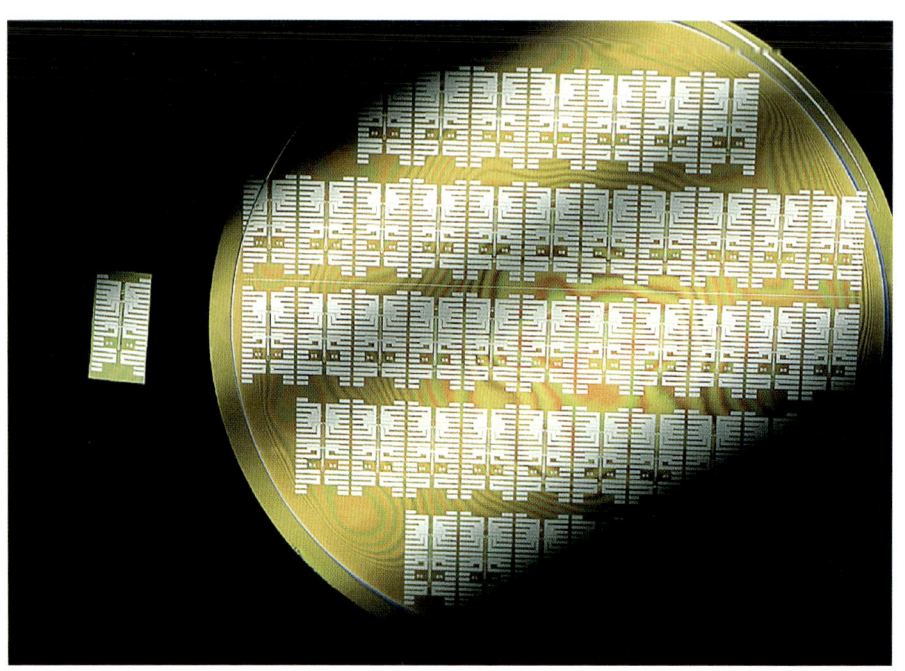

3.16a

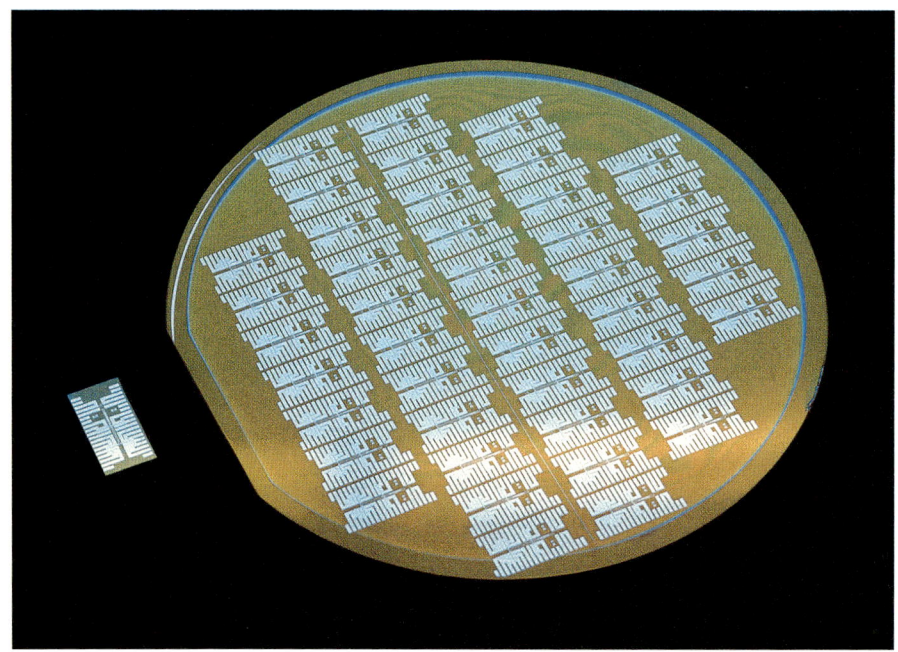

3.16b

我个人更喜欢第一张图片，但我同时介绍这两张图片是为了鼓励你拍摄时思考将阴影作为构图一部分的可能性。

在比较下面两张图片时，你可以看到我将一张卡片放在光源前面使得第二张图片中出现了阴影，其目的是更好地展示三角塑料表面的光栅。阴影的存在让各种波长的色散看得更清晰。（**图 3.17a**、**图 3.17b**）

3.17a

3.17b

影子自己就可以讲述故事。在接下来的两张图片中，我尝试呈现"马兰戈尼效应"，即当摇转一杯葡萄酒时就会出现复杂的表面现象。有些人称之为"酒的眼泪"。第一张图是拍摄马兰戈尼效应的失败尝试。（**图 3.18a**）

意识到应该专注于阴影，我简化了图像，让更多的关注集中在正在发生的现象上。（**图 3.18b**）

3.18a

3.18b

在此，我鼓励你去体验网络资源页面上由本·曼德伯格（Ben Mandeberg）创建的在线互动工具。除了趣味体验外，它还可以帮助你观察灯光的微调是如何改变图像的。例如，在**图 3.19a** 中，你可以推测光源的位置。

你会很容易对自己说："如果阴影在这里，那么光一定是从那里来的。"我用一盏灯在器件的右上方进行照明。

在这个例子中，我降低了光源。由于影子变长了，你可以推断出这一点。（**图 3.19b**）

接着，我在前面的设置中添加了第二个光源。（**图 3.19c**）

图 3.19d 中这个器件仅有窗户照明。尽管光线是漫射的，你还是可以推测出窗户的位置。

为什么要看这些图片呢？再一次，你将学会观察。当你使用自己的光源、器件和材料拍摄时，你不仅会更加关注器件的照明，还会更加关注照明所产生的阴影。随着每一个小的更改，你都会在图像中添加或更改构图元素。并且，随着添加更多元素，可以帮助观众看到，或者阻碍他们看到你想让他们看到的东西。

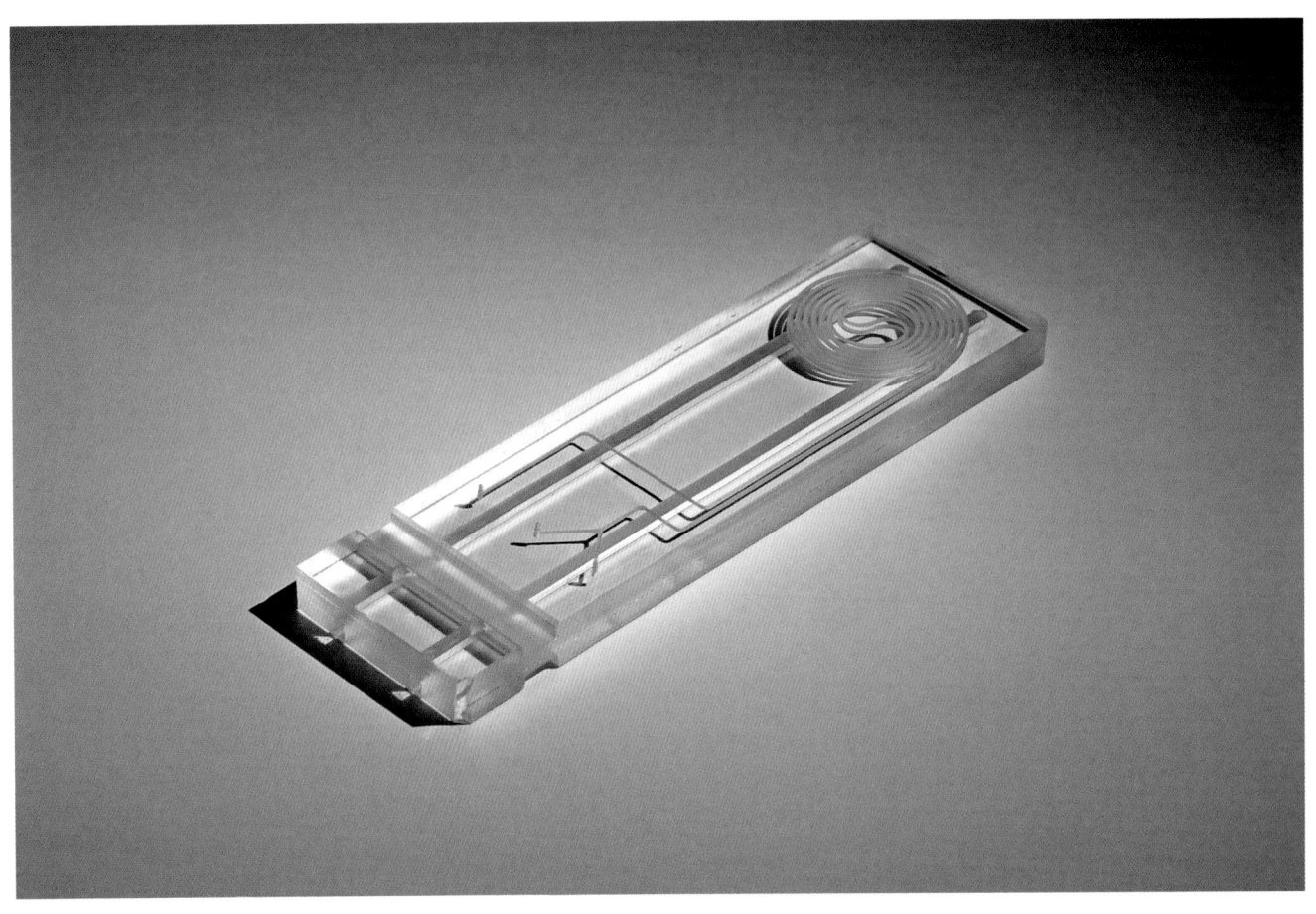

3.19a

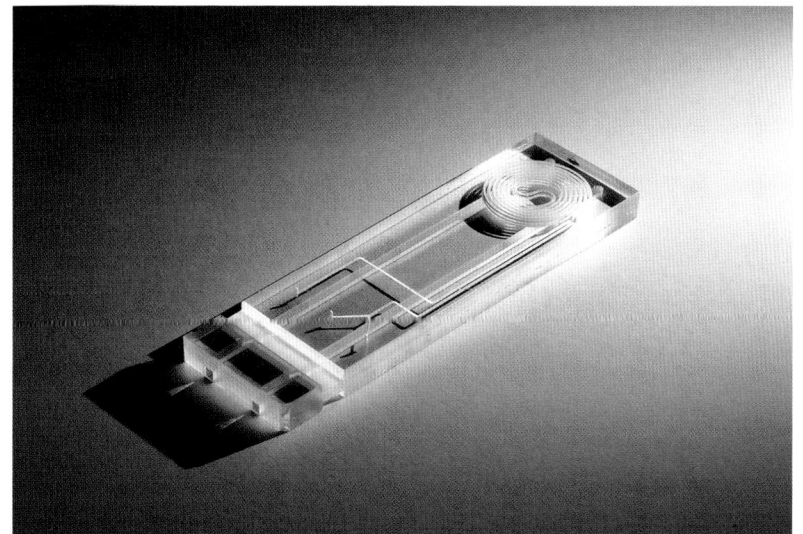

3.19b

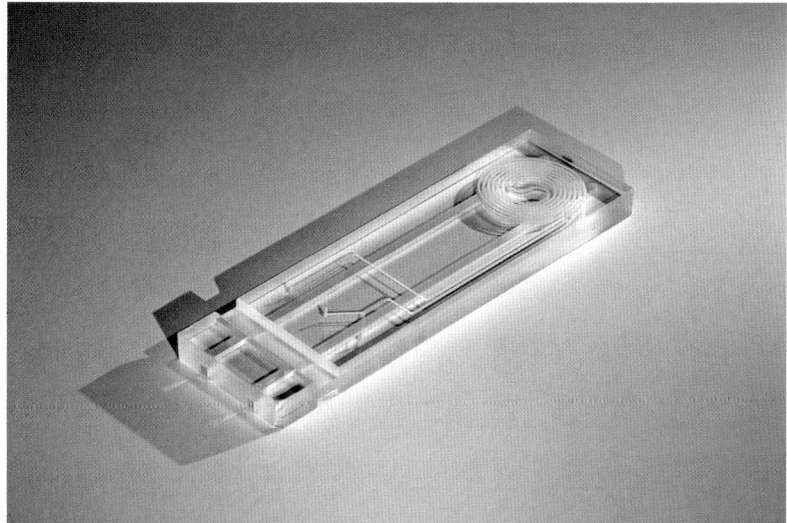

3.19c

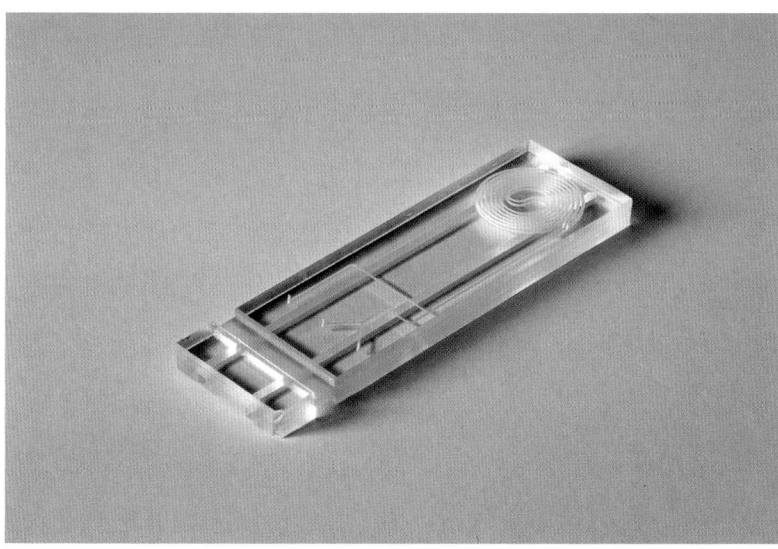

3.19d

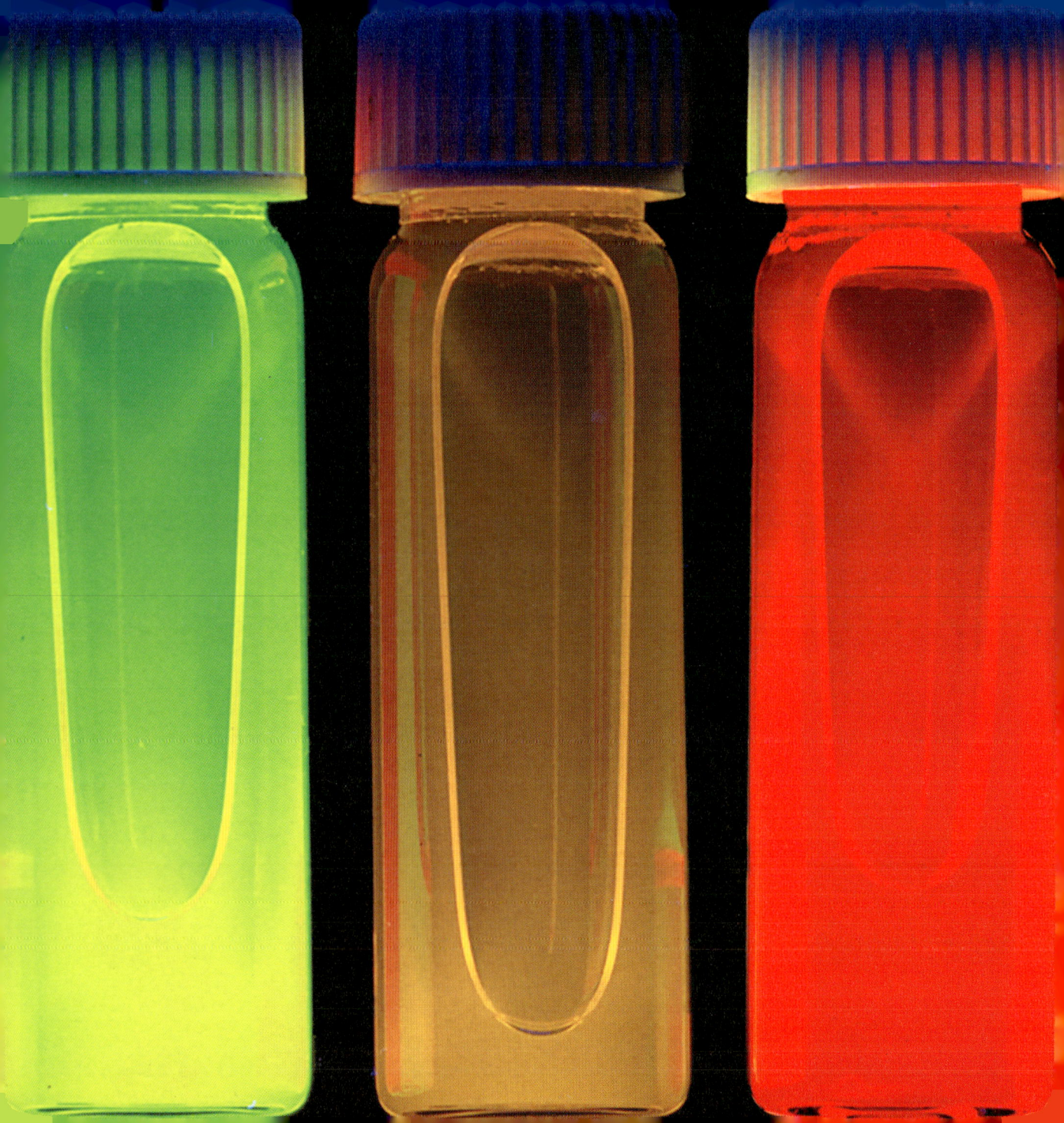

荧光

在大多数情况下，拍摄荧光材料需要长时间的曝光，这是可行的，因为相机可以安装在三脚架上。前一页**图 3.20** 是由两个紫外线灯激发的一组装有硒化镉纳米晶体（量子点）的小瓶。

将相机安装在三脚架上，曝光时间约 4 s。我特意将相机放在小瓶上方，这些小瓶放在黑色材料上。你可以想象这样的设置，由于气泡的存在，小瓶侧放而摄像头在上方。

3.21a

在研究人员的要求下，为了让图片更加具"纪实性"，**图 3.21a** 是给相同材料拍摄的另一张图片。

刊登这篇研究论文的杂志使用了这张照片作为封面。由于兴趣，我开始尝试含有纳米晶体的比色皿的构图。首先，我把它们按照**图 3.21b** 中的顺序进行排列。

然后我把它们更随机地进行构图。最终，这张照片也登上了另一份出版物的封面。（**图 3.21c**）

3.21b

3.21c

另一个例子是两个装有荧光凝胶的培养皿的图片。**图 3.22a** 仅在紫外线下拍摄，**图 3.22b** 则结合了紫外线和室内光线。

对于前面提到的量子点的另一个例子，这次它们被注入塑料棒中。第一张照片是在紫外线照射下直接拍摄（**图 3.23a**）。接下来**图 3.23b** 结合了紫外光和室内光线。

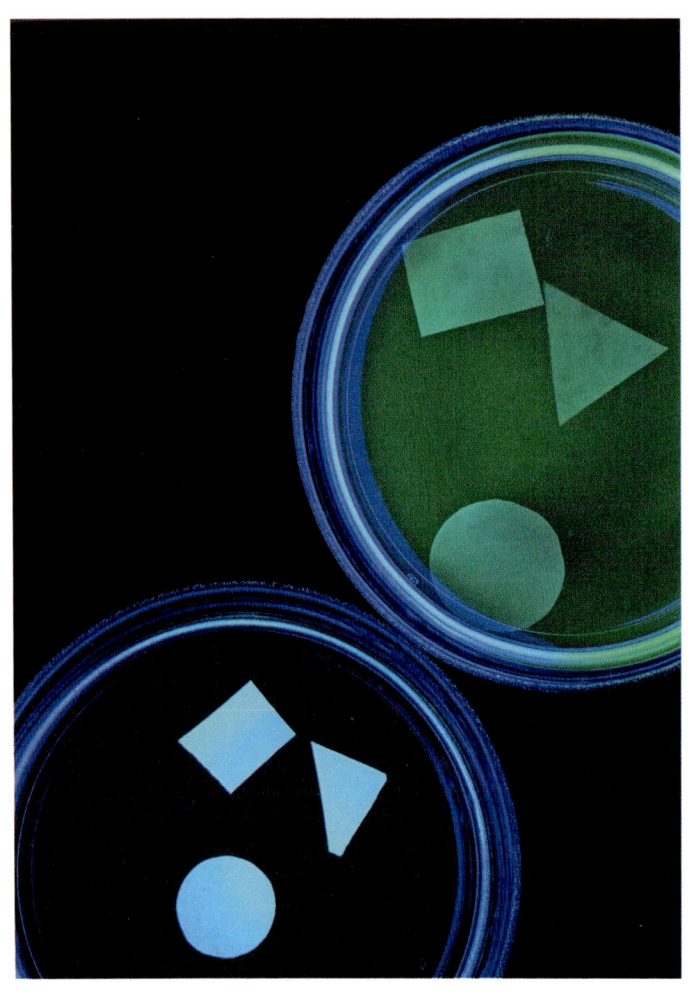

3.22a

3.22b

3.23a

寻找你的光

在此，我想鼓励你像做科研一样深入挖掘想象力，拓展你对摄影中最重要的元素"光"的思考方式。突破大多数摄影教科书中呈现的规则、开发新型照明方法，不仅趣味十足，也能开拓视野，让你以新的方式看待你的科研。

以我们之前看到的这个器件为例进行说明（**图** 3.24）。你可能会惊讶地发现，我使用了本章开头讨论的灯箱，但没有将设备放在灯箱上。相反，如**图** 3.25 所示，我将灯箱作为侧面的光源。光源在不同使用方式之间的便捷转换是无比重要的。

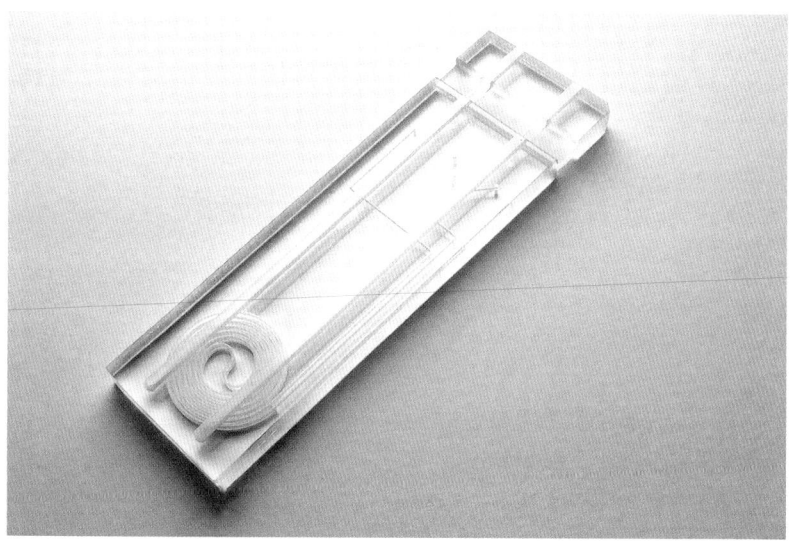

3.24

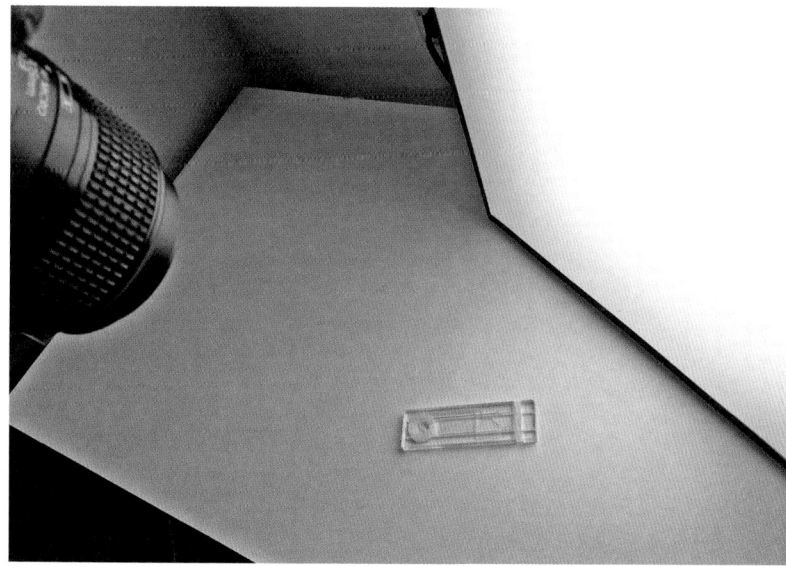

3.25

接下来，带着一种更轻松的心情——我手拿着器件在我的工作室里来回走动，当我走近扫描仪时发现了一件有趣的事儿，它的盖子恰巧是打开的。我把这个设备放在平板扫描仪上，并被扫描仪光线照射在器件上的效果所吸引。（**图 3.26**）

下一张图像不是扫描仪产生的扫描图像。它是借助平板扫描仪的光，从设备上方拍摄的照片。（**图 3.27**）

你可能没有考虑过的另一个想法（可能是因为看起来太过简单了）是使用小型 LED 手电筒。（**图 3.28**）

当你只想对设备的一小块区域进行拍摄时，小型 LED 手电筒的效果很好。**图 3.29** 是我对直径约为 2.5 cm 的螺旋区域进行了拍摄（继续使用同一个器件作为拍摄主题）。

我只是用 LED 手电筒照射那个特定的区域。可以看到，左下角的光线"衰减"，因此我将取景区域保持在螺旋的位置。

3.26

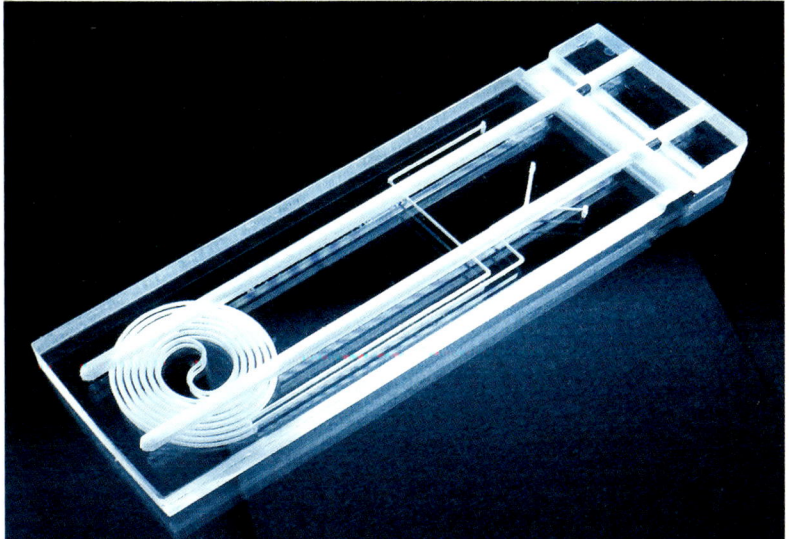

3.27

3.28

3.29

3.30a

很久以前，我拍摄了一张似乎引起了极大关注的图像（图 **3.30a**）。直到现在，我也不清楚这是为什么。但是，找到合适的照明方法可能帮助了这张图片的流行。

铁磁流体是悬浮在油中的小铁屑胶体。我将一滴 2 cm 宽的液体滴在载坡片上，载坡片下面是一张黄色的便利贴，便利贴下面放置了七个圆形磁铁。我们可以观察到铁的微粒对磁铁的响应。我开始拍摄特写镜头（图 **3.30b**）。注意光源——来自带有窗格的大玻璃窗的反射。但画面太过"紧凑"，以至于看不出任何有价值的东西。

在下一次尝试时，我把相机拿远了些，就可以看到更多正在发生的现象。（图 **3.30c**）

然后，考虑到材料的反光特性，我在照片上添加了另一个元素。我将一张绿色卡片放在拍摄对象的侧上方。（图 **3.30d**）

现在我们看到一点点从材料反射的绿卡。这种添加是纯粹的美学成分——它不一定澄清有关材料的任何信息。但是，这样呈现的图像变得更加有趣，增加了读者的观赏兴趣。毕竟，这正是我们在拍摄科学照片时想要的结果——想看是理解的第一步。

3.30b

3.30c

3.30d

总结

实验用品：

- 不同种类的光源：日光，白炽灯，荧光灯，紫外线灯，LED 灯。
- 光线位置：光与物体的距离、相对于物体的高度和角度。
- 定向光和漫射光：使用镜头，反射卡片，容器，镜子，手电筒，光纤点光源，反射背景。
- 多个光源和位置。
- 影响构图的照明：物体的选择性照明，倾斜光和光束。

根据物体的属性选择光线、构图和曝光

- 荧光样品：紫外线灯，长时间曝光。
- 透明度。
- 反射性质。
- 以上各项的组合。

研究已发表的照片

- 光线落在图像的什么地方？阴影在哪里？
- 光线强度？
- 光线来自哪个方向？
- 光是直射光或反射光？
- 猜测照明是如何产生的？你会调整吗？

保持记录

- 记录你的创作过程。

第四章
手机相机

　　大约在 2013 年，我第一次做麻省理工学院科学与工程摄影线上课程的大纲时，我决定仅仅提及用手机相机进行拍照的相关概念。那时，我用我的手机拍了一些我们过去称之为"快速但质量差"的照片——那些自认为是"资深摄影师"并不会当一回事的照片。

　　现在，情况发生了变化。

　　今天，市场上一些手机摄像头的质量令我感到震惊。但此刻，我并不准备鼓励你放弃前几章讨论的所有设备。一个重要的原因是，你无法控制手机相机的景深，尽管在我写这本书的时候，这种情况正在改变。正如我们在第一章中所看到的，手机图像的文件大小，即信息量或解析细节，还无法与一个好的扫描仪或单反相机相媲美。但这种情况也会改变。我相信，当手机公司旧技术过时后，他们有合适的技术在后台等待着被引入市场。

回想一下我们比较过的两张培养皿的图片，一张是我用手机相机拍摄的，另一张是我用平板扫描仪拍摄的。（**图 4.1**）

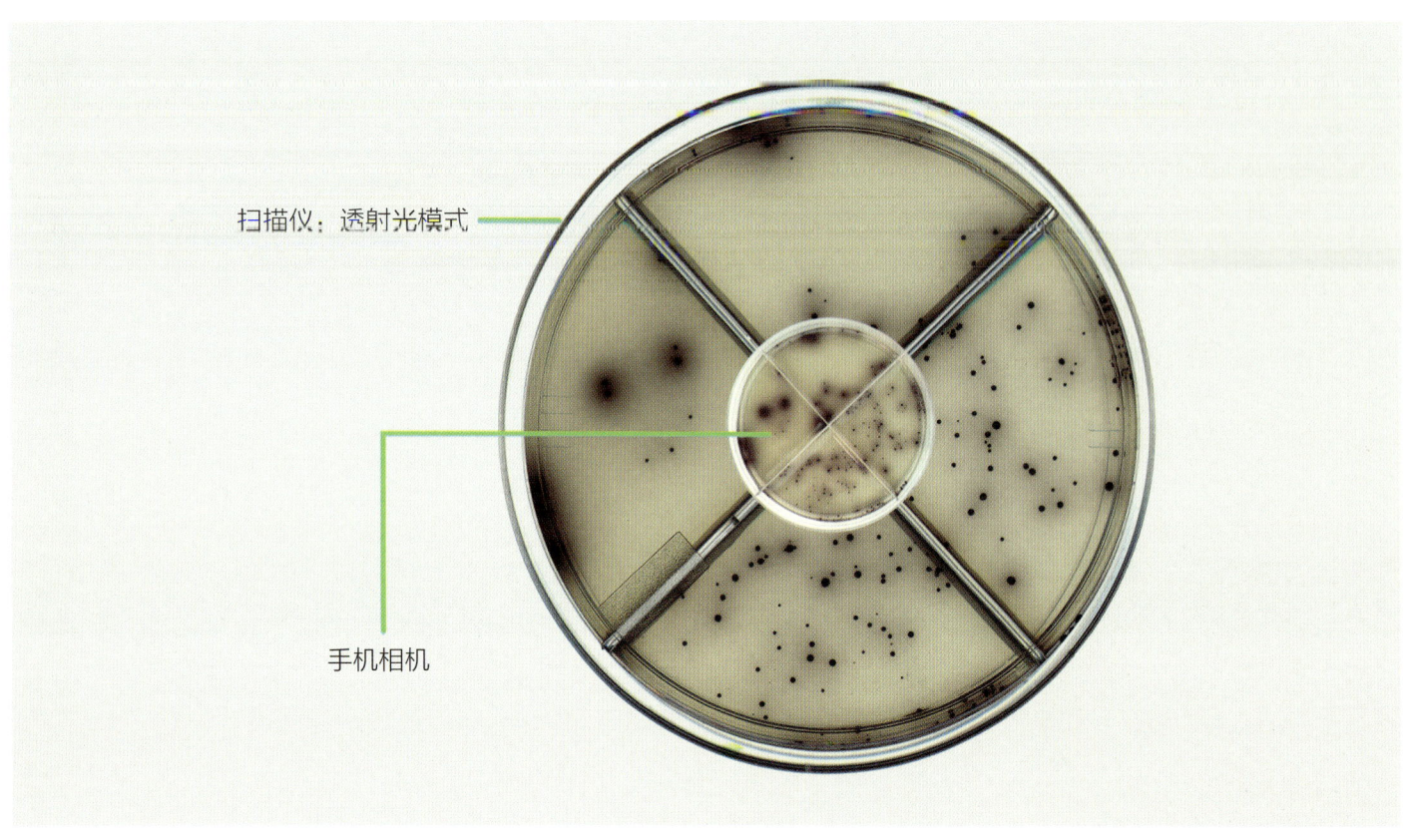

扫描仪：透射光模式

手机相机

4.1

手机相机的文件大小对于我们的大多数用途来说都太小了。值得重复强调，文件大小的差异和分辨率关联。在下面两幅图中，左边的图像是用手机相机拍摄的。右图是用我们的标准设备，一个带有 105 mm 镜头的单反相机拍摄的。（**图 4.2a**）

下面是这些图片的细节。（**图 4.2b**）

另一个问题是，大多数手机摄像头的内置镜头对我们来说过于广角，不过这种情况也正在改善。稍后你会看到，在写这篇文章的时候，我不得不在后期制作中纠正广角镜头的畸变。然而，这些手机摄像头最令人兴奋和最重要的特点是，它们能让我们快速制作出精美的图像，而无须进行任何设置和所有相关工作。

在本章中，我将展示不一定与科研有关的图片，原因如下：首先，我确信，制作高品质、高质量图的关键不仅仅与学习技术有关（这些技术你可以在这里、网上和其他各种书籍中找到）。拍摄尽可能多的图像可以扩展你之前无法想象的观察能力。手机摄像头给了你这个机会。如果你看到一些非凡的事物，并且知道可以在那一瞬间捕捉到它，那么你就会持续拍摄。如此一来，你将比以往更善于观察。很简单，你制作的图越多，并且学会批判性地编辑你拍的照片，你就越容易走上成为一名优秀的摄影师的道路。

在这个过程中，仔细评估和编辑你的即时快照是关键所在。我很惊讶人们在手机上储存了这么多图像。你必须养成这样的习惯：研究你拍摄的图片——决定哪些要删除，哪些要保留，哪些可以在之后"修复"。这个编辑过程将进一步帮助你成为更有鉴别力的摄影师，并在以后的拍摄中影响你的创作。

4.2a

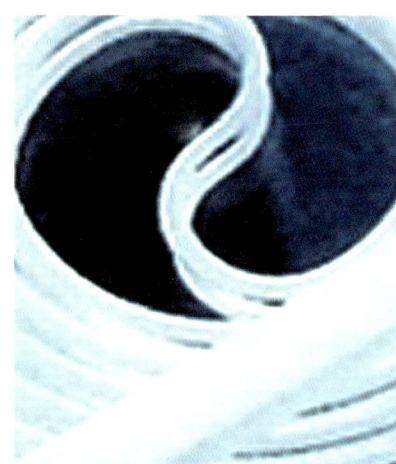 

4.2b

非凡时刻

让我们从我看到手机拍照价值的这个转折点开始：

在某一个特别的瞬间，我在厨房看到了一些美妙的事情，并想要迅速捕捉它们。我知道，要安装好我常用的装备，需要大量的工作和时间。我也意识到我所观察到的事物会很快改变，转瞬即逝。我正在炒一些彩椒，当我给平底锅盖上玻璃盖，美妙的瞬间发生了。我看到了关于冷凝、光学等现象。像我一样研究照片：你看到了什么？这是怎么回事？仔细观察才是乐趣所在，同时也要弄清楚在下次机会来的时候如何让图像变得更好。这一切只需要好的手机相机和捕捉这一刻的意愿。(**图 4.3**)

4.3

这是另一个"非凡时刻"（的确是非常棒的时刻）。我也知道，我必须在光线改变之前就迅速采取行动。这张终图用 Photoshop 的"高光／阴影调整"工具略微增强，以显示画面下部（曝光不足部分）的细节。但现场看起来确实是这个样子。（**图 4.4**）

或者下一页的图像，是我乘坐小型飞机前往英国布里斯托尔时拍摄的。这是我第一次尝试用手机拍视频。这又是一个在特定时刻可以看到并拍到现象的机会。（**图 4.5**）

在下面的照片中，请注意右边的小水滴在包裹树干的塑料薄膜的一个折痕中完美的排列方式。这让我想起了自组装过程，并且这是在一个阳光明媚的早晨，当我走路去学校时发现的。（**图 4.6**）

4.4

4.5

这张旋转了 90 度的图片（**图 4.7**），是一张陪伴我很多年的小金属丝桌子的细节图。金属丝表面上的有趣倒影用手机摄像头很容易捕捉到。这张照片是从一张较大照片上剪裁出来的，原始照片中包含了房间里分散注意力的元素（广角镜头问题）。在拍摄图像的时候，我就预想到了后期的裁剪。我知道拍摄时图像不一定要完美。

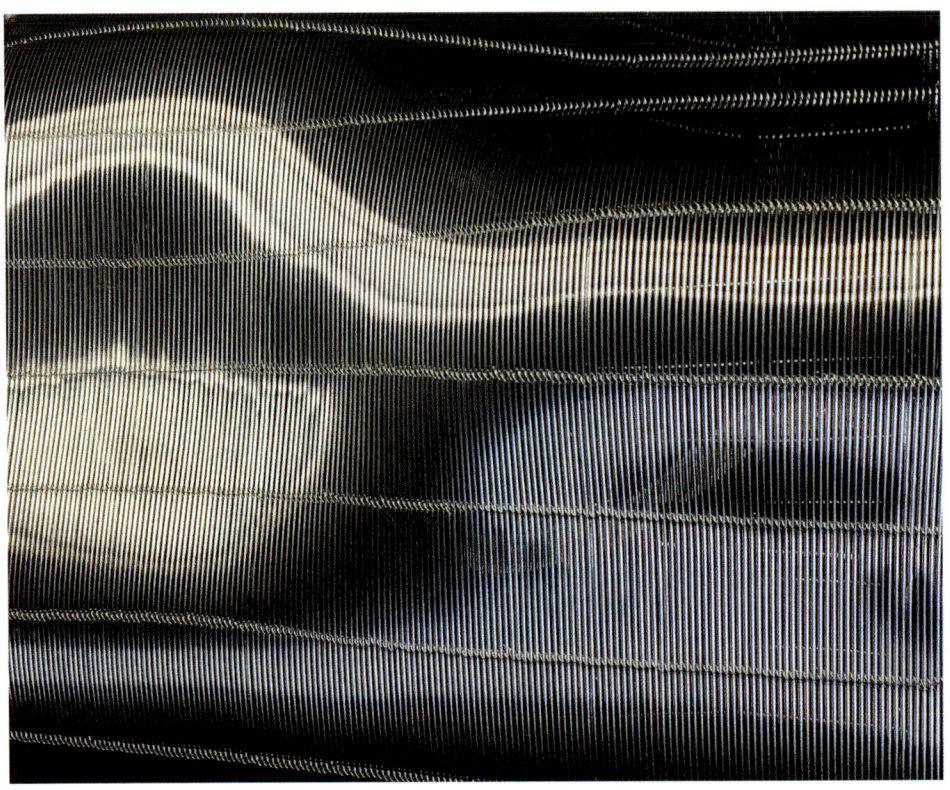

4.7

4.8

下一个时刻，我正在美国缅因州的一条乡间小路上散步，眼前看到视觉重复。寻找视觉重复是一个有益的（也是有趣的）练习，这样可以提高你找到有趣的图像的能力。（**图4.8**）

这个玻璃苹果对我一直很重要。在光线改变之前，"偶然发现"的反射影像促使我快速地拍下了这张图。（**图4.9**）

广角镜头问题我前面提到过。如果需要，我们可以在图像制作完成后校正畸变。最简单的方法是裁剪图像的畸变部分（或者我们不想要的部分）。每当你觉得自己在镜头中遇到某事或某人而卡住时，都应该记住这一点。

4.9

制作快速图像的能力对我来说一直很有用，我耐心地等待技术的发展能够提供更大的图像文件。就目前而言，拍摄时候可以预先想到如何修正图片，让我并不在意第一次拍摄就要拍得非常完美。你也可以仔细考虑图像的潜在修改方式，不要半途而废。顺便说一句，这会占用宝贵的数字存储空间。

我很快拍摄了第一张照片，记录在学校教务长办公室里我的两张照片（**图 4.10a**）。注意这张图的透视畸变。在 Photoshop 中很容易进行修复。这是一个细微的调整，但作为一名认真的摄影师需要这样做。（**图 4.10b**）

4.10a

4.10b

这是我为手机图像做的另一个修复。我不打算带着我所有的装备去瑞士参观欧洲核子研究中心（CERN）的第一台加速器——同步回旋加速器。（**图 4.11a**）

我知道以后会对拍摄的图像进行裁剪，以完善构图，因此这张照片是有价值的。（**图 4.11b**）

4.11a

4.11b

因为我设想用这张图作为背景图，所以我删除了分散注意力的数字 2（尽管有些人认为这个数字有很高的信息价值）。另外，我的手机软件在某些光线下会夸大色彩饱和度。这张图的颜色有点过头了，看起来很假。在研究了加速器的老照片后，我发现它的金属表面像钢一样。因此，我通过稍微降低图像的饱和度来减少它的花哨感，从而得到更灰的色调。现在这张照片更接近真实了。（**图 4.11c**）

4.11c

对于下一张图像，我被米格尔·巴塞洛（Miquel Barceló）在瑞士日内瓦联合国人权理事会万国宫创作的天花板艺术之美惊呆了。而我以前并不知道它，坦率地说，当我走进会议室时，我被震撼了。甚至后来，在阅读了围绕其安装方面的争议之后，我仍然惊叹于它对社会问题的独特与暗示性的表达。（图 **4.12a**）

右边同是天花板的图像，从一个略微不同的角度拍的（**图**

4.12a

4.12b)。仔细观察这两张图的差异。

这两幅图片都经过了调整，把观众的注意力吸引到了天花板上。下两页的图是原始图像，看看你能不能辨别出我对原始图像做了哪些"修正"。（**图4.12c，图4.12d** ）

我举这几个例子，是为了说明微小的改变（在这个例子中，相机有进行轻微的移动）是如何影响最终的照片的，即使用手机也是一样。

4.12b

4.12c

4.12d

在丹尼尔·里伯斯金（Daniel Libeskind）设计的柏林犹太博物馆里，有一个最震撼的装置之一是马纳舍·卡迪希曼（Menashe Kadishman）设计的落叶展览（Shalekhet）。第一张照片中出现了一个访客，我想着之后将他修剪掉（图 4.13a）。但我知道这个修正会对构图产生负面影响：右上角的那个小黑三角形一看就不对（图 4.13b）。很幸运，他离开了，在这张最终的图像中（图 4.13c），能够体现出这个空间的更多精彩设计。

4.13a

4.13b

当我告诉我的朋友们我旅行不再带"严肃"的相机时，他们通常感到迷惑不解。旅行时只使用手机拍照的心态与在实验室的专业心态是不同的，这种心理变化很难解释。我能拍出非常漂亮的照片又不需要让它们变得完美，这真是天赐的礼物。下面是我在旅行中拍的三张图。请注意它们的构图。（图 4.14，图 4.15，图 4.16）

4.13c

4.14

4.15

4.16

你的实验室

手机摄像头可以很好地快速拍摄图像，以记录你的所见和你设计的一些设备，你可以在幻灯片中演示或者和你的同事分享这些图像。

下一个例了展示了我们如何创作一些非常好的台面装置图像。第一张图，我尝试放了几张白纸来简化肯景，这样找可以在 Photoshop 中后期"修复"它们，第二张图像是修复过的。（**图 4.17n　图 4.1/b**）

这是一个类似的例子，由麻省理工学院的学生梁友志（音译 Youzhi Liang）创作（**图 4.18a，图 4.18b**）。梁友志正在研究一种特殊的冰球击球机制，这种击球方式被称为"拍击"。

4.17b

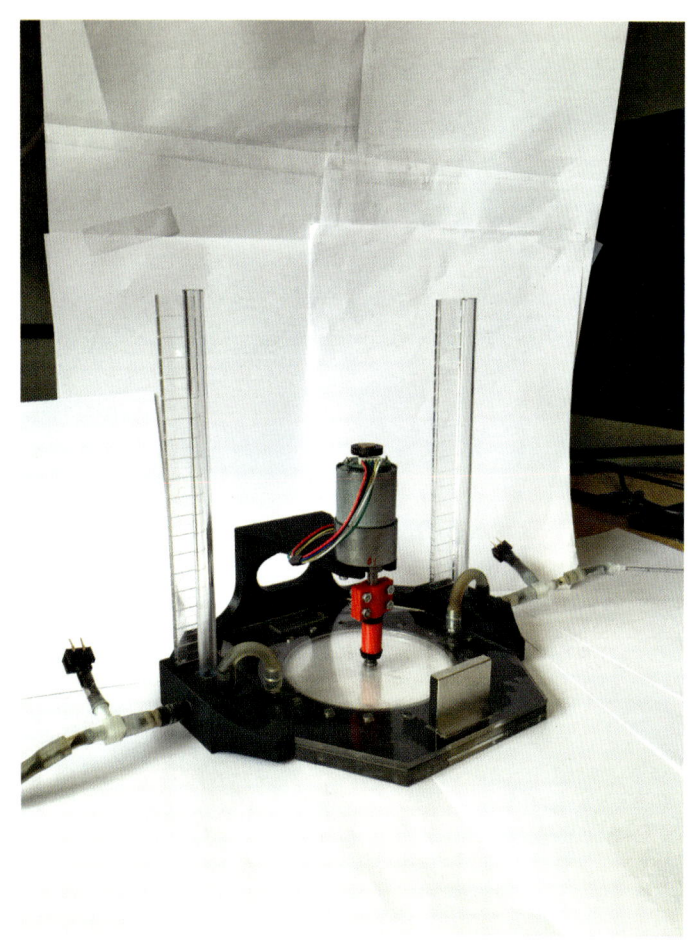

4.17a

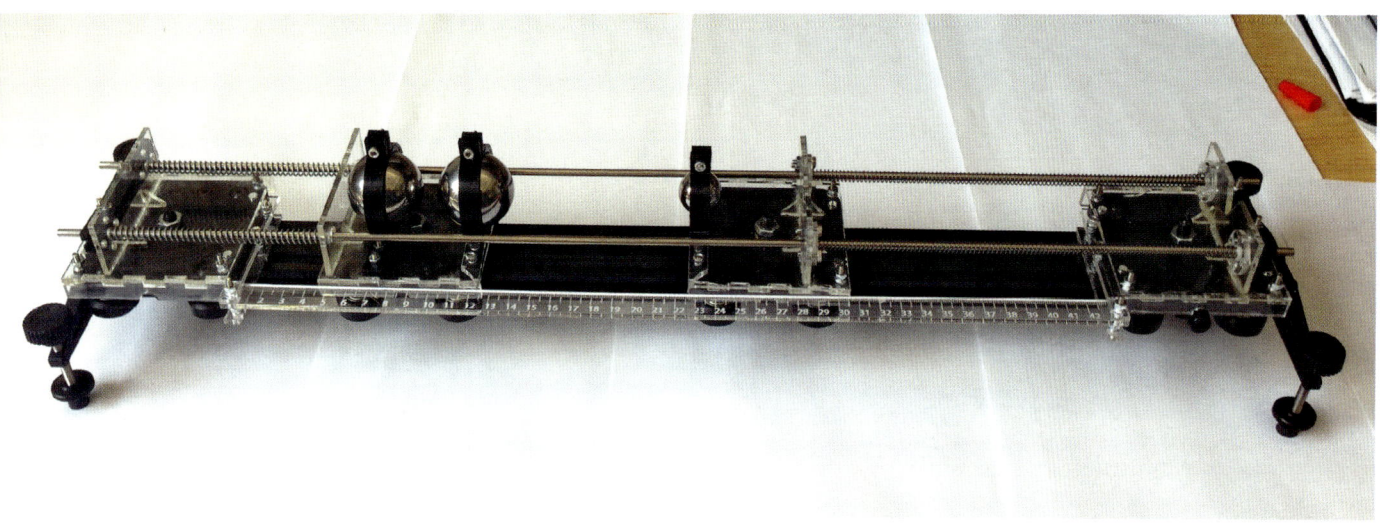

4.18a

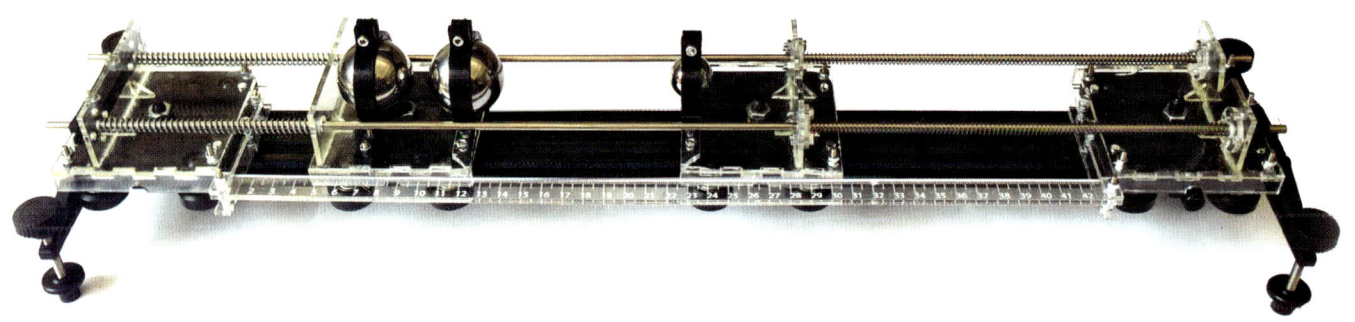

4.18b

如果你需要实验室网站的图像，除了科研图像以外，智能手机可以创建实验室外观的"提示"图像。可以把它们当作实验室的肖像。在这个例子中，我在麻省理工学院哈罗德·埃奇（Hadley Sikes）的实验室拍摄了一组照片（**图4.19a，图4.19b，图4.19c**）。她的团队致力于寻找新的生物分子系统来检测和治疗疾病。

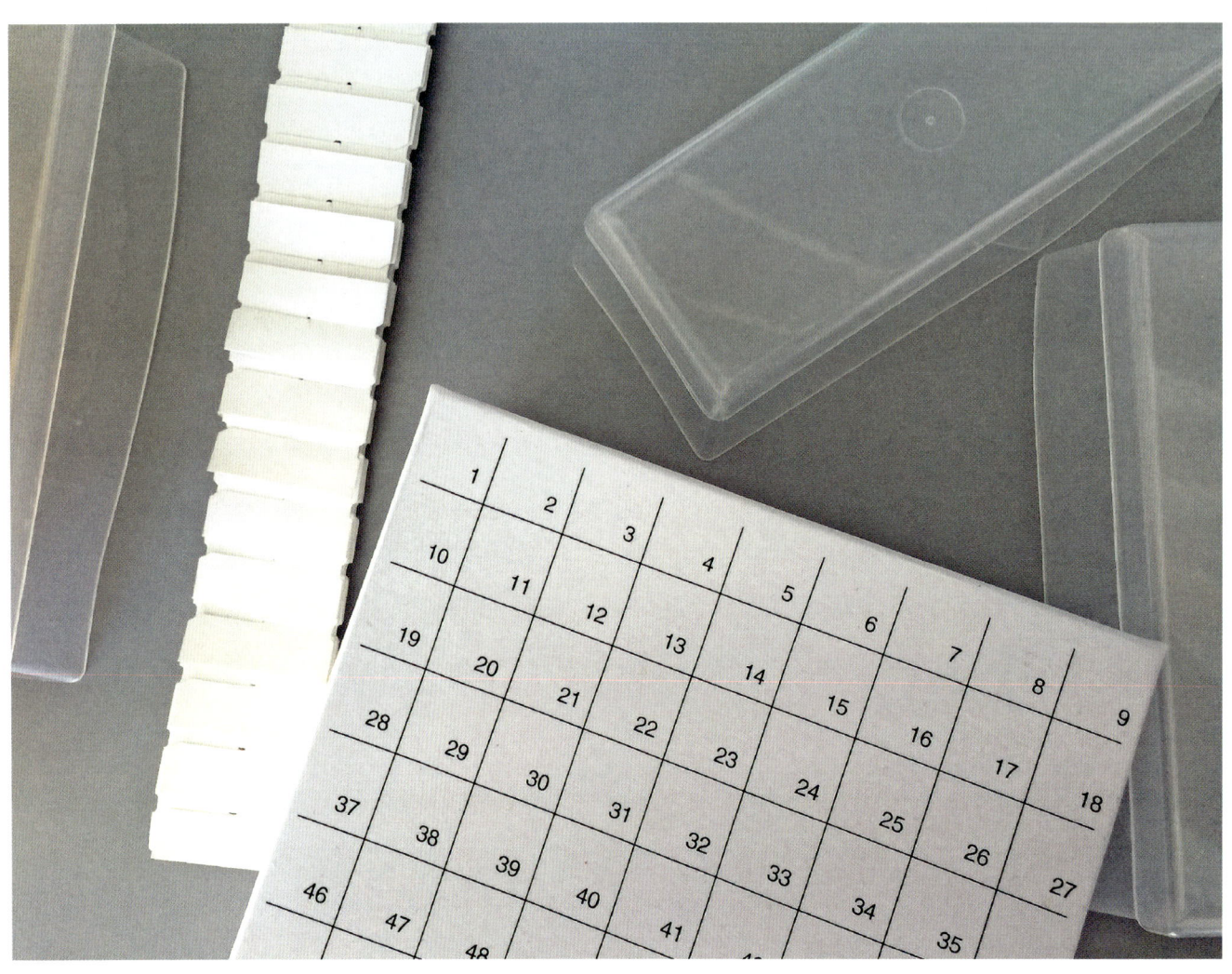

4.19a

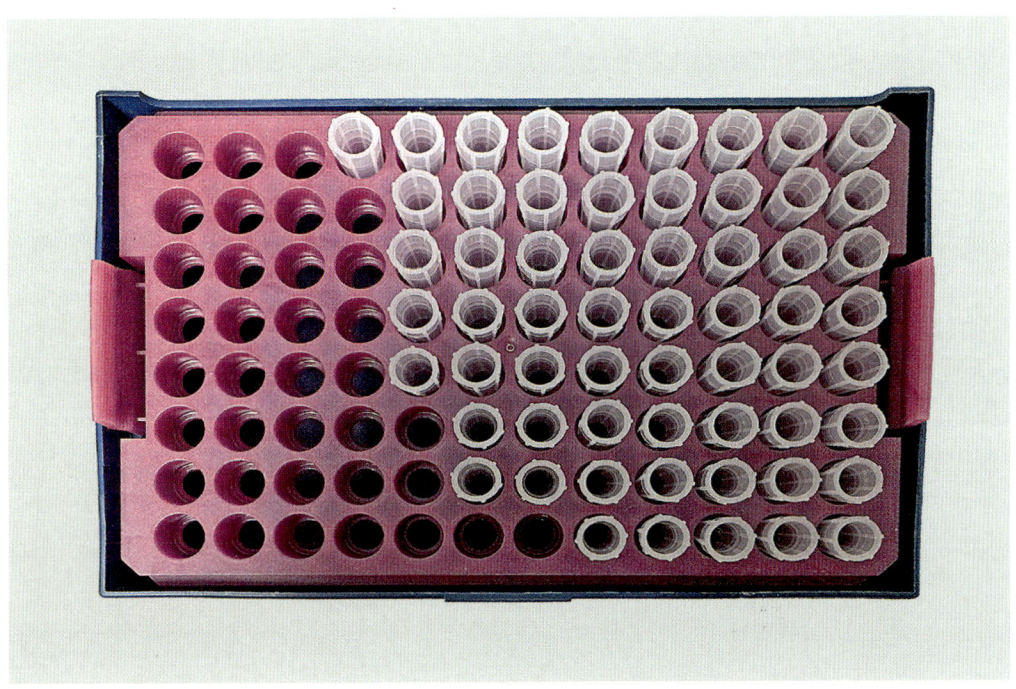

4.19b

4.19c

背景

在第一章中，我提到我是背景收藏家。我现在也用我的智能手机丰富我的收藏，这里的背景是数字化的。这是我在海德公园富兰克林·D.罗斯福总统图书馆和博物馆里拍摄的一张很特别的照片。你会在"案例分析十五"中看到我是如何使用这个图像的。在我拍摄这张照片的时候，我不知道我能如何使用它，但我知道有一天我会明白的。它是一个巨大的塑料橙色圆圈的一部分，描绘的是日本"升起的"太阳。巨大的实心圆挂在墙上，后面有灯光。发光的橙色"条纹"是光线在灰泥墙上的反射。（**图4.20**）

4.20

下一张图片是在欧洲核子研究中心拍摄的，我用数字方式去除了
左侧照片中的细节，试想这张图片可以成为文本的背景。（**图 4.21a，
图 4.21b**）

4.21a

此处显示文本？

4.21b

出于同样的想法，我拍摄了马萨诸塞州剑桥市谷歌建筑中庭不断
变化的天花板（**图 4.22**）。这张图像并不单独使用，但是可以作为幻
灯片的背景。我还没用过这张图，但我知道将来会有机会用到。

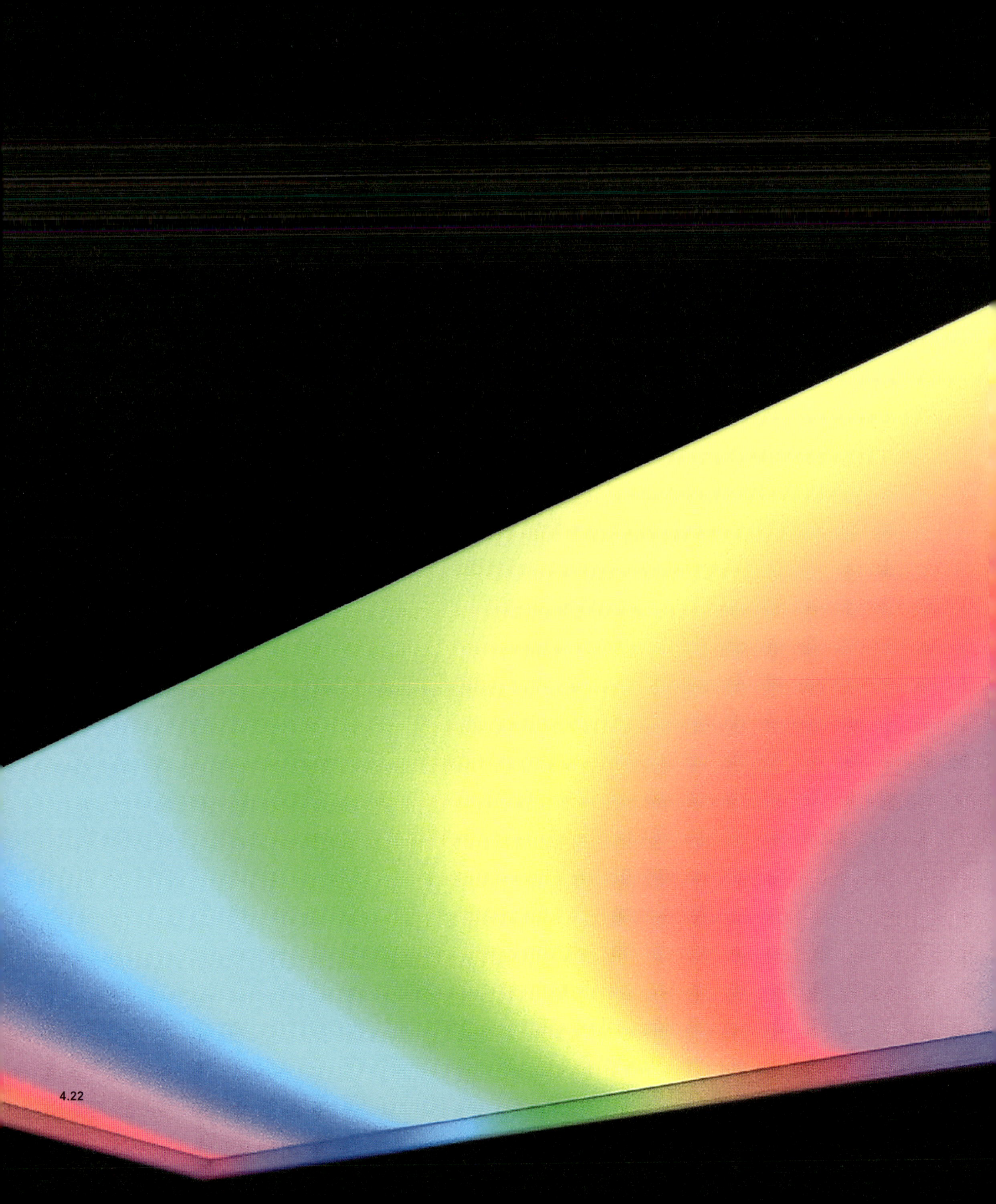

4.22

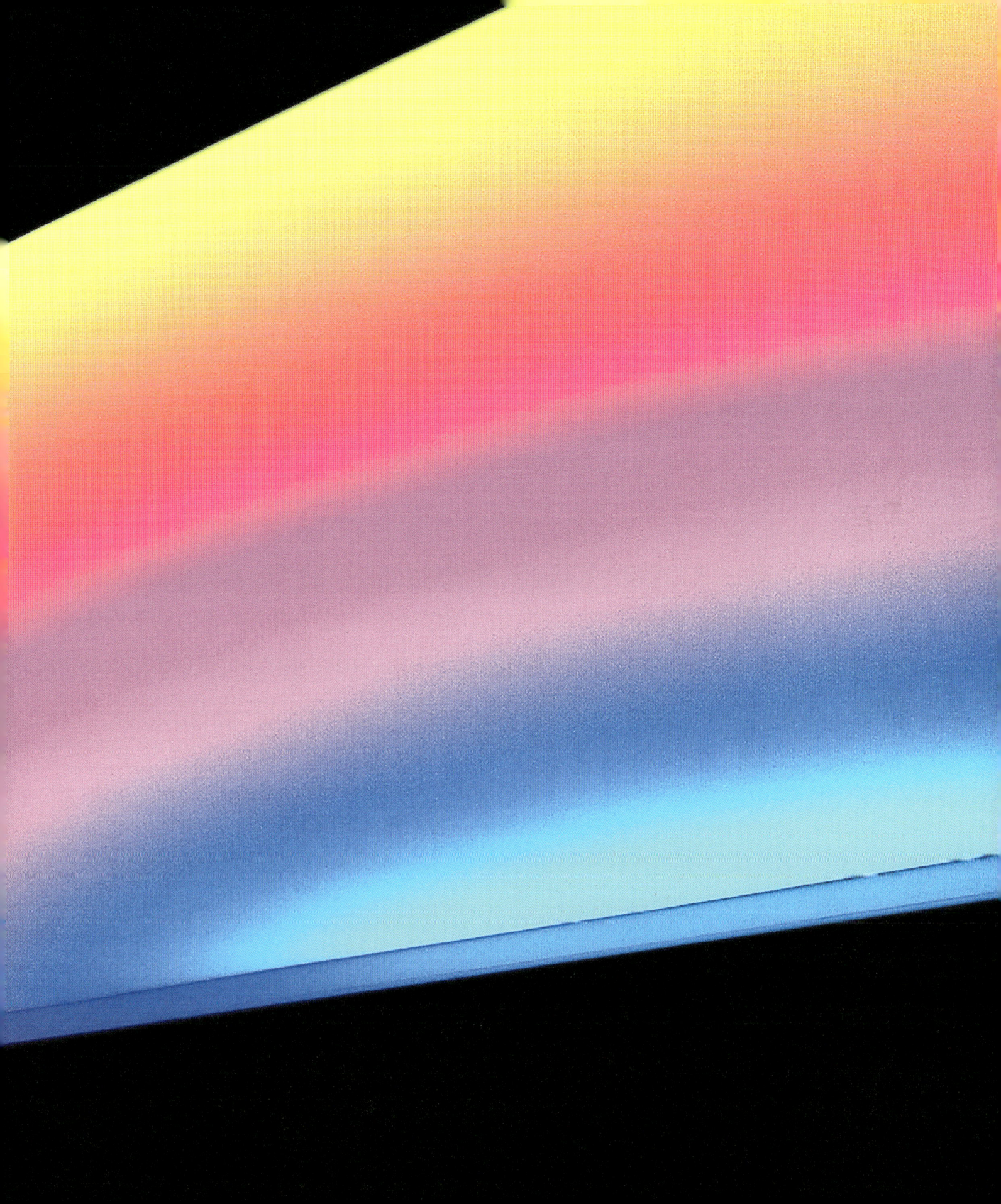

这是另一个背景图，已经为插入文本做好了准备。（图 4.23）

4.23

其他

我想向你介绍一个特别的工具，它可以为我的摄影添加一个新的层面。

多年来，我一直很苦恼地试图将手机放在显微镜的目镜上方的正确位置。最终，有人发明了这个完美的适配器，可以辅助定位。你只要把这个适配器安装在目镜上，它就能让手机保持在一个理想的位置。顺便说一下，这张图是我用手机拍摄的。（**图 4.24**）

4.24

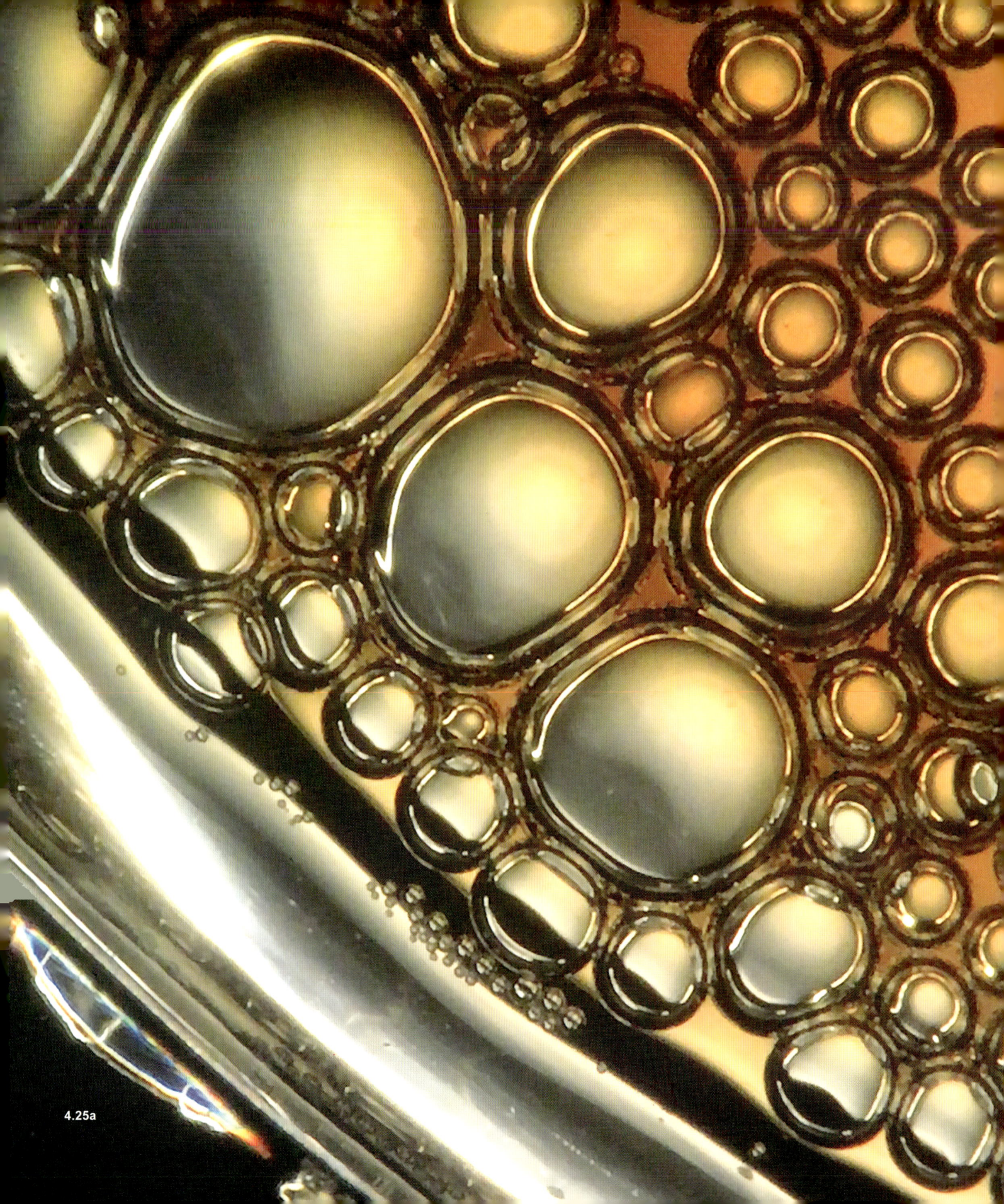

4.25a

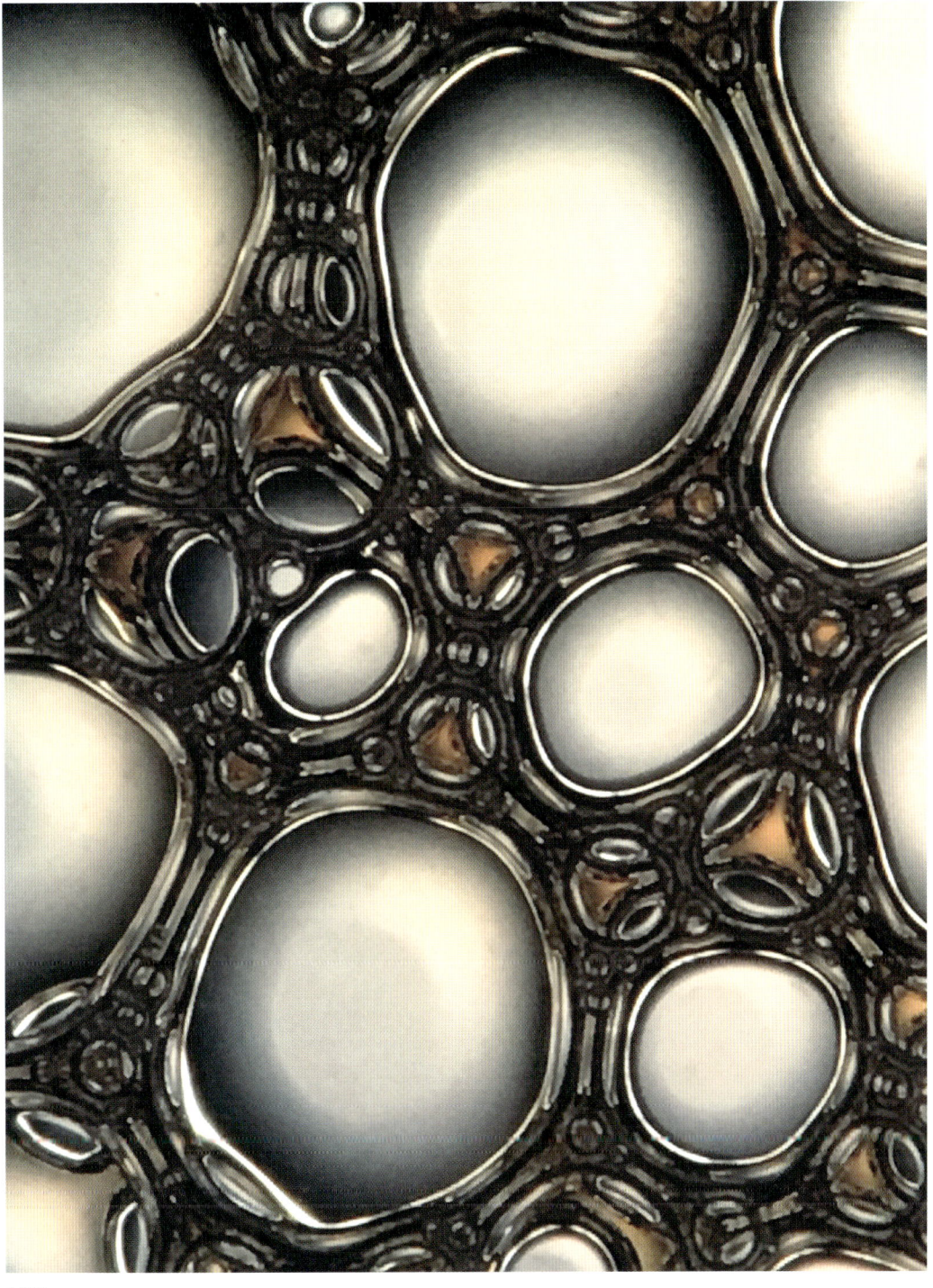

4.25b

　　图 4.25a 和**图 4.25b** 是用适配器和我的手机拍摄的稀释咖啡中
的气泡。

　　在这本书的网络资源页面上，你会看到一个运动的气泡的视频，
也是用显微镜上的手机相机拍的。

下面是适配器装好时图像的样子。（**图 4.26a**）

你必须通过放大来裁剪图像，就像你正在聚焦到一个场景，以获得完整的图像。请记住，这样会让你损失分辨率。（**图 4.26b**）

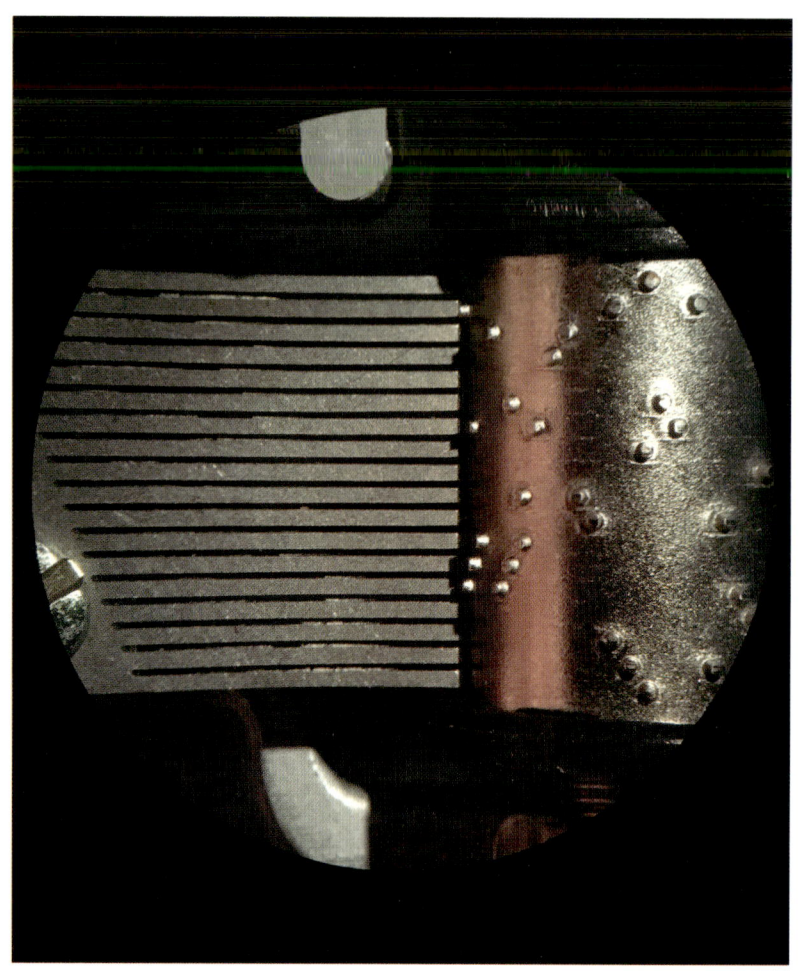

4.26a

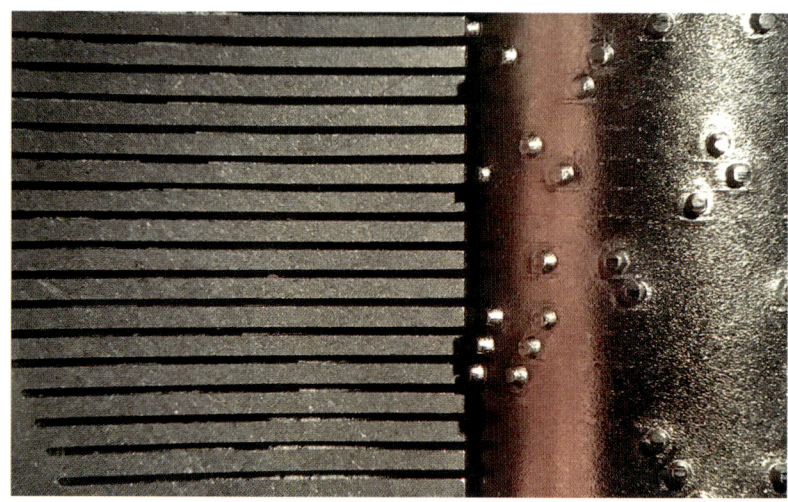

4.26b

拍摄美食

你可能会问我为什么在一本关于科学摄影的书中要包含这类摄影。我们再回顾一下这个理念，无论你正在拍摄的是什么，只要你拍摄的图像越多，拍摄后审视图像时越严格，你就会看到更多、更加完善的你的图像。

我喜欢烹饪，也喜欢拍摄精心准备的美食。从网上出现的美食图片数量来看，我并不孤单。问题是这些图片是否值得关注。就拿我来说吧，我对发布美食图片不感兴趣。我不认为会有人急于想知道我某天晚上吃了什么。然而，我只为自己的兴趣，也或许是为了家里两位"美食家同胞"。

在巴塞罗那，和一群研究科学和烹饪的人一起的经历是令人难忘的。正如我前面提到的，旅行时我不再带上我的"严肃"装备——而是依赖我的手机相机。事实上，我很少拍照，只有当某些东西引起我的注意时我才拍。在这次旅行中，有人为我们展示了各种各样的精心准备的美食，多次引起了我的注意。你很快就会看到其中一些图像。但首先，我只介绍一些用手机相机拍摄美食照片的指导原则：

1. 首先，请注意餐厅的用餐规定。有些餐厅可能不允许拍照。

2. 确保你在拍照的时候，不会干扰到别人。在用餐过程中，不停地拍照可能会对其他人造成很大的干扰，所以计划拍摄几张照片就可以了。仔细观察并记下你准备拍的镜头。只有当你清楚要拍的是什么，你才知道怎样进行拍摄设置，如果餐具和玻璃杯是干扰因素，那么就将它们移出画面。在这次特别的旅行中，因为我的小组是被邀请到米其林星级餐厅"研究"的，我相信我在拍照时没有妨碍到同行者。

3. 不要使用闪光灯。在餐馆里用闪光灯拍照会干扰其他用餐的人。不要这样做，大多数情况下闪光灯都是不必要的，它往往产生一种人造光质感，影响拍摄主体。

4. 请记住，如果在拍摄时无法获取合适的图像，你可以在之后对其进行修复。

5. 注意阴影。把它们视为构图中的形状。

6. 深思熟虑后再拍一两张照片。如果你仔细看屏幕上的图像，你会找到最佳的那张，不必拍摄一大堆照片占满你的存储空间。如果盘子和环境有什么特别的地方，则可能需要把它们包含在镜头中。

这张图展示的是由大厨乔迪·埃雷拉（Jordi Herrera）在巴塞

罗那的餐厅制作的精美甜点：山羊奶酪和胡椒冰淇淋加上来自摩德纳的草莓。注意我是如何小心地拍到水平直线的。我用我之前使用过的增强调整工具"高光／阴影"对这张图进行了调整。（**图 4.27a**）

这是我在同一次用餐时拍摄的另一张照片，这次我故意把餐具和玻璃杯放在画面中，随意摆放的造型，暗示这是一个不正式的场合。（**图 4.27b**）

接下来的图片里展示的（186—191 页）是我吃过的最丰盛的一顿大餐之一。这顿午餐来自圣波尔德马尔的米其林三星级的圣保罗餐厅（Sant Pau），餐厅的老板是卡梅·鲁斯卡列达（Carme Ruscalleda）和托尼·拜朗（Toni Balam）。如菜单所示，这 22 道菜的大餐"受宇宙的启发"。无论是在配料上还是摆盘上，每一道都与天文有关。你将在视觉索引中找到有关食物配料的更多信息。

4.27a

4.27b

4.28a

第一组图像拍的是一道菜的最初外观（**图 4.28a**），以及揭开精
致的外壳后内部的样子（**图 4.28b**）。注意我是如何以不同的构图拍
摄它们，让观众（我）回忆起当时发生的事情。

4.28b

对于这一组图，我仔细研究这盘菜后，小心翼翼地移动了一些凝胶，下面的原料便显露出来了。（**图 4.29a，图 4.29b**）

4.29a

4.29b

这是一道"美食揭秘"的菜，它展示了厨师的调皮和幽默感（**图 4.30a，图 4.30b**）。这盘美食叫作"氙"，第二张图我将它放大了。具有金属外观并带有图像的纸带被插入玻璃盘下方的插槽中。

4.30a

4.30b

把这些想法转移到本书的主题上，我相信在实验室里你可以用到这个概念。在本书的 269 页我制作的一系列图片中，可以看作是一个"前后"的故事，就像**图 4.31a**、**图 4.31b** 这组图片一样。我拍摄了一些图来展示嵌段共聚物结构的变化。这里我只展示了变化开始的图像和 24 小时后拍的最后一张图。

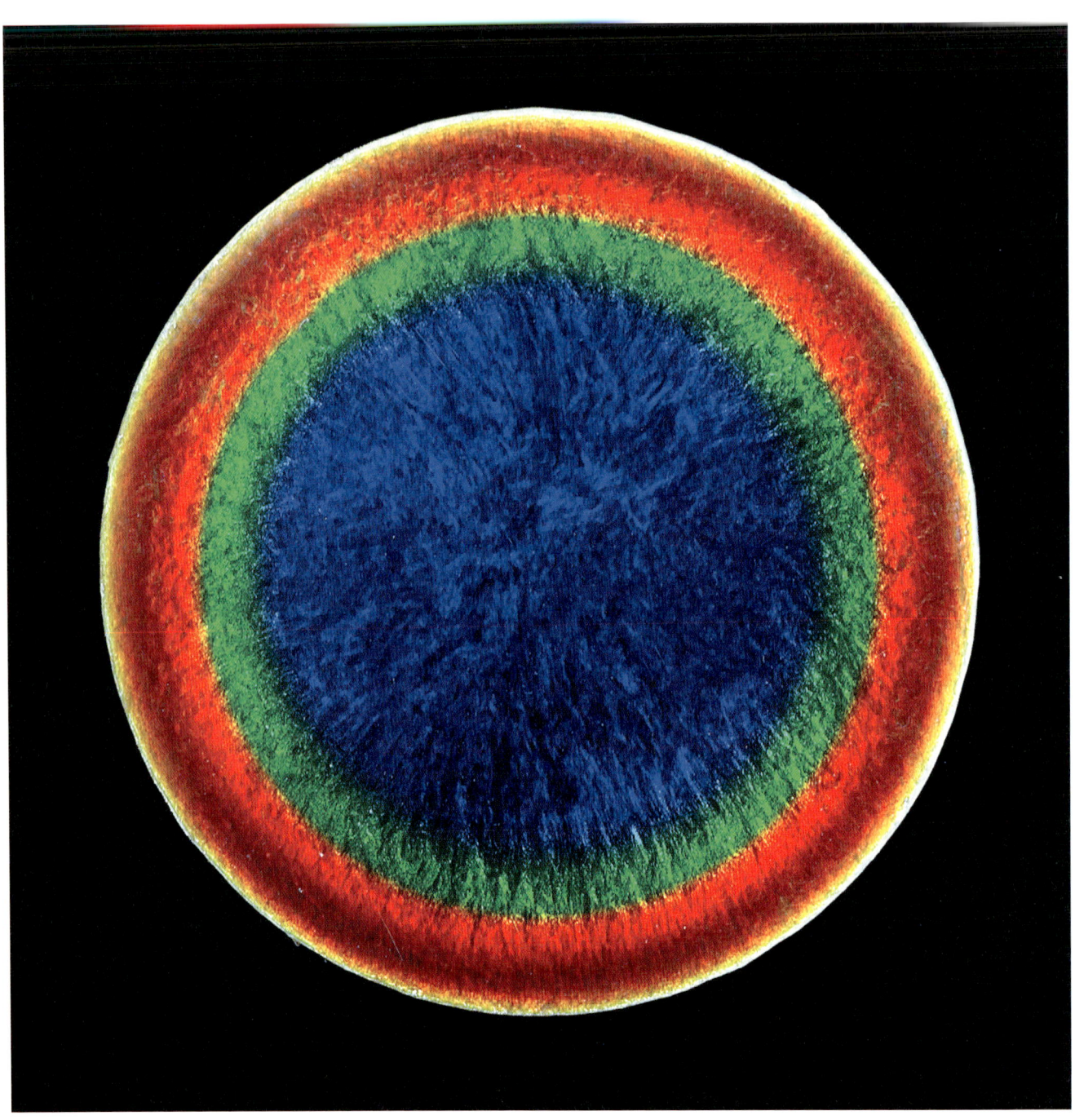

4.31a

4.31b

最后一道菜是"哈雷彗星"，面临的挑战是如何处理上方灯光的讨厌反射。我们可以通过移动相机来隐藏反射。（**图 4.32a**）

但最终，我决定接受这个反射光点，将它作为天文万物。我认为这样是行得通的。（**图 4.32b**）

4.32a

4.32b

4.33b

　我愉快地以我 14 岁的朋友菲奥娜·麦吉尔（Fiona McGill）制作的三张手机图像来结束本章内容。她天生拥有一双摄影师的眼睛，这三张图我很难选择用哪张。前两张食物图片是符合这部分的主题，但另外一张图我也想放进来。（**图 4.33a，图 4.33b，图 4.33c**）

　把手机相机放在年轻人的手中，他们将教我们如何看世界。

4.33c

总结

以下情况手机相机是一个不错的选择：

·   用于经费申请或通信函中有关地点、过程、设备和文件的快照和视频。

·   用于网页中的图像。

·   在你可以拍到高分率图之前，作为可被替换的快照。

·   没有其他摄像机的偶发情况。

对于以下情况，手机相机不是一个好的选择：

·   有精美细节或你打算放大的照片。

·   期刊封面大图。

适用于移动设备的标准图像指南

·   背景、灯光和构图仍是关键。

·   不太完美的快照可以通过后期处理（畸变矫正、裁剪、亮度调整）来改善。

·   科学本身会帮助我们进行最佳构图，例如，容器边缘或相邻物体可能会突出信息的关键点。

保持记录

记录你的创作过程。

第五章
显微镜

　　在我开始之前，非常重要的一点是，你要知道我并不是一个显微镜专家，而是一个经常使用显微镜的摄影师。那些在显微镜领域中研究和实践的专家比我更了解显微镜使用方面的技术问题。这一章是我多年来使用显微镜摄影实践的概述。这些图像试图从特定的尺度表达结构和信息。我希望你会仔细地观看这些图像，或许会从中得到启发，给你的图像带来美感。本章还会简要地提及其他实验室中的共聚焦显微镜，因为你们当中的许多人或许会朝这个方向探索。

　　再次强调，本章以及其他章节的图片应该是解释性的而非探索性的。它们展示了我们（图像制作者）已知的各种结构。例如，我并不是在寻找某个荧光标签标记的蛋白质的位置。我们已经知道在哪里可以找到它们。

　　当你翻开本章，想想我们在前面章节讨论过的，许多话题仍然适用。构图和视角仍然是相关的且大多在你的控制之下。然而，与前面讨论的设备相比，你对显微镜的控制会比较少，对于显微镜而言，你的相机将被牢固地连接到显微镜一个接口上，不可随意移动。我鼓励你使用与前面章节相同的相机。大多数显微镜销售商在卖显微镜的时候会把相机一起卖给你。除非你是做高速显微摄影或荧光相关的工作，否则你在其他章节中用到的高质量的数码单反相机，会为你提供更大的文件，更有价值。请记住，一个大的图像文件会比一个小的图像文件包含更多的信息。

　　取决于你的显微镜能提供的光源，照明也将会受到限制。如果你使用的是解剖显微镜或体视显微镜，对于低倍放大的图像，你将有机会使用辅助反射照明。当我用体视显微镜的时候，我主要使用光纤灯。我可以移动光源观察变化，类似微距摄影。你的体视显微镜也可以配备着从下方传来的透射光，向上穿过被摄物体。对于复合显微镜（更高的放大倍率），你的照明选择将更加有限。我的显微镜可以提供透射光和反射光。尽管你可能会因为你的工作性质而认为你只需要其中一种光源，但是我建议你选择两种光源都有的显微镜。如果你有足够的经费分别买两种显微镜，这也会是一个不错的方式。而且，我希望你把眼光放远，而不是顾及当前的想法。否则以后，你可能会错过那些需要用透射光才能看清的东西。

　　尝试用不同的光源。例如，请注意右侧显微镜暗场模式拍摄的旧计算机存储核心的图像（**图 5.1a**）和明场模式拍摄的图像（**图 5.1b**）之间的差异，这二者均运用反射光模式拍摄。

　　接下来的两张照片显示了反射光模式下拍摄的照片（**图 5.2a**）和透射光模式下拍摄的照片（**图 5.2b**）的细微的差别。这两张图像都是用体视显微镜拍摄的泡沫包装的微观结构。

　　显微摄影最大的挑战是景深的损失。要让画面中所有的内容都可以聚焦是不容易的，甚至有时是不太可能的。你可以减小显微镜的光圈，这会有点帮助，但是这不同于减小你的相机的光圈。专家解释说你只是通过调节显微镜的光圈来增加对比度，而且这样会降低分辨率。坦诚地说，我看不到这种画质的损失，所以我通常会减小我的体视显微镜和复合显微镜的光圈，这样，图像看起来会有更清晰的对焦。请记住，当你减小光圈的时候，要用更慢的快门速度以便于获得足够的曝光（记得吗？）。请注意**图 5.3**，当我改变（减小）显微镜上的光圈时，自组装胶体样品的图像变得愈加清晰。

5.1a

5.1b

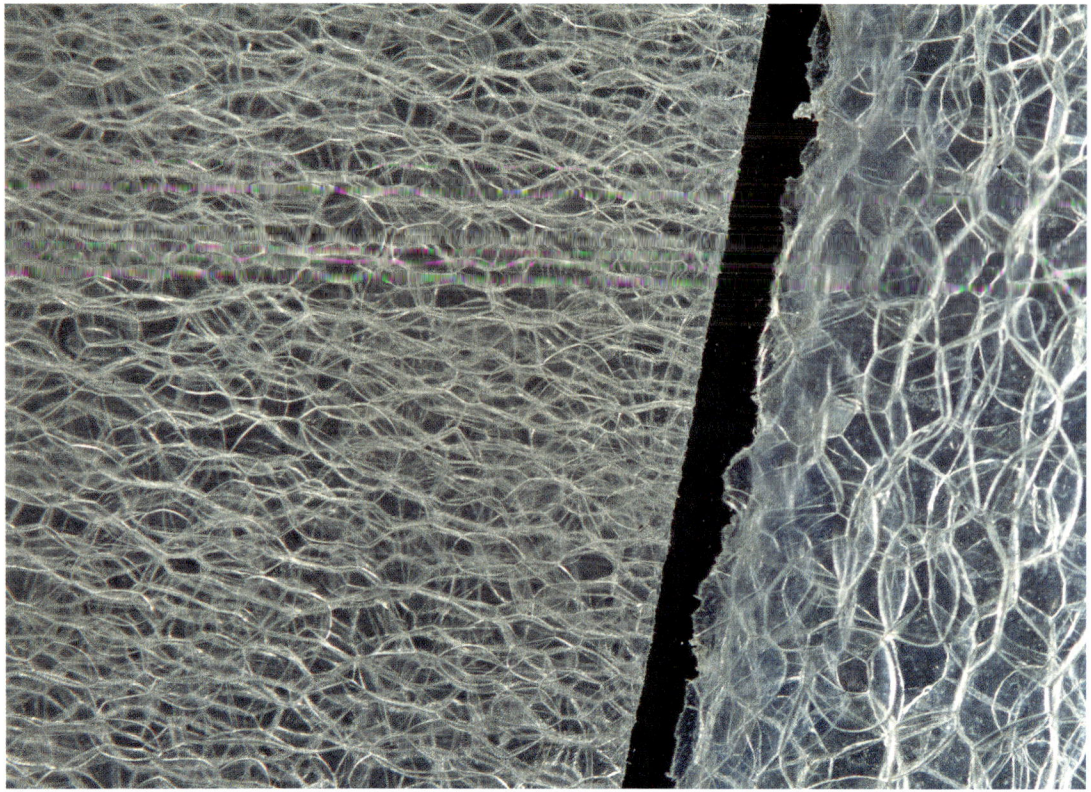

5.2a

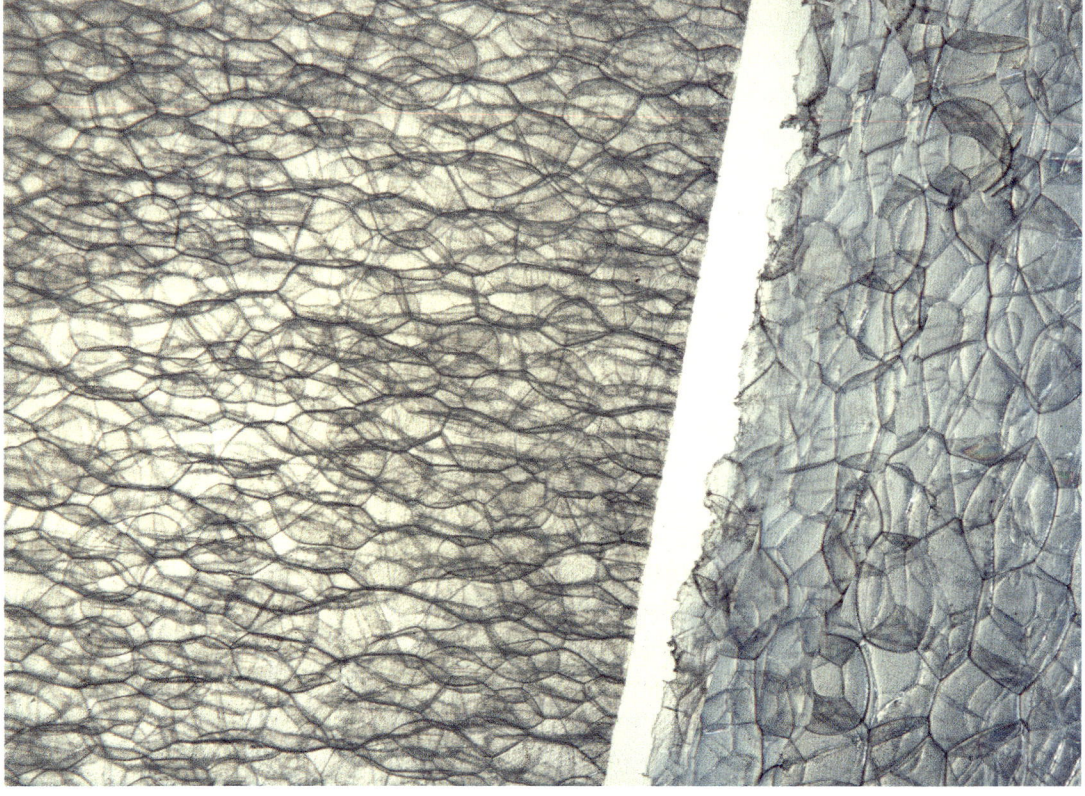

5.2b

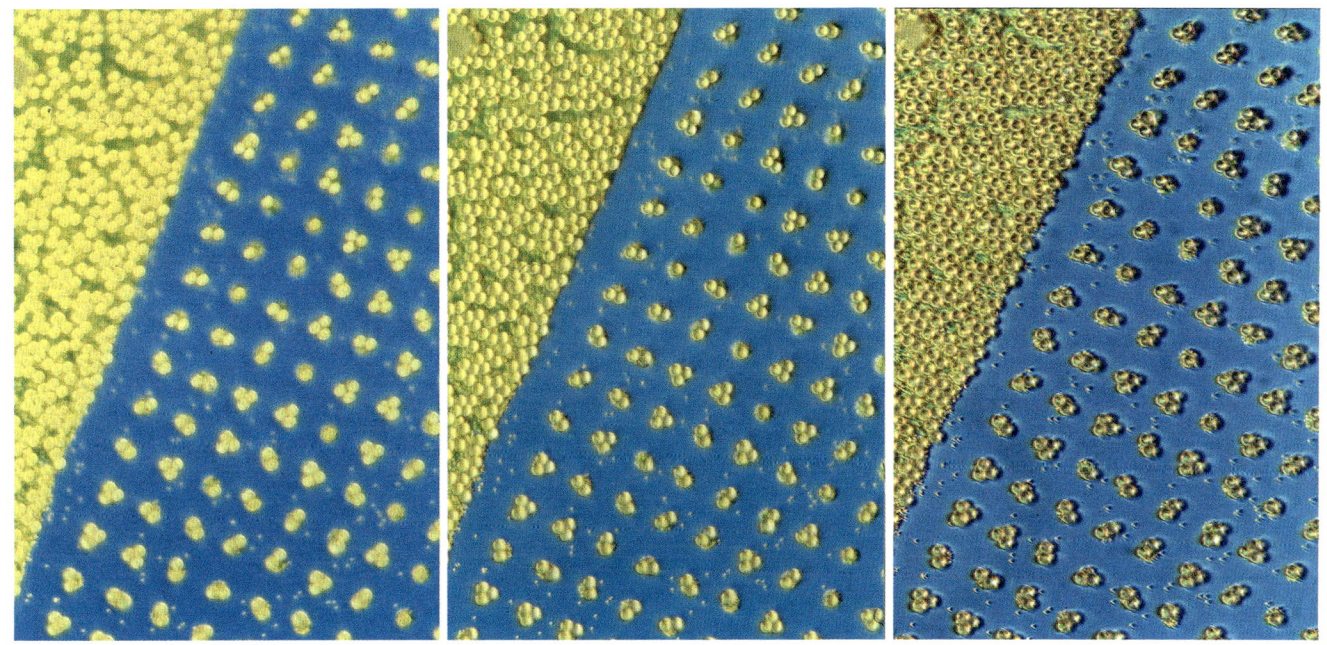

5.3

　　捕捉清晰的显微图像是我们的目标，并且你花一些精力，光学显微镜就能完成。然而，多年来我一直发现一个现象，通常年轻的研究人员会给我看他们用扫描电子显微镜（SEM）拍摄的图像，尽管相关的结构的长度可能在 50～200 μm（即在光学范围内）。他们可以很容易地使用复合光学显微镜捕捉到比 SEM 能提供的更大的图像。但研究人员似乎被 SEM 所吸引。可能是因为几乎所有的东西都能在 SEM 中获得清晰的对焦（在正确的设置下），并且图像通常看起来很棒。提醒一下，扫描电子显微镜是用电子而非光子来捕捉比可见光波长小的结构。例如，在本章后面的**图 5.20** 中，你会看到我用扫描电子显微镜获得的图像，光学方式是不可能成像的。然而，扫描电子显微镜拍摄的图像文件通常比照相机拍摄的图像文件小得多。我试图鼓励那些依然坚持用 SEM 的研究人员重新设置扫描电子显微镜从而获取更大的图像文件，更重要的是质疑 SEM 是否是第一选择。放慢脚步，好好想想。哪种设备是最佳选择呢？仅仅因为你可以使用某些设备并不意味着你必须使用它。

　　就这个话题，让我们看一组图像，拍摄对象是同一个旧的计算机存储核心。对于第一张，我是用相机和微距镜头拍摄的。（**图 5.4a**）

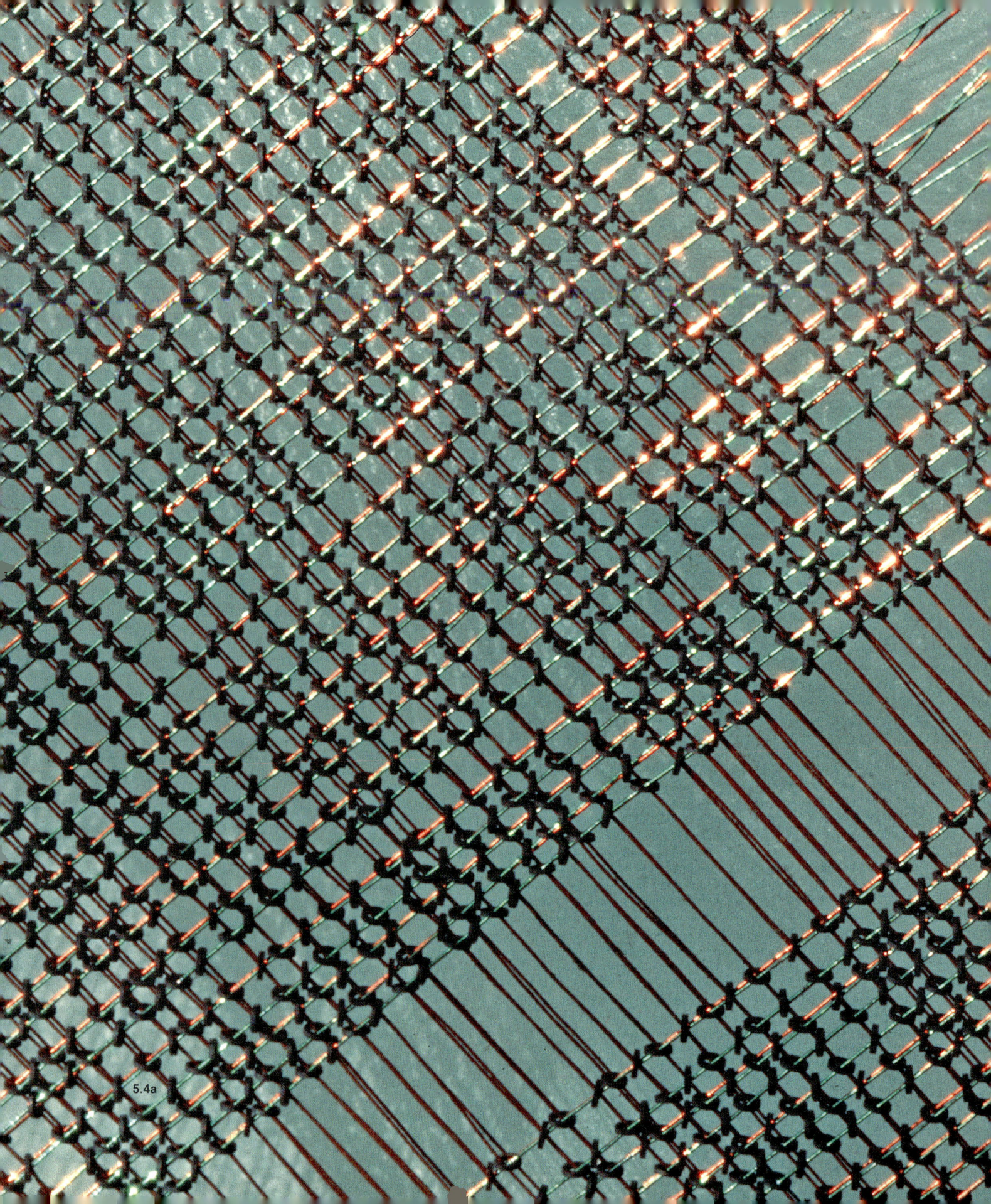
5.4a

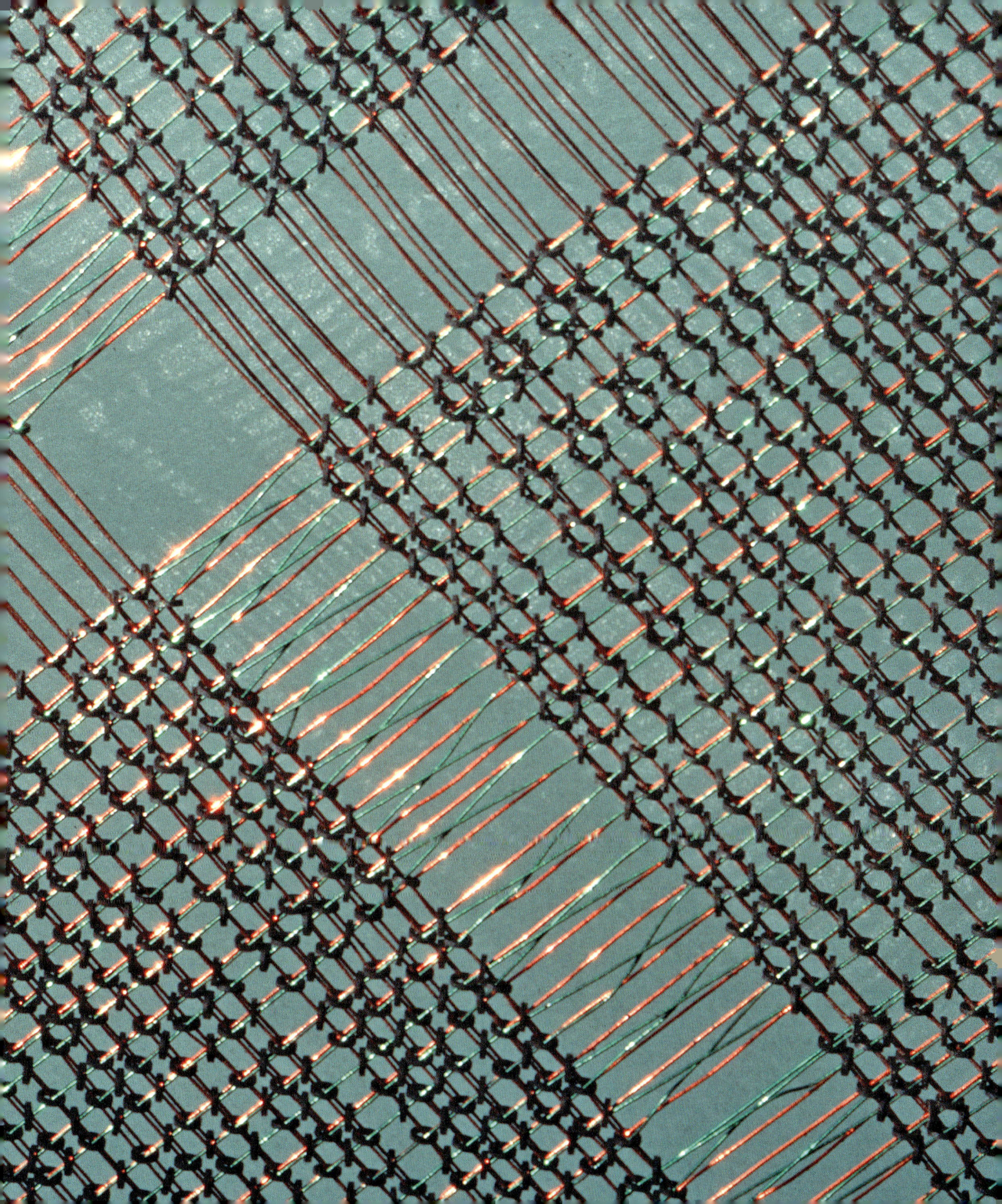

5.4b

5.4c

另外一张是用我的体视显微镜的反射光模式拍摄的。（**图 5.4b**）

下一张图片是用我的复合显微镜拍摄的（**图 5.4c**）。出于兴趣，下一页的图片是我用 SEM 拍摄的，并后期上色。（**图 5.4d**）

当我们把材料放大的时候，所有这些图像都可以用来给人一种尺度感。低倍率图像也许无法向读者提供你想强调的信息（陶瓷圆环）；然而，它们都提供了一种情境。想象你只看到了其中的一张图，它只能讲述故事的一部分。

5.4d

以下图像来自麻省理工学院尼克·方（Nick Fang）的实验室。第一张是我用体视显微镜拍摄的（**图 5.5a**）。另外两张是用复合显微镜的两种不同的放大倍率拍摄的（**图 5.5b**，**图 5.5c**）。请注意，**图 5.5c** 的景深很浅。在这种情况下，浅景深也是一种信息。因为部分图像没有清晰的对焦，这使读者明白，拍摄对象其实是立体的结构。

5.5a

5.5b

5.5c

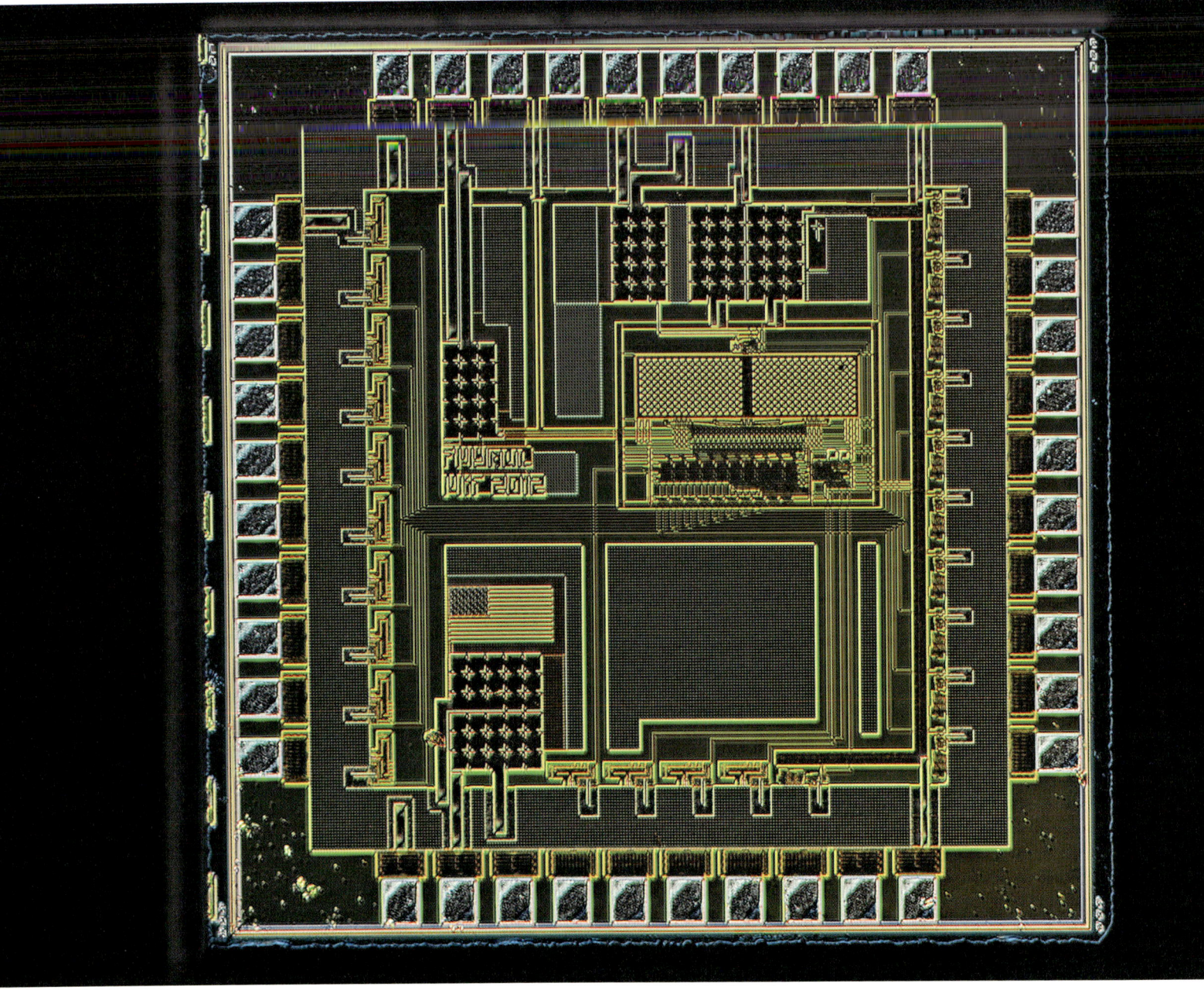

5.6a

选择要使用的放大倍率是另一个有关观察视角的决定，这个决定并不总是那么简单。这三张图像来自安纳塔·长达姗（Anantha Chandrakasan）院长的实验室，由菲利普·内多（Phillip Nadeau）拍摄完成。请注意我是如何放大拍摄样品以及如何重新为每张图片构图的。（**图 5.6a**、**图 5.6b** 和 **图 5.6c**）

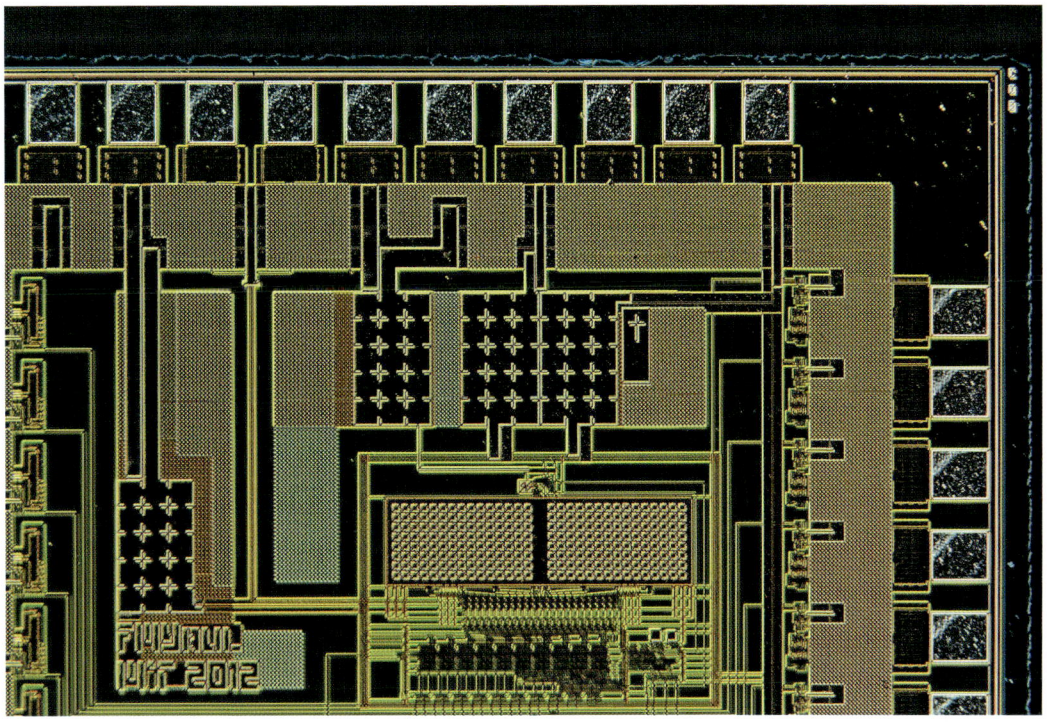

5.6b

5.6c

5.7a

同样，在马克·赖顿（Mark Wrighton）的实验室里拍摄的从一种放大倍率到更高的放大倍率的图像（**图 5.7a**，**图 5.7b**），这二者展现出了完全不同的视角。你是否能分辨出**图 5.7b**中出现的结构对应**图 5.7a**中的哪部分？

这些图像和本章中的许多其他图像是使用诺马尔斯基相差技术制作的，诺马尔斯基相差技术也被称为微分干涉相差（DIC）技术。如果你的工作涉及表面结构或未染色的生物材料，请考虑购买具有该功能的显微镜。它可用于透射和反射照明光源。这项技术基于折射率的变化，从而有助于观察物体形态。然而，根据奥林巴斯显微镜中心的说明，要注意以下几点（http://www.olympusmicro.com/primer/technologies/dic/dicintro.html）："微分干涉相差显微镜产生的图像具有独特的阴影外观，好像它们是由单个方位发出的高度倾斜的光源照亮的。不幸的是，这种效果通常使样品呈现出伪三维浮雕的效果，不知情的显微镜使用者经常认为这种效果是实际结构造成的。"

5.7b

5.8a

对我而言，这项技术效果很好，还可以增加色彩。例如，对这张
自发折叠的塑料（这是实验室中的一个错误），我们在图 **5.8a** 中看
到的干涉图案可能暗示了塑料的厚度。在这种情况下，由于色彩是
"附加的"而不是塑料本身所具有的，出于好奇，我反转了图像的色
彩并对结果满意。（图 **5.8b**）

5.8b

在决定使用微分干涉相差显微技术时要注意，这可能会超出你的需求。在**图** 5.9a、**图** 5.9b、**图** 5.9c 和**图** 5.9d 中你可以看到用不同波长拍摄的克里斯·乐芙（Chris Love）的器件的各种不同的结果。

我更喜欢这些图像中的第一张。**图** 5.9e 是一个倍率更大的图像，也使用了微分干涉相差显微技术。

5.9a

5.9b

5.9c

5.9d

5.9e

我们继续讨论拍摄视角以及构图，下一张图，以不同的形式展现了两种酵母菌落，而光源成为视觉干扰（**图 5.10a**）。你看到了我的处理方式，我更希望你能够注意图像中的科学。观察菌落及其形态差异是这个图像的主要目的。所以我建议放大的图像更有用。（**图 5.10b**）

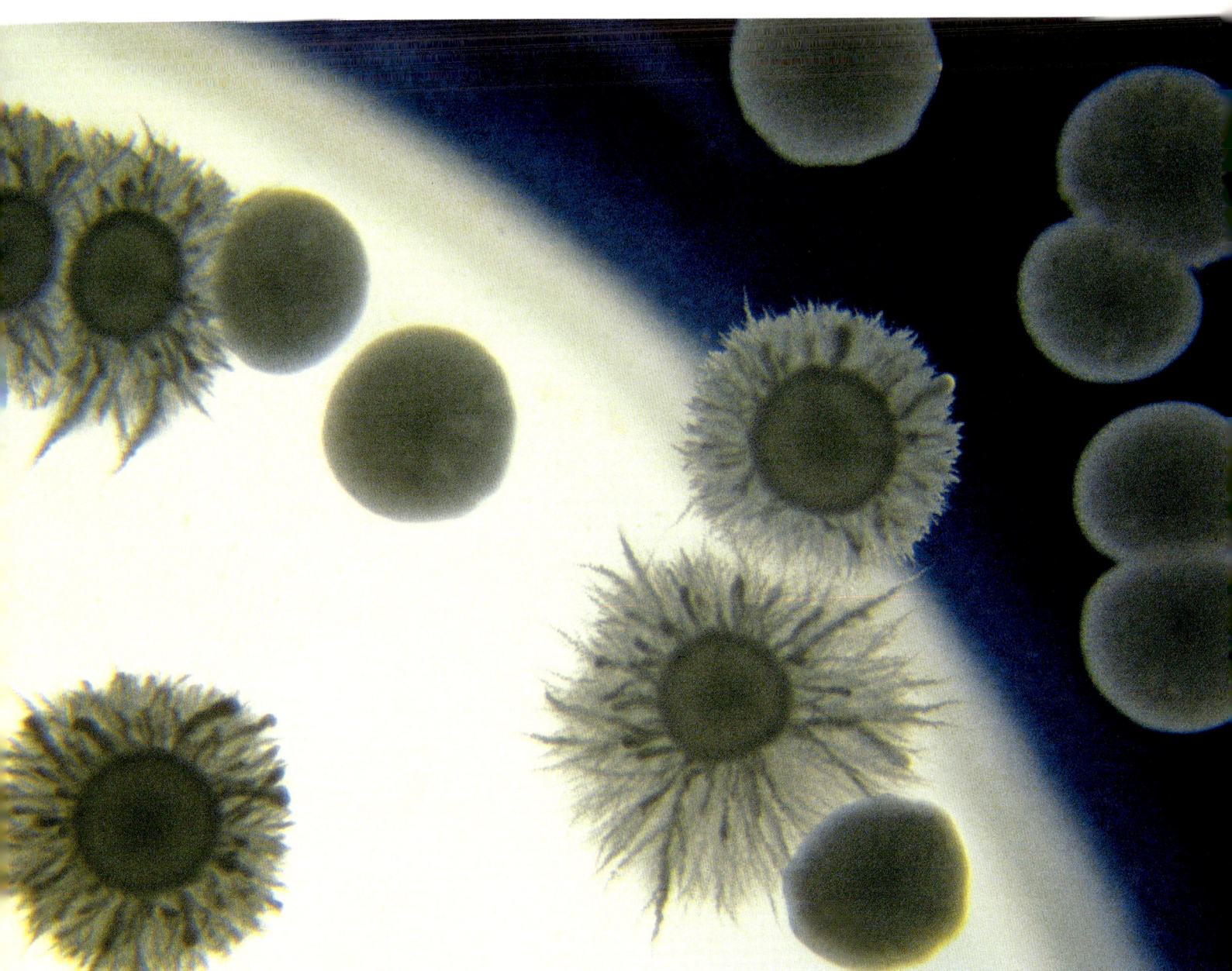

5.10a

5.10b

有时，决定从什么角度拍摄并不复杂。以克拉斯·詹森（Klavs
Jensen）实验室中的样品为例，我的决定是直截了当的。（**图 5.11**）

下一张是同样来自克拉斯的实验室的图片，我微调了这些微管道
让它们稍微偏离中心。（**图 5.12**）

另一张是来自梅米特·托纳（Mehmet Toner）的实验室的图
片，有微管道设备图像的构图也稍有不对称（**图 5.13**）。请尝试用这
样的方式思考你自己的工作。

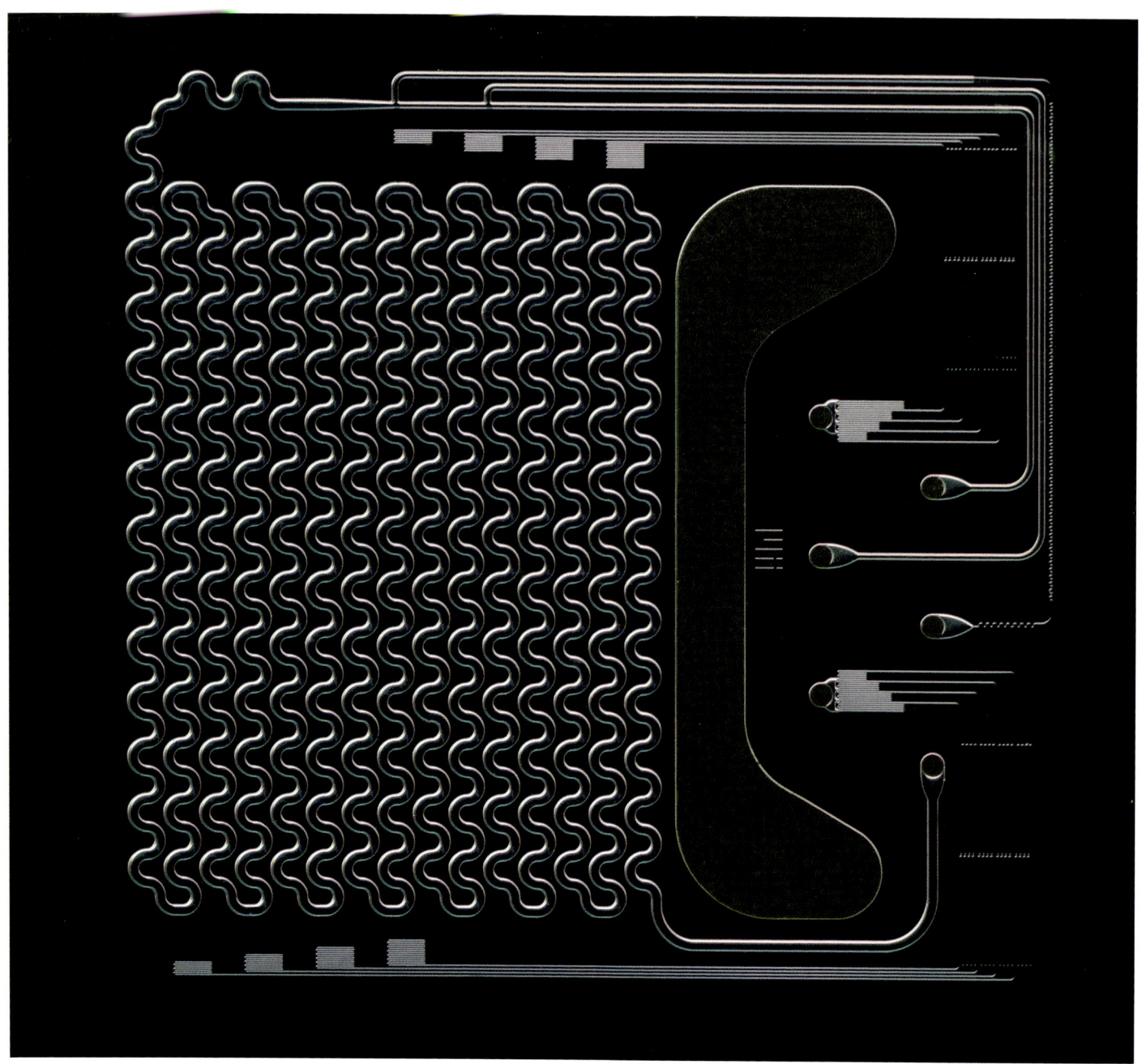

5.11

5.12

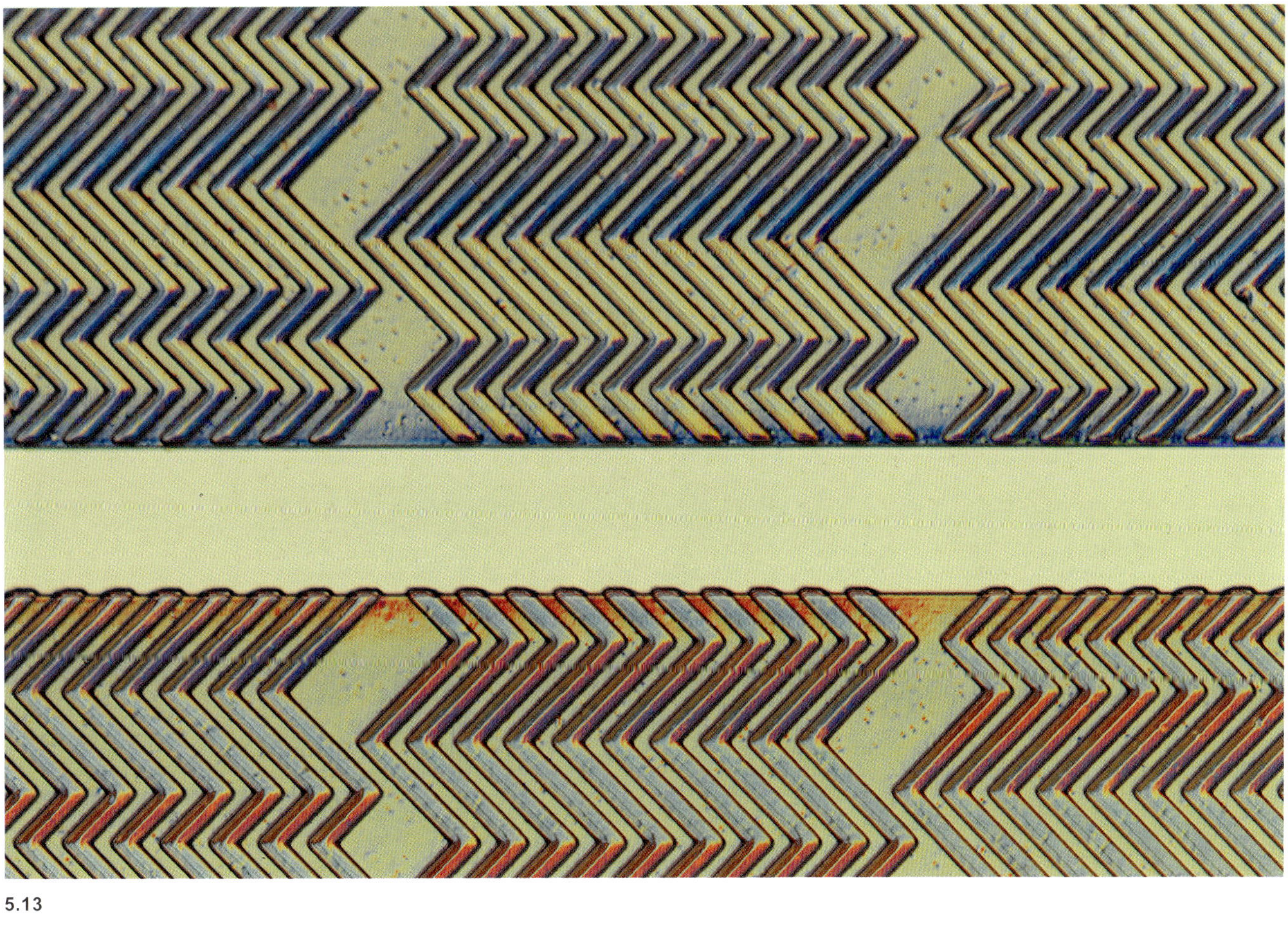

5.13

有时，我们不得不努力找到合适的构图。**图 5.14** 是来自芒哲·巴维蒂（Moungi Bawendi）实验室的硒化镉纳米晶体的透射光显微图像，我花了很多时间才对完全无序的物质做出具有构图感的呈现。我认为这是可行的。

5.14

但是，为黑胶唱片"艾琳·户比（Eleanor Ribgy）"找到合适的构图并不简单 [来自乔治·怀特塞兹（George Whitesides）和我的书《见微知著》]。当我不能拿定主意的时候，我把图像倾斜。若没有其他关注点，这比无趣且重复的水平线效果更好（**图 5.15**），将此图像与**图 5.12** 和**图 5.13** 进行比较，那两张图像除了直线之外，还有一些有趣的组件。

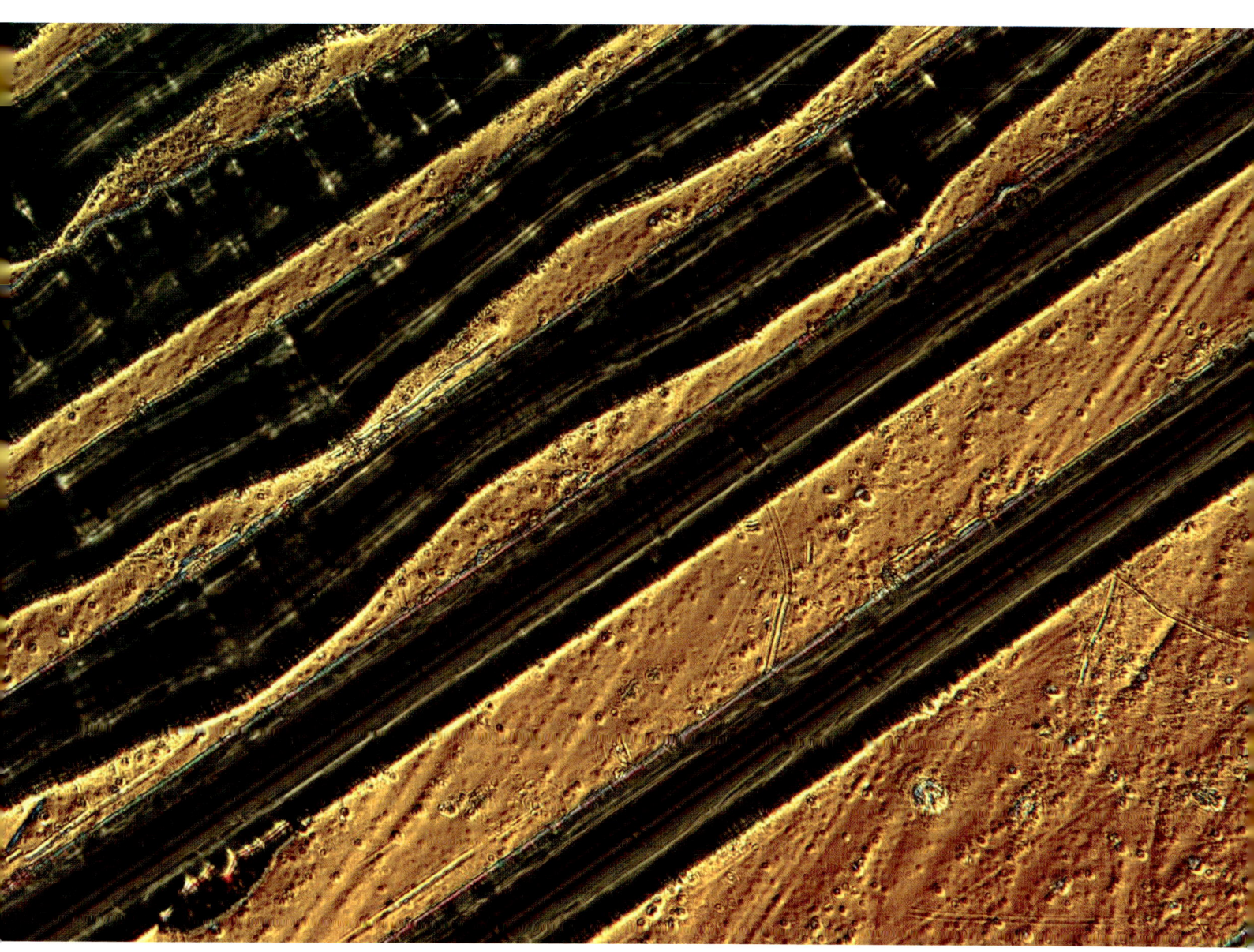

5.15

下一张图片是为拍摄微转子的复杂表面获得正确构图做的另一个尝试。（**图 5.16a**）

5.16a

作为参考，**图 5.16b** 是我用相机和镜头拍摄的相同器件。

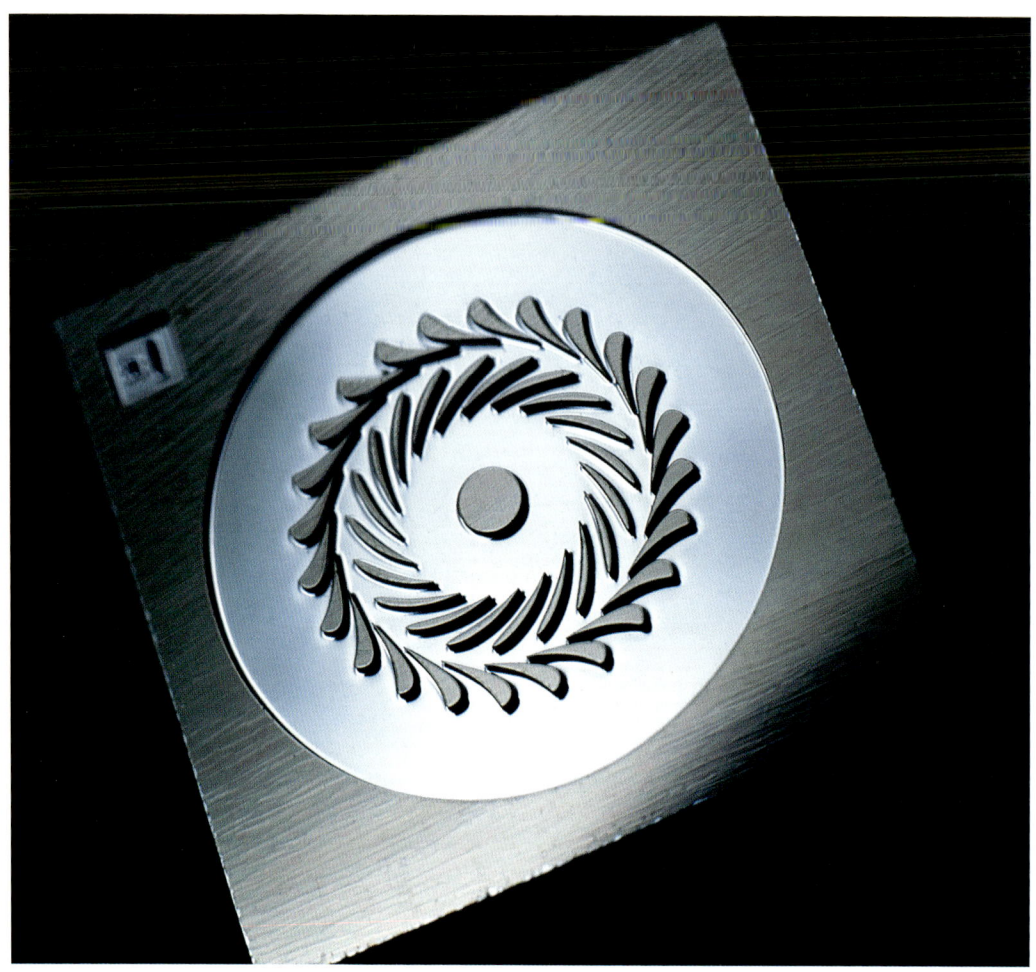

5.16b

　　还有另一个有关显微图像构图的注意事项，还记得我在第二章"成对拍摄"的建议吗？如果你在体视显微镜下以低放大倍率拍摄，同样可以考虑（**图 5.17**）。右边的器件是马蒂·施密特（Marty Schmidt）实验室的学生们制作的原型。你已经见过这张图片，这里展现的生动程度有所降低。

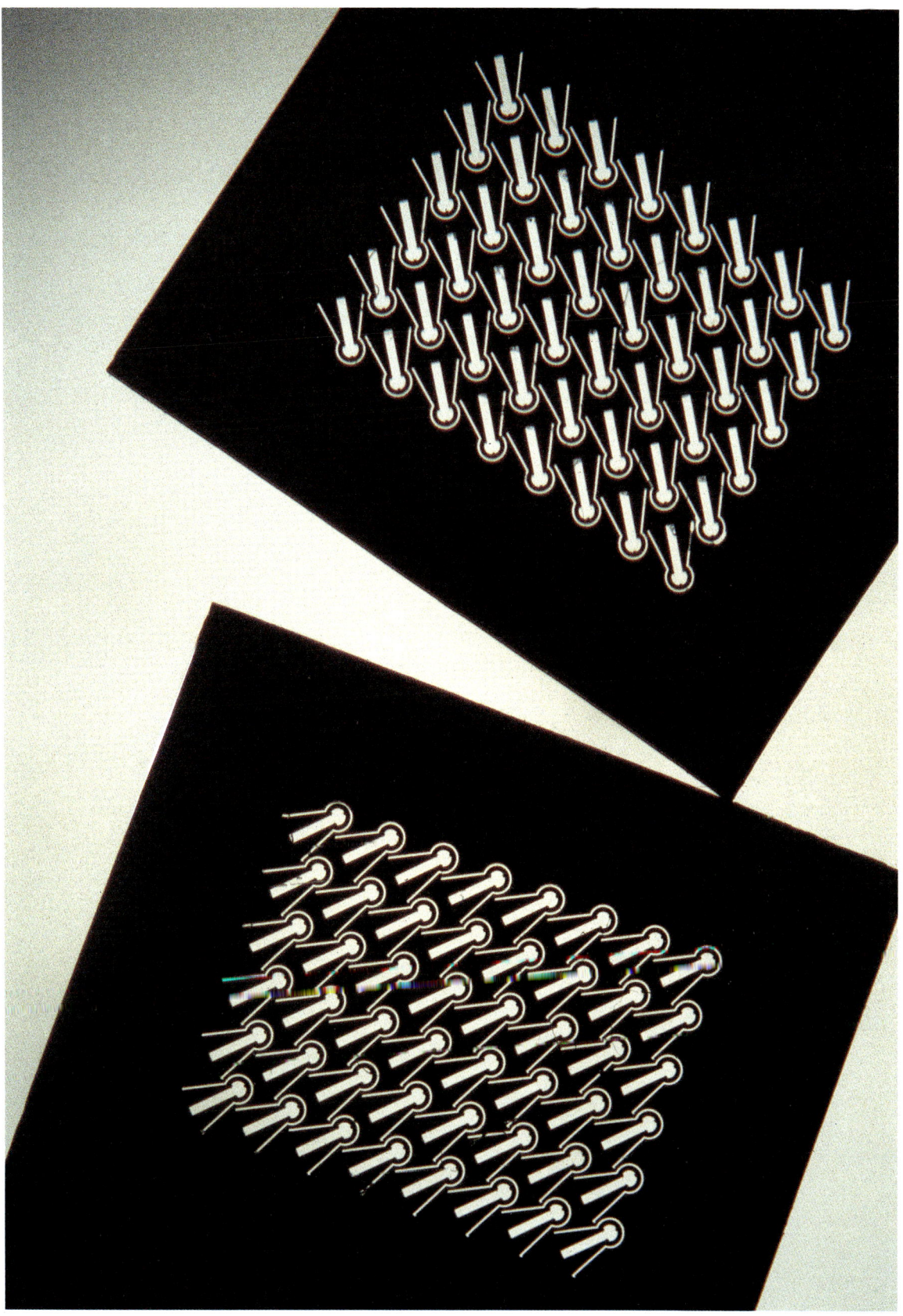

5.17

这里有个你可以考虑的另一种构图方法：为了在视觉上强调你想表达的观点，一个通常有效的方式是通常在图片中包含"其他元素"——即在一张图像中进行比较。我们在**图 5.10a** 和**图 5.10b** 中看到了，但这里的想法略有不同。在这个样品中，我们只看到有图案的自组装胶体（**图 5.18a**）。通过在显微镜台上轻轻移动样品，我们看到胶体没有自组装的区域，这便给读者一个思考和比较这两个区域的方式，使比较更加清晰，并强调了故事中有图案的自组装部分。（**图 5.18b**）

而且，你还记得，我可能对背景很着迷。有时，你可能会好奇在某个时刻拍摄的显微镜图像会有什么用，就像我拍摄的这些微胶囊。我的建议是，留着这张照片。你永远不知道它什么时候会派上用场。（**图 5.19**，见第八章"案例分析三"）

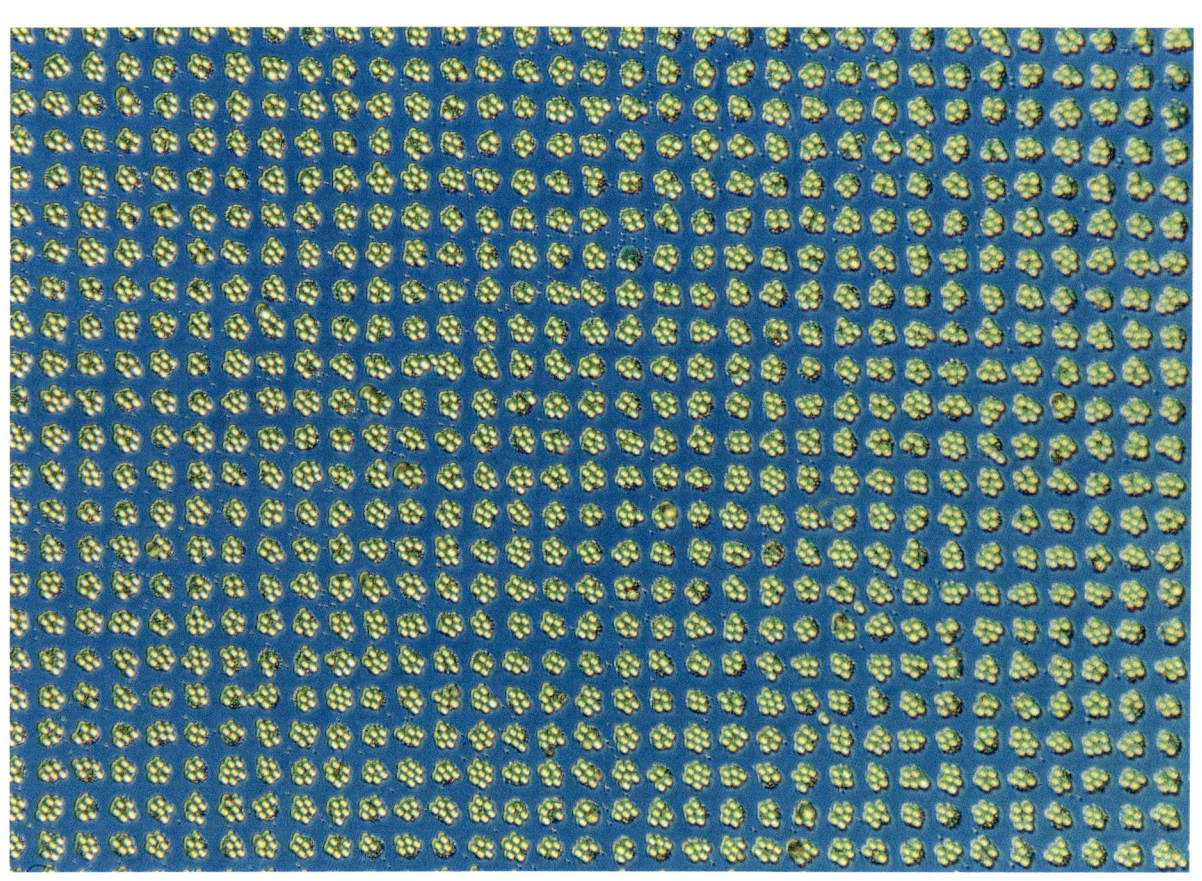

5.18a

5.18b

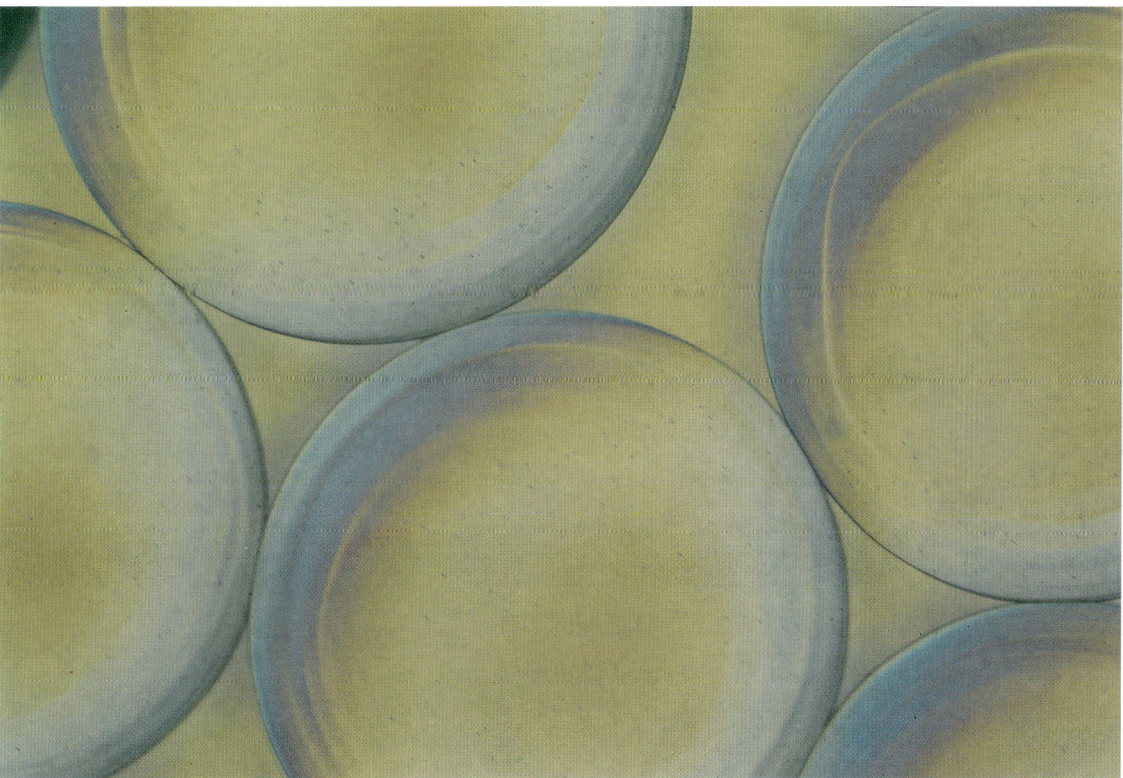

5.19

涵盖所有显微技术本身就需要一本书，而且我不具备讨论这种设备的专业知识，但我决定再介绍两种适用于多种学科的技术。

本章前面讨论的扫描电子显微镜是拍摄结构的有效方法。这些年来，在比我更有经验的人的帮助下，用 SEM 制作了一些图像。我扮演着艺术指导的角色，当我们都看着屏幕时，我会找寻不同的视角。**图 5.20** 是在克里斯·乐芙（Chris Love）的帮助下用 SEM 拍摄的原子力显微镜（AFM）针尖的图像。

我把这张图像上色后，它便成为《科学美国人》（*Scientific American*）的封面（见第七章"关于 SEM 上色增强的简要讨论"）。

5.20

5.21a

接下来的两张 SEM 图像拍摄的都是一只闪蝶翅膀的细节。我也给它们上色了。（**图 5.21a** 和**图 5.21b**）

下一页是研究人员制作的一张 SEM 图像；我给图片上色，并在中间添加了一个插图性质的"发光 LED"，创建了一个"照片 – 插图"（**图 5.22**）。你将在后面的章节中看到更多的"照片 – 插图"。

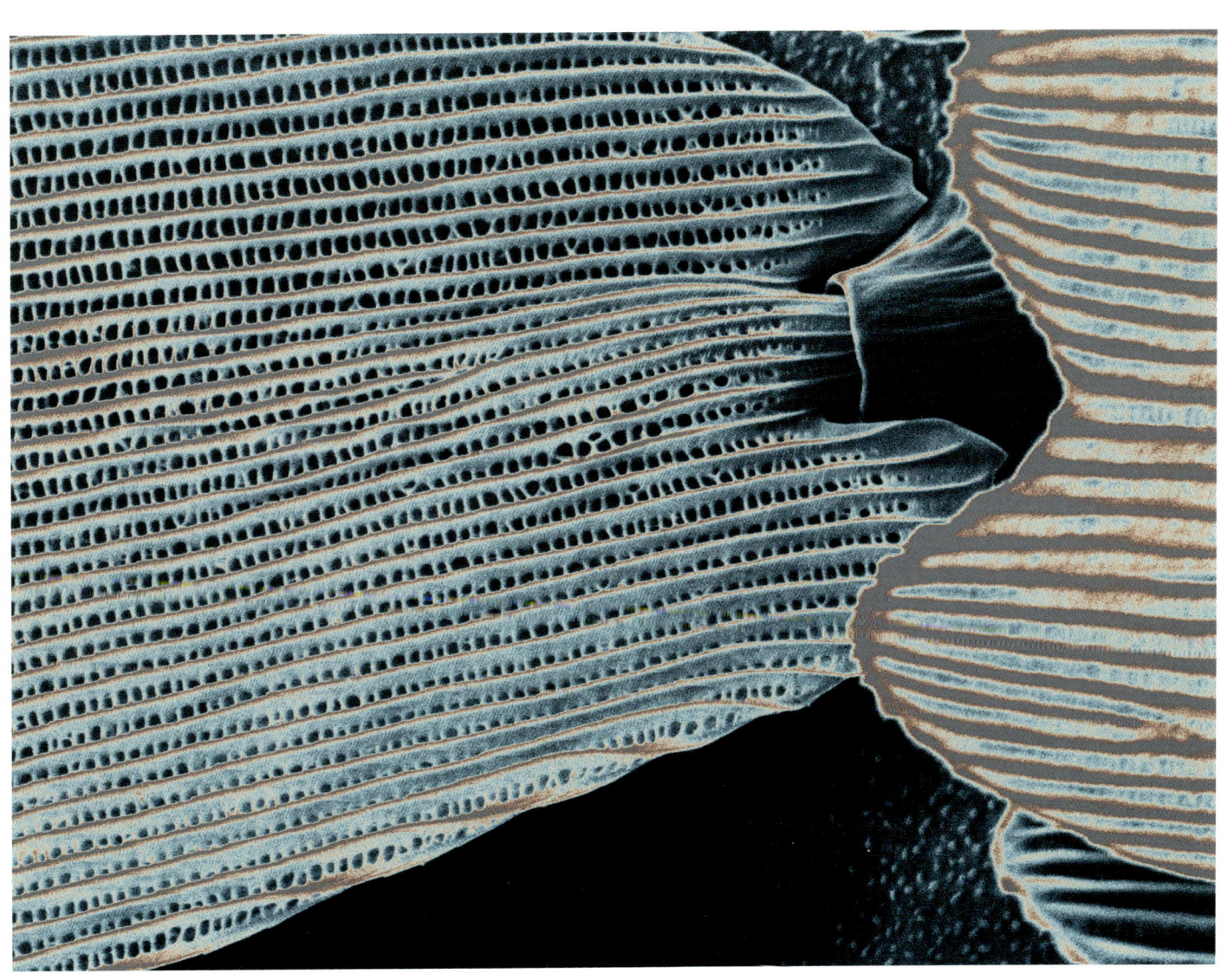

5.21b

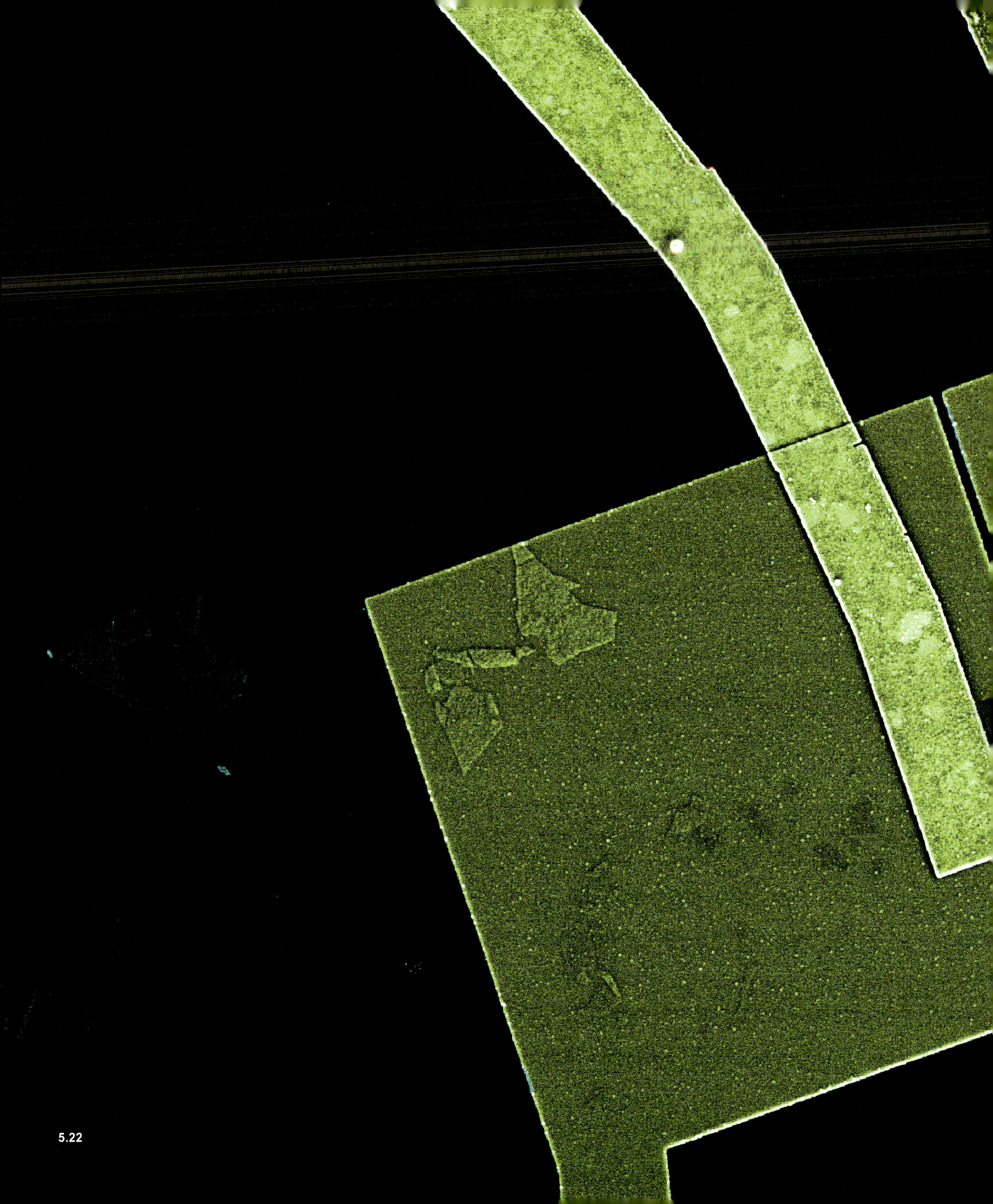

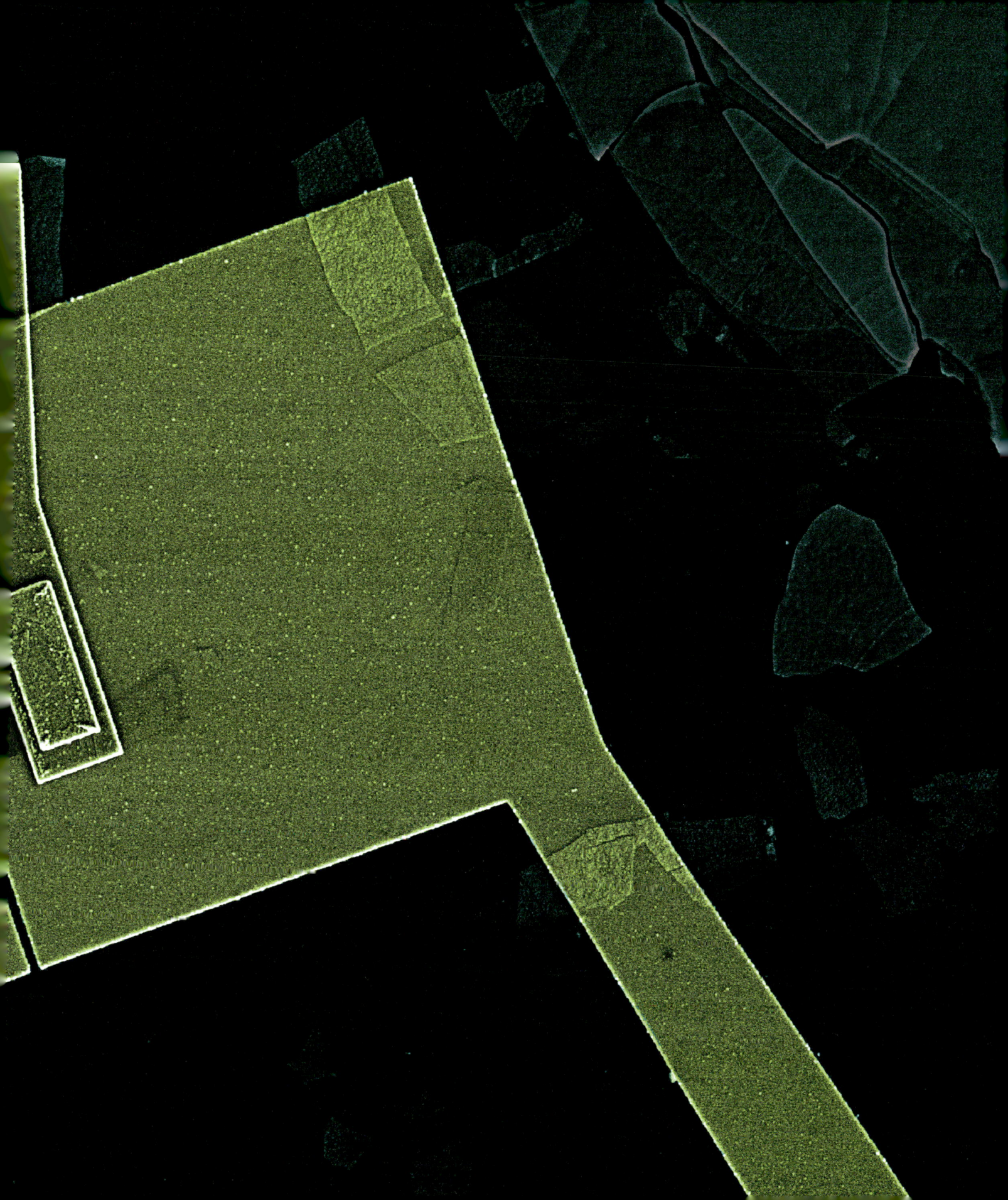

共聚焦显微镜使用的技术与第二章中讨论的技术类似——一种堆叠一系列图像的方式，但要复杂得多，因为结果同时提供了二维和三维的结构。我在这里展示了两个用共聚焦显微镜拍摄的令人惊叹的图像。

第一张图是在合成水凝胶上生长的自组装脑细胞（**图 5.23**）。这张照片是由麻省理工学院科赫癌症综合研究所琳达·格里菲斯（Linda Griffith）实验室中的科林·艾丁顿（Collin Edington）和伊丽斯·李（Iris Lee）构建的。不同的荧光团被用来标记组件。科林向我解释说："Alexa Fluor 488（绿色），568（红色），DAPI（蓝色，405nm）。绿色是 β-3- 微管蛋白，一种神经元中的结构蛋白，红色是 GFAP（胶质纤维酸性蛋白），它能为星形胶质细胞等其他神经细胞染色，蓝色是细胞核。中间有大量的红、蓝重叠，使它呈现紫色。"

我还请他描述一下对图像的处理，这是我们在第七章中要讨论的主题。他写道："对图像的处理包括标准偏差 z 投影使图层合并，然后只是平衡颜色通道的强度，使其在视觉上具有冲击力。因为我们只是寻找色斑的位置而不是相对强度，我们不必担心对颜色通道的调整。"再强调他的观点，图像的目的并不是量化每种颜色的饱和度，而是为了看到结构而确定各种标记的位置。这很关键。再一次，你将在第七章中看到关于这一点的讨论以及一些期刊上发表的指南。

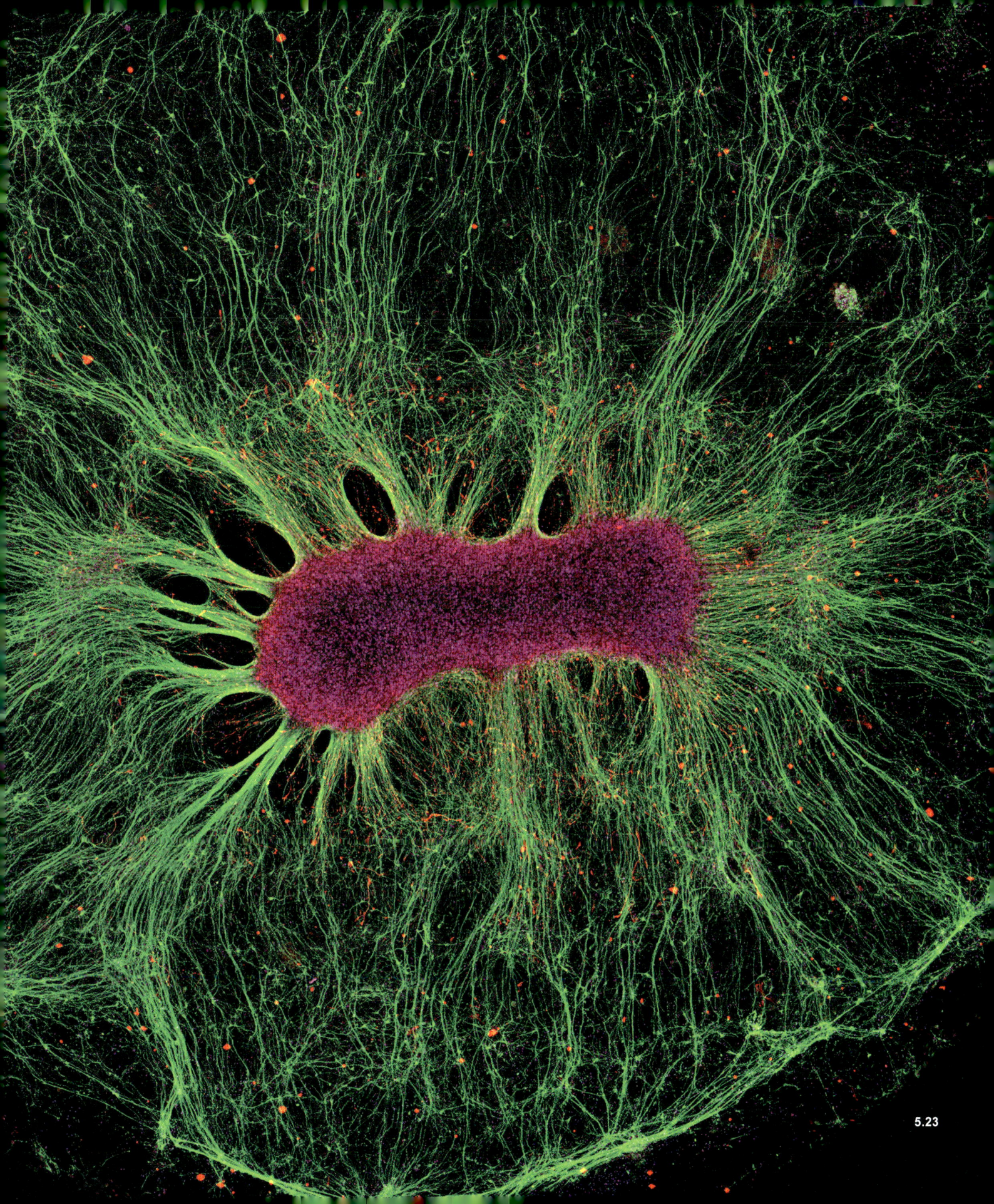

5.23

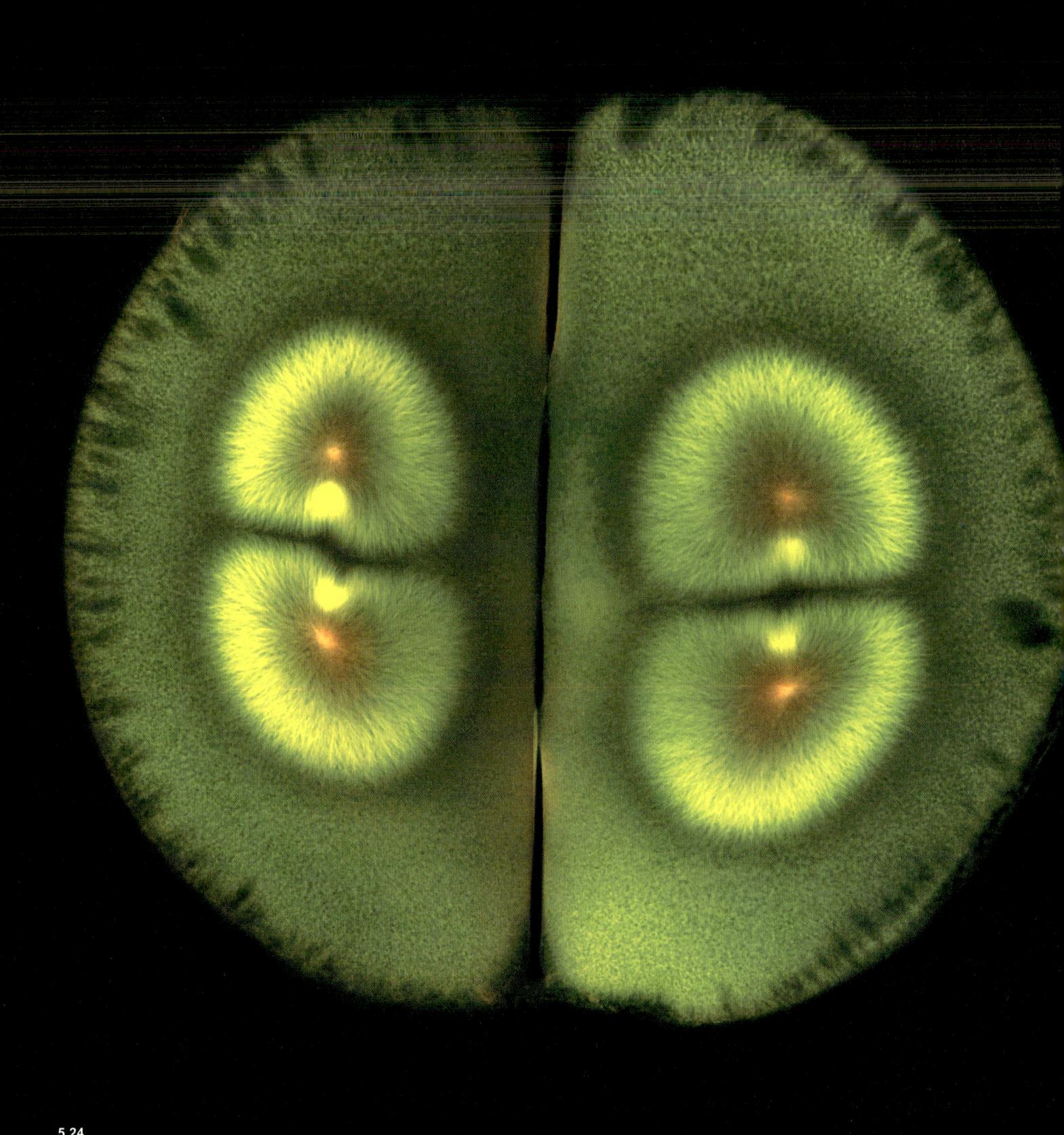

5.24

这是另一个共聚焦显微图像的案例——非洲爪蟾的受精卵经历有丝分裂（mitosis），在受精后 119 min 的成像（**图 5.24**）。这是由哈佛医学院蒂姆·米钦森（Tim Mitchison）的系统生物学实验室的马丁·沃佛（Martin Wuehr）创建的。胚胎的 α – 微管蛋白（绿色）和 γ – 微管蛋白（红色）被染色。你可以在网站上找到更多关于这张图片的信息和包含其他精美图片的图库。http://www.cellimagelibrary.org/images/36441。

总结

光学显微镜

· 确定使用哪种显微镜。

· 在使用高倍率复合显微镜的同时，请考虑使用第二个低放大倍率的物镜，以此来生成用于交流上下文的图像。

· 请考虑应用微分干涉相差技术（DIC）或诺马尔斯基技术。

了解你的设备

· 一旦你决定使用哪种显微镜，请花时间阅读使用手册。

· 如果可行，注意观察明场和暗场之间的差异。

· 测试不同的光圈设置。

显微镜上的照相机

· 请始终通过相机进行构图和对焦（通过电脑或相机取景器）。切勿将目镜用于这些目的。

扫描电子显微镜（SEM）

· 尽可能将仪器设置为提供最大的文件（DPI）。与专家核实，确保这样做是合理的，以防止损坏你的材料。

· 请考虑给图像着色，并始终明确你做了着色。

共聚焦

· 将仪器设置为提供尽可能最大的文件（DPI）。与专家核实，确保这样做是合理的，以防止损坏你的材料。

· 如果可以，把一些切片进行存档，供以后参考。

保持记录

· 记录你的创作过程。

第六章
展示你的工作

现在你已经熟悉了拍摄好照片的原则，在这一章中，我们将讨论，如何使用你的照片——如何以不同的形式展示它们。我们将解决插图制作、期刊封面设计，以及在静态图像中显示尺度和时间方面的挑战。我们还会讨论一下幻灯片演示。

描绘你的插图

本节旨在让你以不同的方式思考如何创建可读且清晰的插图，这点很重要。你不能假设第一次观看的人会看到你想表达的东西。你与这些图像和数字打交道的时间比任何人都多，而且你很清楚该看什么。但是，当观众第一次看到这些资料时，他们会看到所有的内容，包括那些对你的研究没有帮助的不必要的部分。如果有太多的东西要看，观众甚至可能懒得看。如果你不能从视觉上呈现出一个清晰的信息层次结构，那么你就不清楚插图的目的。我将在本章中展示几个例子，你将在第八章的案例分析中看到对更多例子的深入探讨。这些例子乍一看似乎针对特定的研究而过于具体，但不要只是匆匆一瞥。我相信你会把这些具体的想法转化到你自己的工作中。

和之前一样，我鼓励你去看这本书的网络资源页面上的在线视频，因为我不会在书中介绍所有的视频例子。首先，安吉拉·德佩斯（Angela DePace）和我的书《视觉策略：科学家和工程师的图形实用指南》（耶鲁大学出版社，2012）中已经列出了一些关于图形视频的讨论。但更重要的是，我有了一些最新的想法，并想提供给你们一些新的观点。

从一开始

我一直在想，为什么实验室里各种图形和照片的设计通常都是在交稿截止日期之前才开始？通常，例如，当我拿到一个器件的样本，并要求对其结构进行成像时，我发现材料状况糟糕，有分散注意力的灰尘和划痕（参见案例分析）。如果你在研究的一开始就想到摄影流程，后面你就会很高兴地拍摄一个干净的好样品。

对于那些涉及展示大量数据（证据）的人，我建议你考虑下面这个问题。数据的展示应该扮演核心角色，这样数据的可读性就会变得和收集数据的算法一样重要。我相信，从一开始就思考数据的展示，不仅会让探索性工作更容易，也会推进你自己的理解。因此，视觉设计应该成为你方法论思考的一部分。

对于那些用图形来表示证据的人来说，依赖于演示文稿（PowerPoint）的模板而不提出自己的设计，会破坏表达的过程。当只有你自己可以决定信息的表达方式时，你为什么要依赖别人来设计你的演示文稿呢？

在麻省理工学院和全美各地举办了许多视觉传达工作坊之后，我提出了科学图形的三个基本类别：

1. 展示证据类，即图像或数值数据；

2. 解释说明类，描述概念、过程、视觉模型，或是比喻；

3. 鼓励发现类，比如交互或探索式图形。

试图将这些类别组合到一个图形中往往会导致信息过于冗杂，难以阅读，特别是对于第一次观看的人来说。作为研究人员，你应该在开始制作图形插图时问自己以下几个问题。

谁是观众？

你创造视觉描述的方式应该取决于它们的呈现对象是专业人士还是普通大众。事实上，即使你向同行的科学家做报告，如果学科不同，他们对你的资料的了解几乎和一般听众一样。所以，不管你是在进行公开演讲还是在期刊或杂志上发表文章，你都需要注意你的语言——视觉语言。不要认为你必须为公众"简化"你的材料。但是，你选择用比喻的方式来表达一个复杂的观点（一个值得考虑的练习）可能是你最有创造力的努力之一，你和你的听众都应该认真对待。

你想让观众首先看到和理解的是什么？

你是否在视觉上清楚地"定义"了自己的插图？你的观众能理解你在展示证据或过程吗？观众的目光首先停留在哪里？

在下一页来自薇拉·施泰因曼（Vera Steinmann）的作品的草稿插图中，其目的是展示过程还是结构并不是很明显。（**图 6.1a**）

我们首先看到一堆硫化锡粉末，它产生了一些显示在图表中的信息。然后，扫描电子显微镜显示锡在一层一层地沉积下来，并最终展示了一个器件。这个插画主要是关于该变化过程的。

当我和研究人员见面时，我首先质疑是否真的必须包含图表，也许可以把它放在文章的其他部分或补充材料里。令人高兴的是，他们同意将图表从最终数据中删除。然后我们讨论了展示粉末是否必要。他们首先要求我用另一种方式来描述硫化锡，于是我尝试拍摄了一系列含有硫化锡的小瓶。最终，这也被认为是不必要的。然后，我们一致认为，将它们的扫描电子显微镜图插入展示所有不同层的插画中，是一种更简洁、更明了的方法。最后，在我为太阳能电池拍了一张更好的照片后，我们都同意了最后的图形，并附上了解释每个组件的说明。比较第一次尝试（**图 6.1a**）和"重做"的版本（**图 6.1b**），看你是否同意。

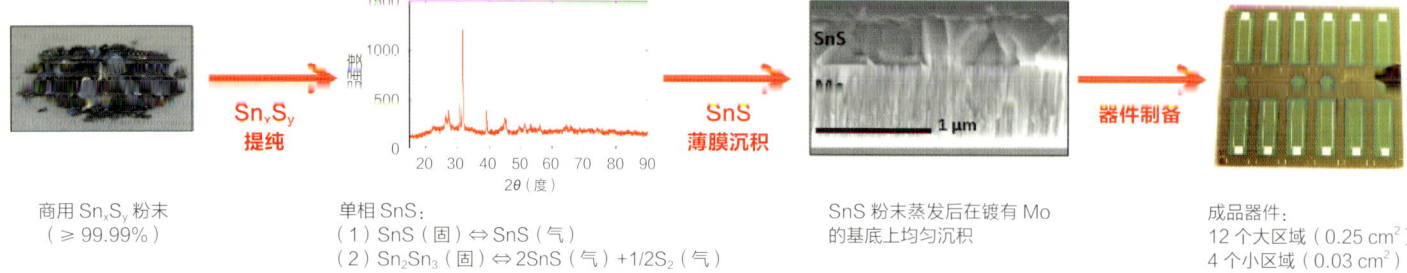

商用 Sn$_x$S$_y$ 粉末
（≥ 99.99%）

单相 SnS：
（1）SnS（固）⇔ SnS（气）
（2）Sn$_2$Sn$_3$（固）⇔ 2SnS（气）+1/2S$_2$（气）

SnS 粉末蒸发后在镀有 Mo
的基底上均匀沉积

成品器件：
12 个大区域（0.25 cm^2）
4 个小区域（0.03 cm^2）

Sn$_x$S$_y$ **提纯**

SnS **薄膜沉积**

器件制备

6.1a

a

b

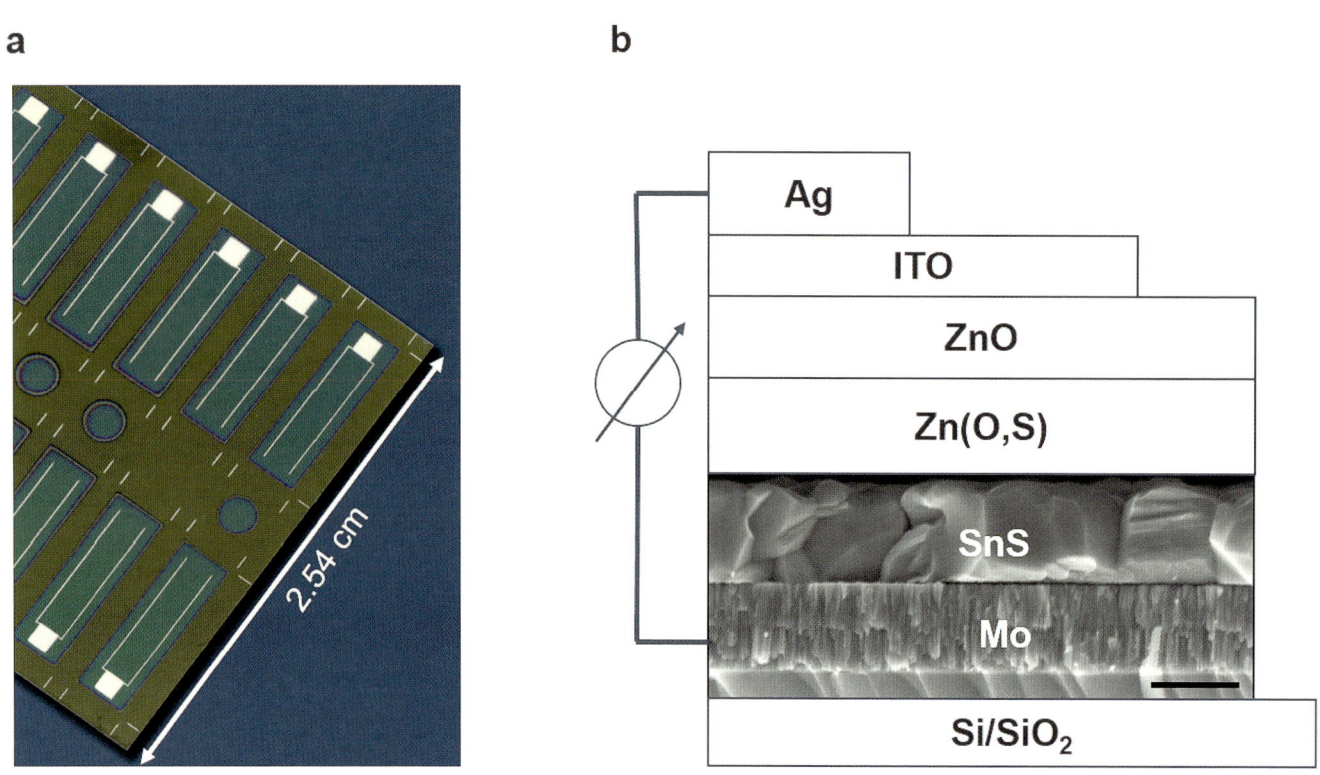

6.1b

你的信息是冗余的吗？

我经常看到包含重复信息的插图。这些冗余大部分是试图表明你已经做了工作（例如，你已经制作了一两张图片），但是你在插图中放入的信息越多，观众就越需要去寻找到底该看什么东西。问问你自己：插图的这个特定部分有用吗？例如，如果一个插图是为了告诉读者一个器件的结构，或制造过程，那么考虑这个插图有多少个部分就已足够。把你拍的所有照片都展示出来真的很需要吗？

在另一幅来自库伦·布伊（Cullen Buie）实验室的草图中，我们可以看到顶部的两张照片是重复冗余的——第二张照片和第一张照片并没有什么不同（**图 6.2a**）。我们不必两个都要，特别是考虑到期刊有限的图形空间。

这种包含过多不必要图像的倾向是行不通的。在幻灯片演示中，随着时间的推移，演讲者可以将信息从一个幻灯片到另一个幻灯片分开。（请参阅本章后面关于幻灯片演示的讨论。）然而，当信息汇集在杂志允许的一个图形中时，插图应该以一种引导读者看到你想展示东西的方式来构建。再说一遍，关键是要决定哪些内容要保留，哪些内容要删除或移到补充部分。这个草图最终演变成下面的一幅（**图 6.2b**）。首先，我把器件的图像做得更清晰。我们在右下角插入了一个反色的荧光图像，清晰地与右上方的图像对应。此外，请注意我们是如何调整每个图像的大小的，使图像之间的空间距离相等，排列清晰。

补充说明：我相信大多数期刊最终会接受交互式图形的想法——即允许读者交互式地选择图中一部分数据来阅读。通过点击，读者可以看到各种层次的信息，研究人员（而不是软件！）将最终负责设计信息的层次结构。坦率地说，我有点惊讶的是，很少有期刊在实施这个想法。我建议查阅我们的《视觉策略》一书，了解更多关于这个主题的讨论和例子。也可以参见第八章的"案例分析五"。

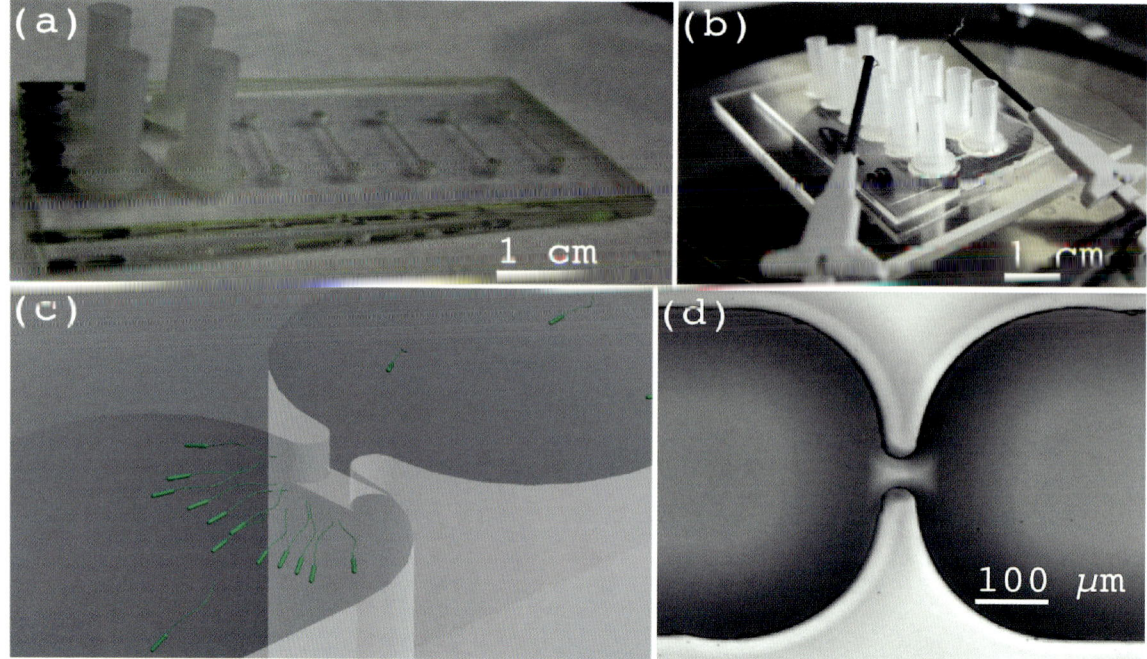

6.2a

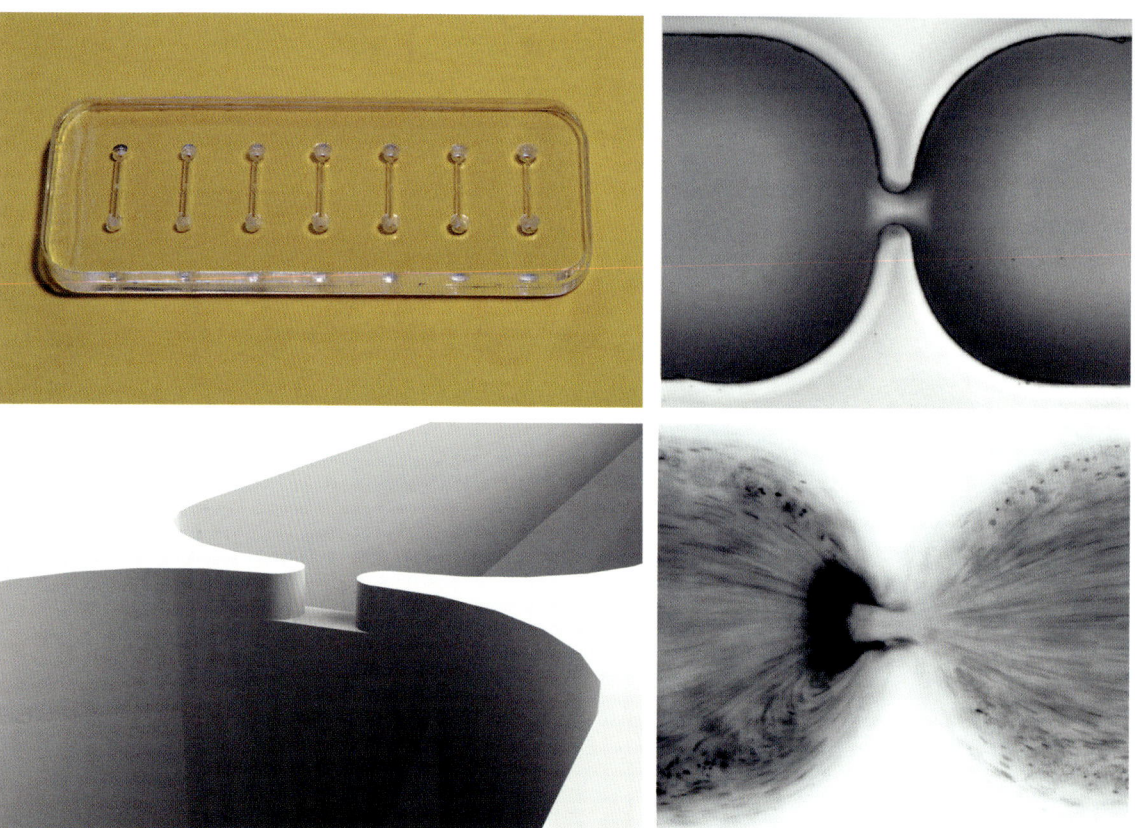

6.2b

你可以删除或更改任何图形元素吗？

颜色、标签、字体、图形刻度、箭头和类似的元素都有助于插图的图形化展示。依赖于软件对图形的默认选择通常会使插图拥挤。例如，你需要在你的图表上标出所有的刻度和标签吗？左下方的图像使用默认设置（**图 6.3a**）。右边的是涂昆华（音译：Kun–Hua Tu）根据建议重做版本，带有较少的刻度和标签，他同意这些小改动会有作用。另外，请注意在重做版本中删除了圆括号。不那么拥挤的图表更容易读懂。任何不必要的图形元素都应该删掉。你的目标是创建清晰、有空间感、易读的图形，并留有足够的空白。

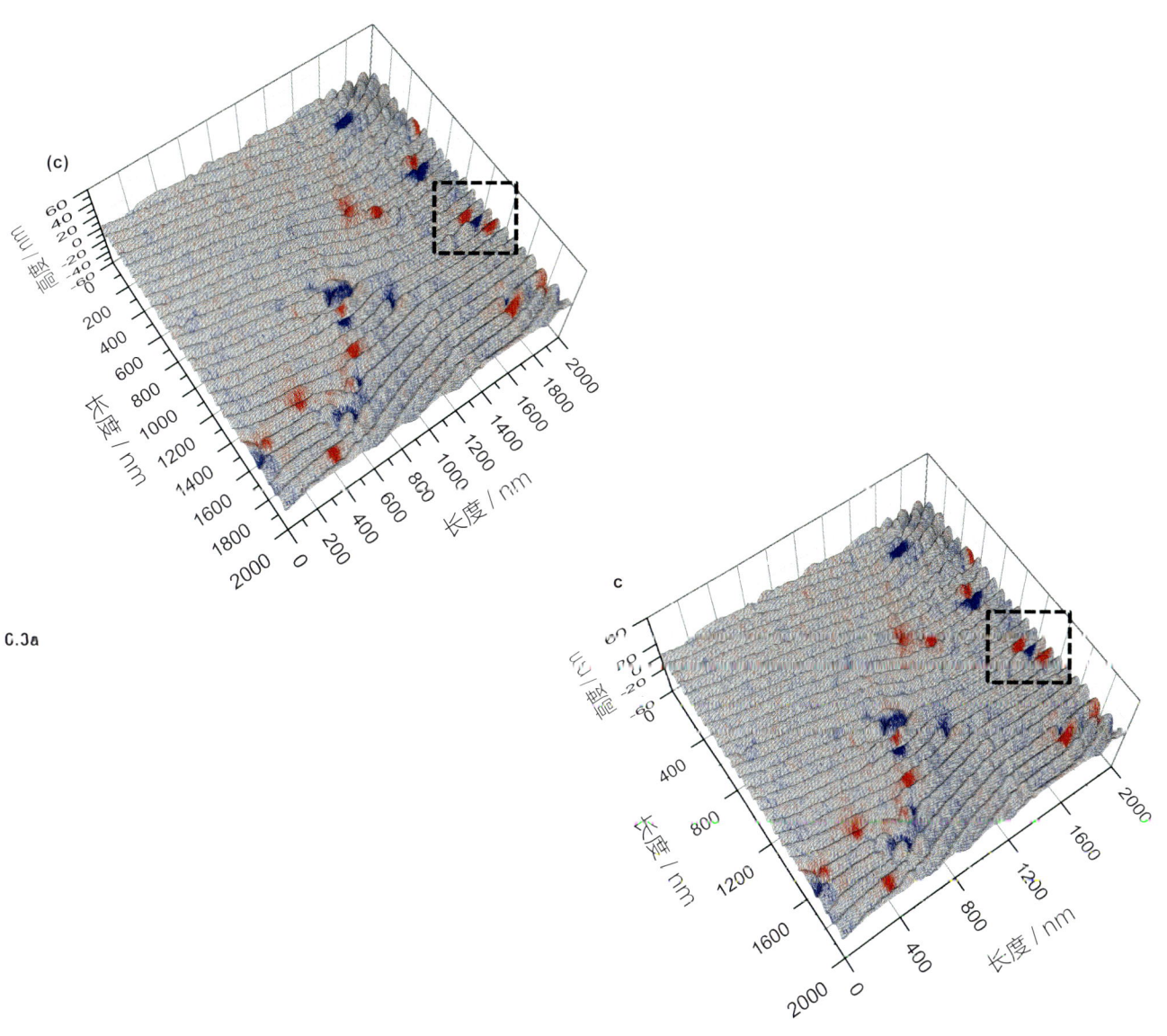

6.3a

6.3b

注意你的箭头——它们是具有许多含义的强大的图形元素："从这里测量到那里""这个叫作那个""从这里到那里""这个变成那个""这个反应在那个出现时发生"，等等。我们在科学的各个领域都使用它们，但要小心。确保流程的箭头都是相同的样式，并与"标记"箭头相区别。最重要的是，质疑它们的用处。在本例中，标记箭头是不必要的（**图 6.4a**），看看劳拉·蔡（Lauren Chai）在研讨会上的重做版本——删除箭头，并将文本简化到每幅插图下面只有一行文字。（**图 6.4b**）

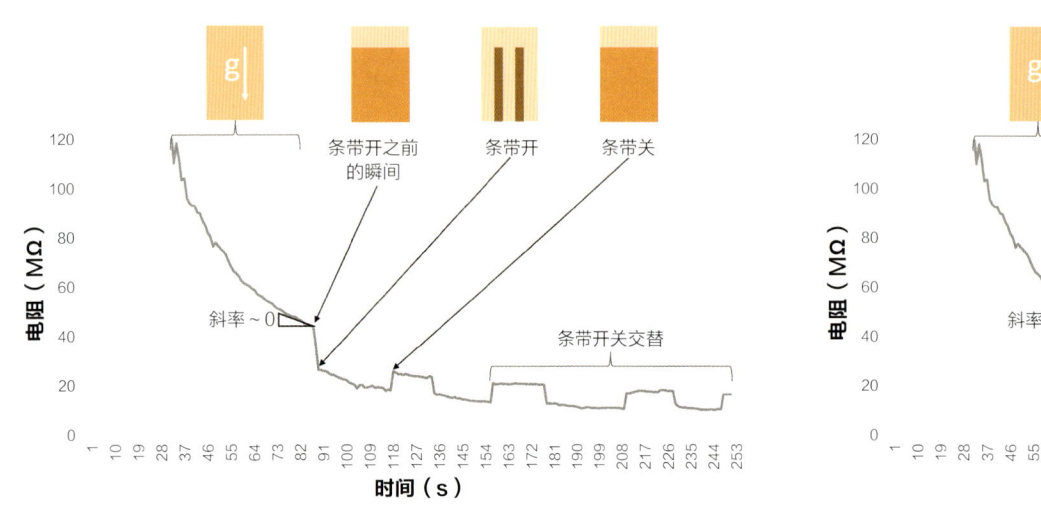

6.4a

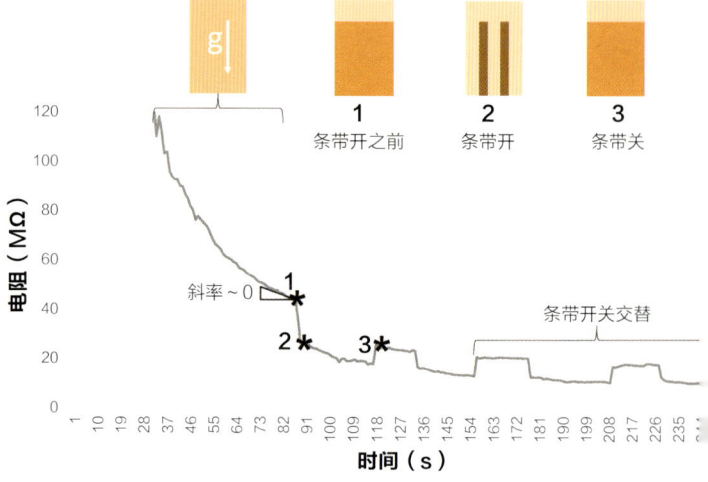

6.4b

你的颜色选择是否直观并有助于强调重点？

颜色是一个强大的工具，应该被仔细考虑。我总是惊讶于颜色在插图中经常被过度使用。事实是，太多的研究人员依赖于软件中的默认调色板。为什么要把这个决定交给软件工程师呢？

在这个草稿图中，左上角带有彩色图层的插图效果不佳。（**图 6.5a**）

在重做版本中，为了帮助读者更好地理解结构中最重要的部分（缓冲层，Butter Layer），我们只在两个地方使用了红色，以引起对结构中这一关键部分的注意（**图 6.5b**）。使用颜色可以帮助读者看到插图两个部分之间的联系。并确保让他们找到那种联系。顺便说一句，我们还通过删除一个不必要的扫描电子显微镜图像来简化插图。我们做了一个更小的修正，删除括号，并将字母标签放置在图像之外，从而使插图更有秩序。这些变化可能看起来都是微不足道的，但当叠加起来时，它们可以使插图更容易阅读。

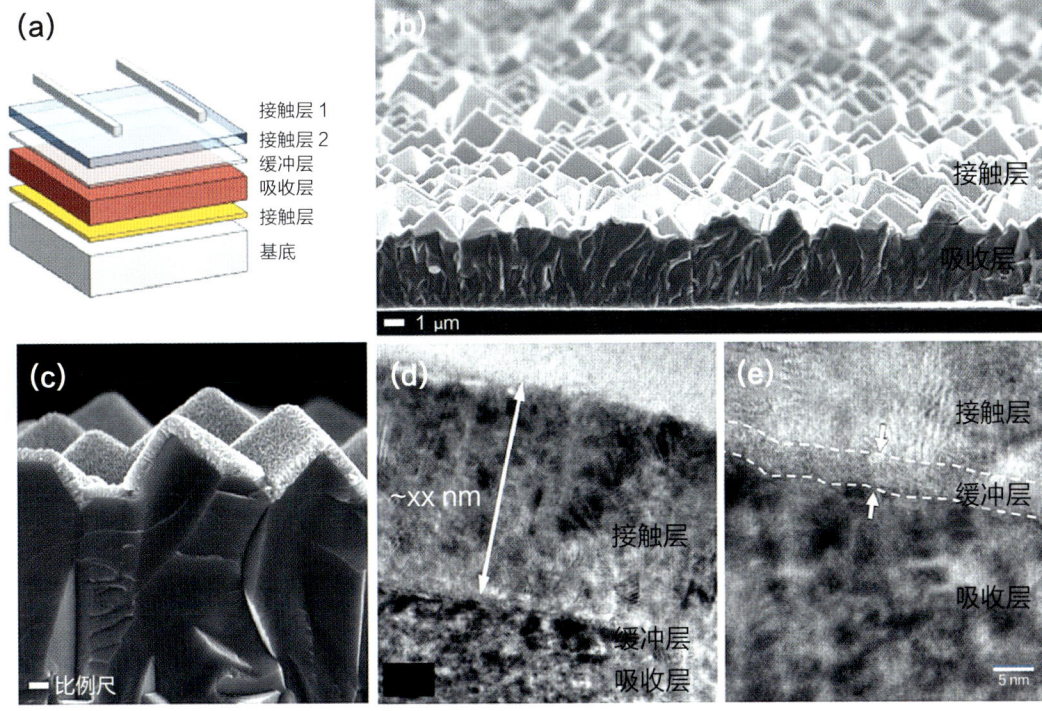

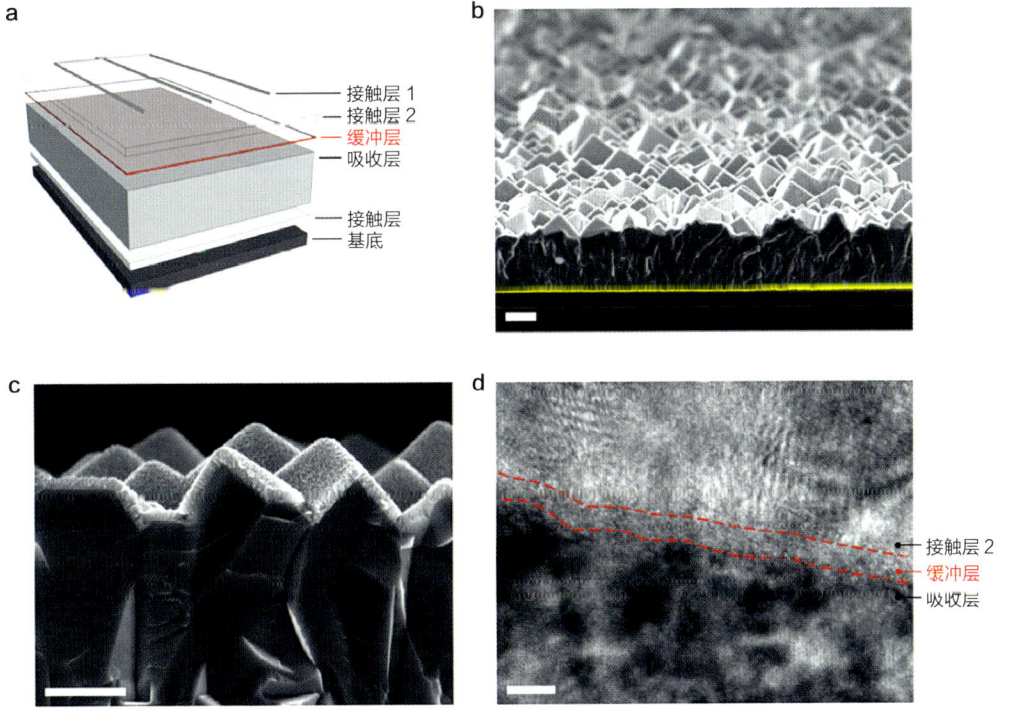

6.5a

6.5b

这里有另外一个前后对比图。在这个例子中，我质疑黑色的使用。艾利逊·约斯特（Allison Yost）从这份初稿开始（**图 6.6a**）。（这是我们如何组织工作坊的方式，从最初的想法开始。）她知道有些图片很难读懂，还有一些是不必要的。

经过一番认真的修改，她的重做稿清晰多了，并发表在了期刊上。（**图 6.6b**）

后来，我建议做进一步的修改——将左上角和右下角的图像的黑色背景改为白色/灰色。（**图 6.6c**）这个插图现在有了其他没有的视觉一致性。

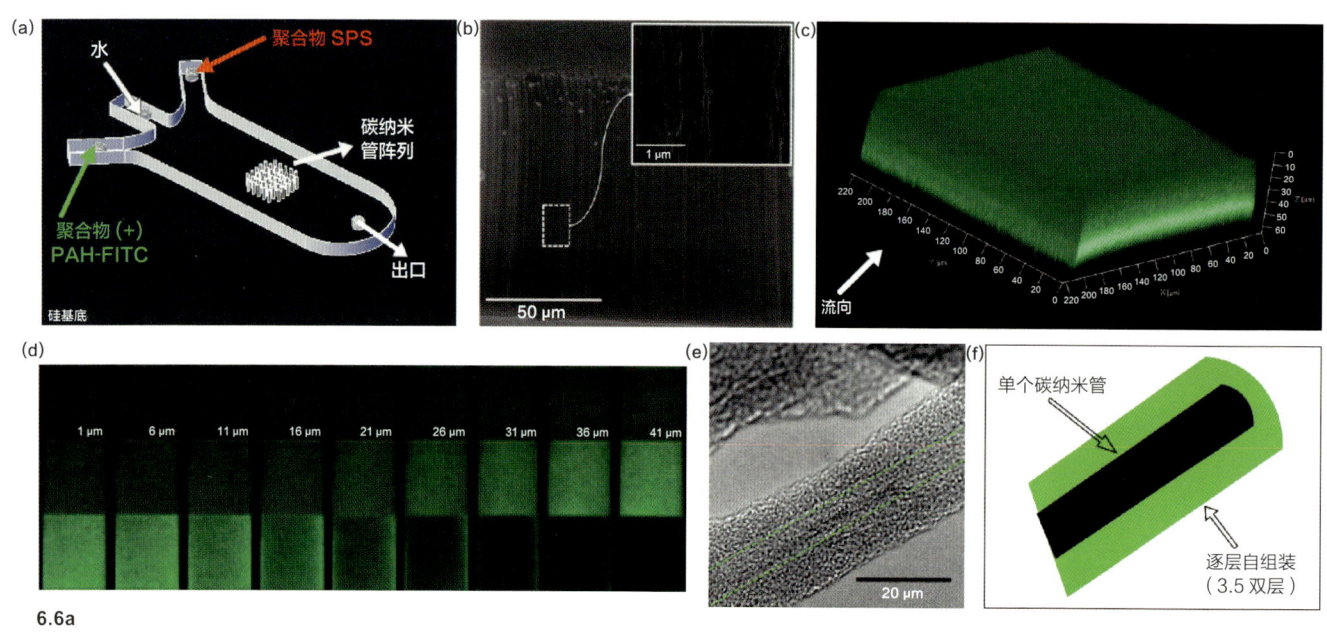

6.6a

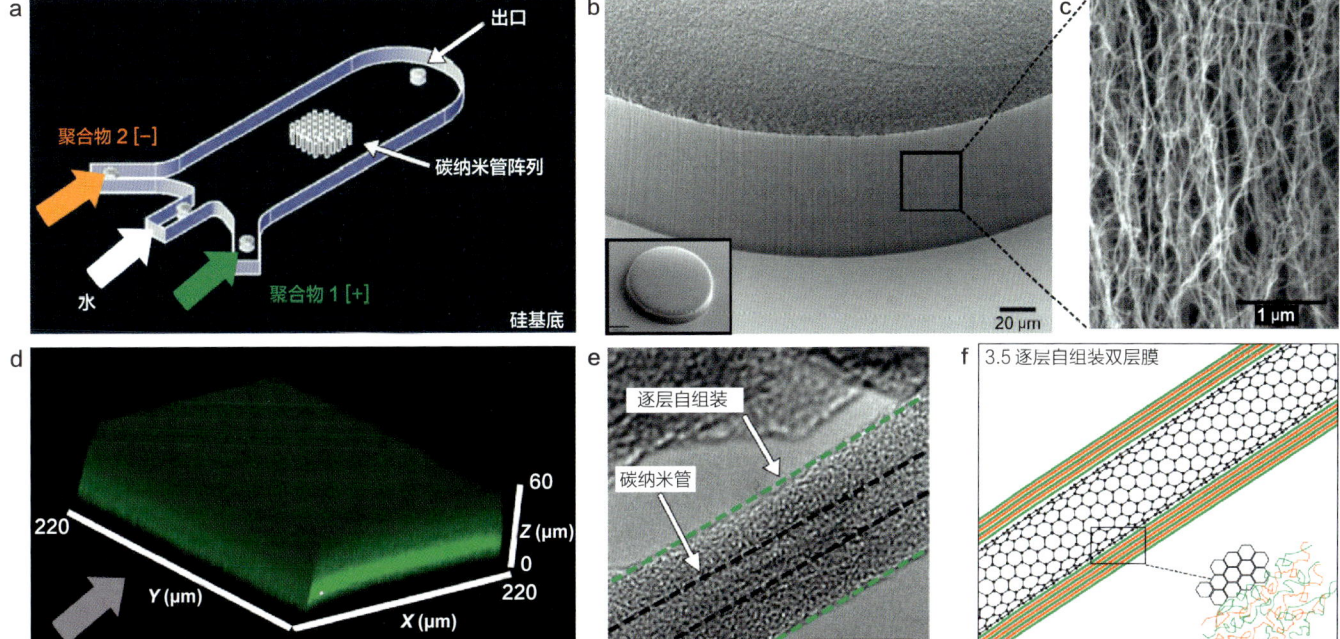

6.6b

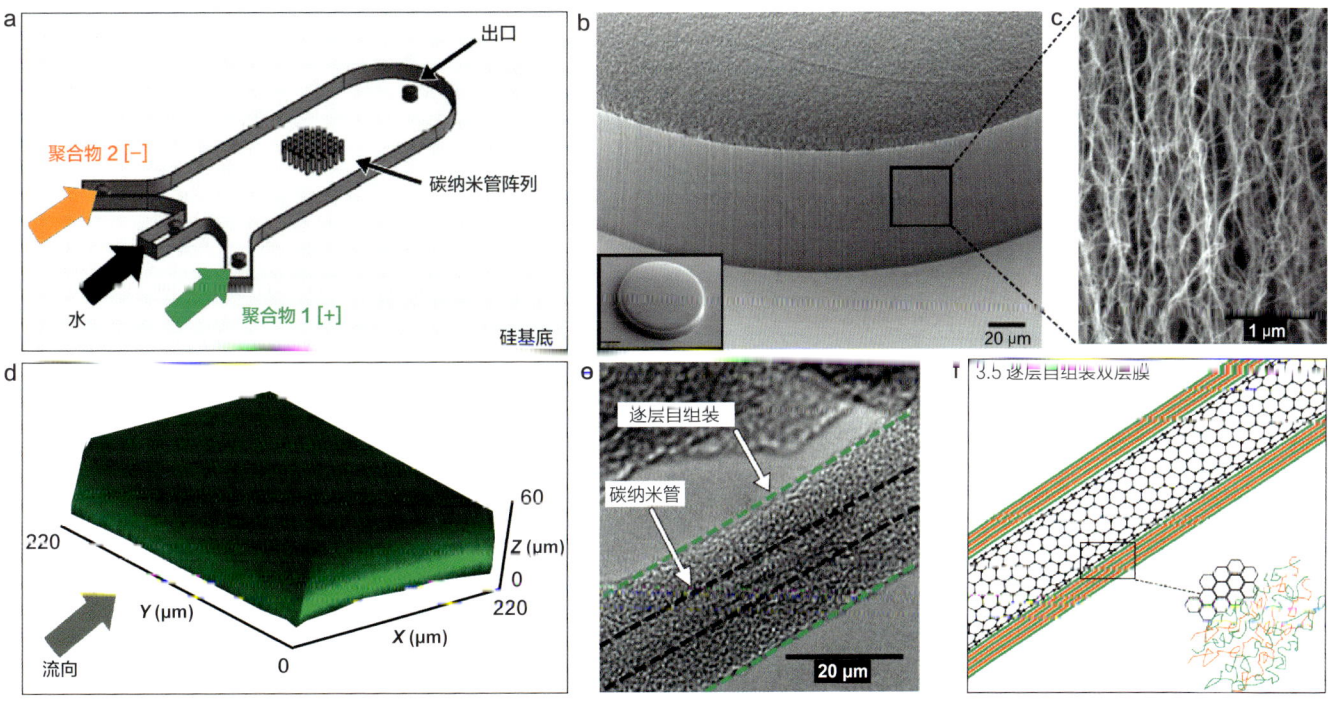

6.6c

记住，用三原色的插图非常高调（我经常看到），同时并不一定比那些更浅淡的颜色更容易理解。看看第一稿（**图 6.7a**），注意杰西卡·斯沃洛（Jessica Swallow）和我在重做中做的一些其他改变。（**图 6.7b**）

在软件默认颜色的问题上，我经常奇怪为什么使用原子力显微镜（AFM）成像的研究人员坚持使用软件自带的没有吸引力的锈色调色板（**图 6.8a**）。如果你仔细想想，AFM 图像基本上是灰度的，然后自动着色。从美学上讲，锈色限制了插图中其他颜色的选择。当我试图说服我的研究同事保持 AFM 图像的灰度时（**图 6.8b**），通常的反馈是，已发表的锈色图像将很容易被使用该仪器的读者识别为 AFM 图像。这是一个很有利的观点，但到最后我仍然质疑这种特定的想法是否应该延续下去。

阳极电压

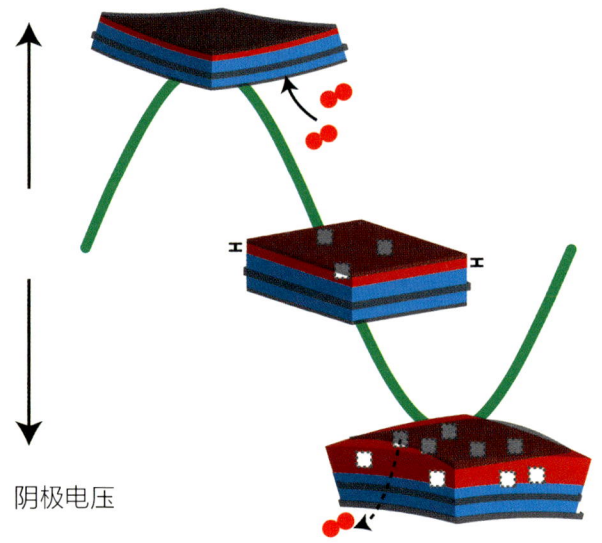

阴极电压

6.7a

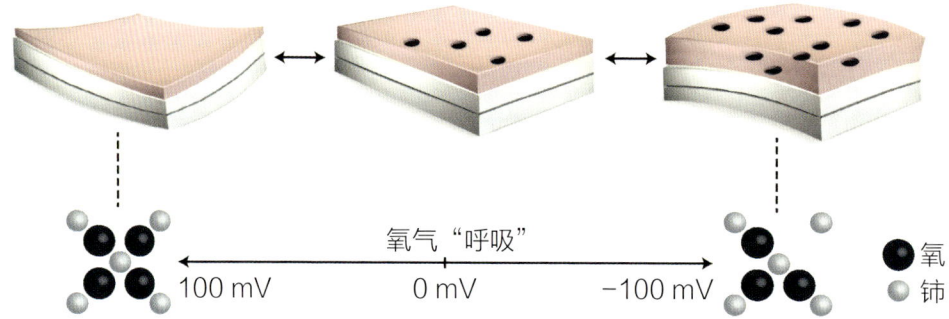

6.7b

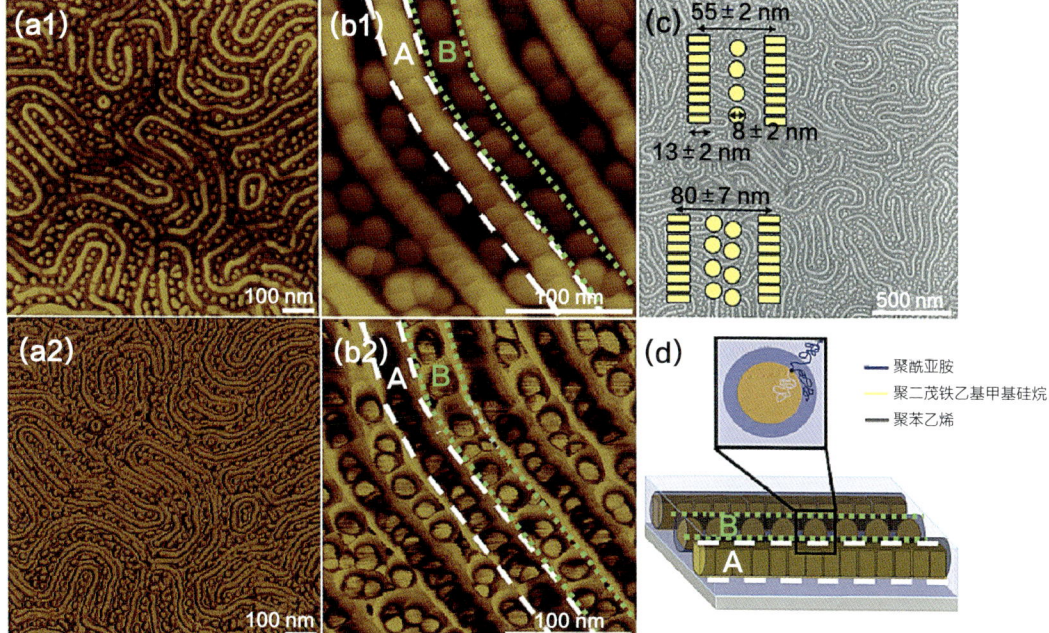

6.8a

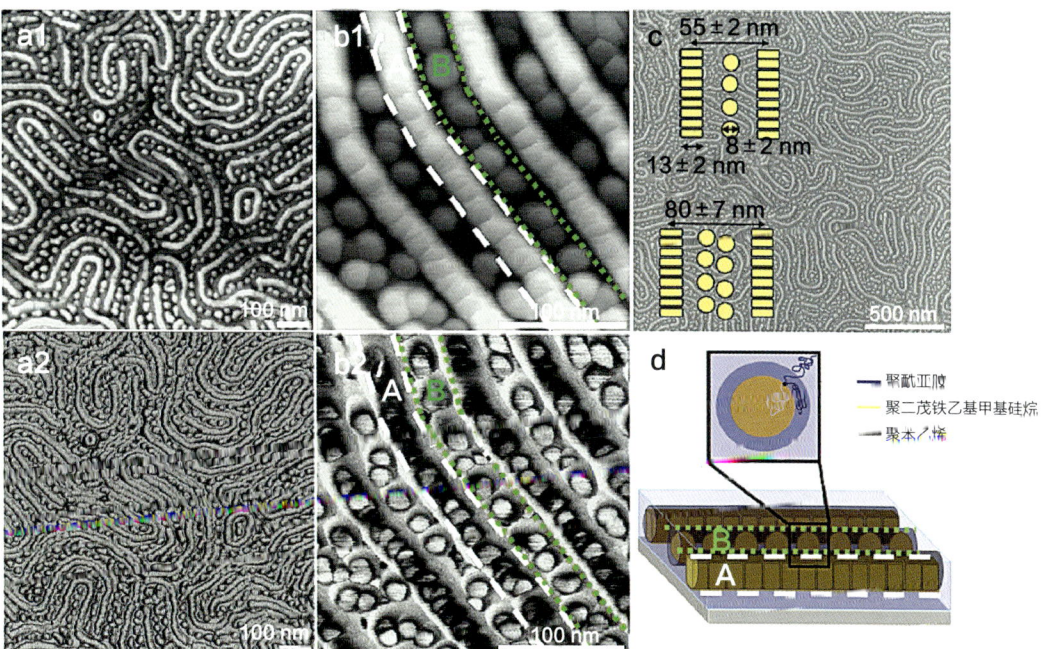

6.8b

期刊现在要求研究人员在目录（TOC）中给出他们自己的设计，以吸引读者对他们的文章的注意。记住，这些设计看起来会非常小，所以你的尝试必须在这种尺度下起到效果，越简单越好。

下面是卢奇洋（音译：Qiyang Lu）关于 TOC 最初想法的一个简单例子（**图 6.9a**）。经过我们的讨论，他把它变成了一个更简单的版本（**图 6.9b**）。删除大部分不必要的颜色，使用大部分灰色，强调重要的部分，效果更佳。

BM

P

SrCoO$_X$(WE)

YSZ 基底

Ag 电极

6.9a

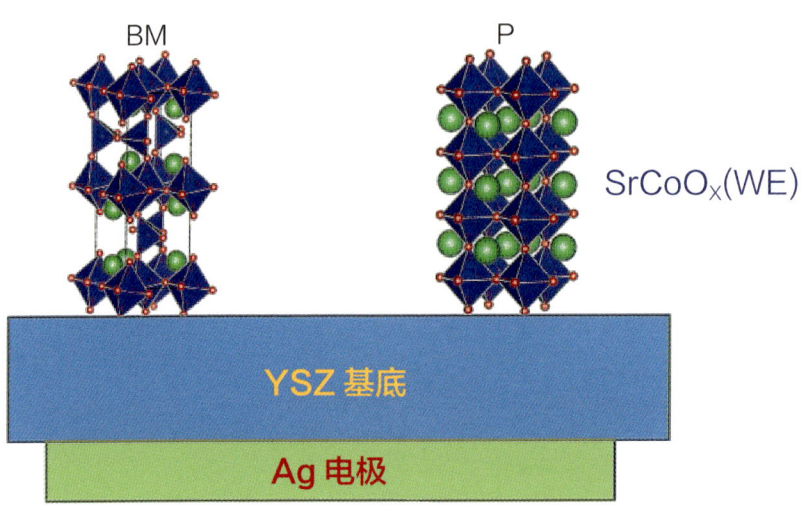

6.9b

你的图像足够好吗？

如果你打算在插图中加入一张照片，为什么不尽可能地插入最好的那张呢？观众被照片所吸引，或许是因为它们容易"阅读"，也或许是因为如今每个人都是摄影师。但是，如果你能做出令人眼前一亮的照片，为什么要接受很一般的照片呢？乔·戴维森（Joe Davidson）从这幅图开始。（**图6.10a**）

在我们的工作坊之后，他完成这幅图（**图6.10b**）。差别很大，你说呢？

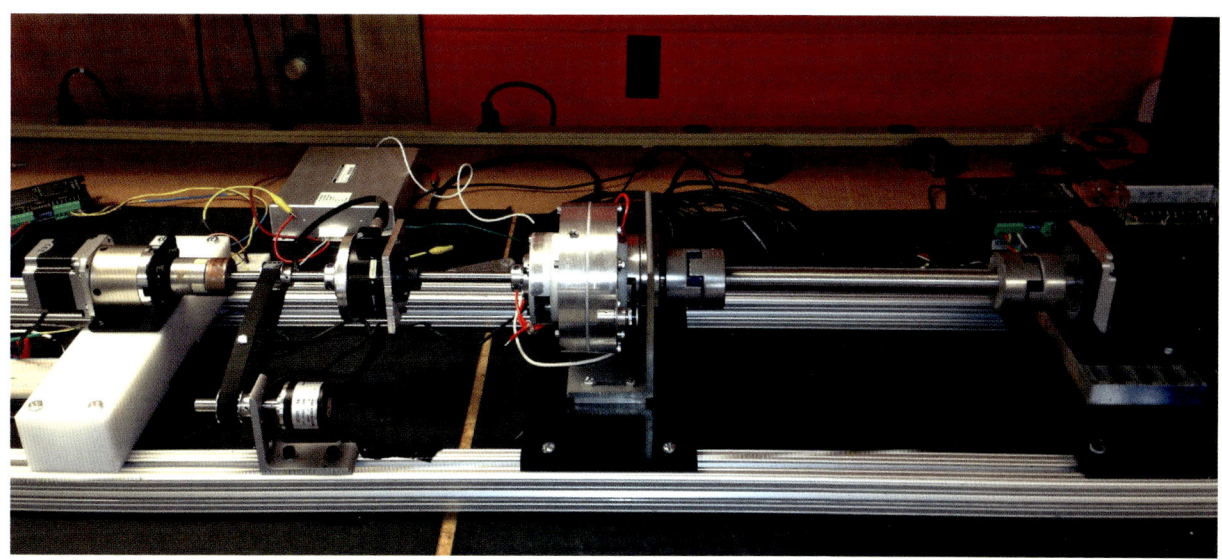

6.10a

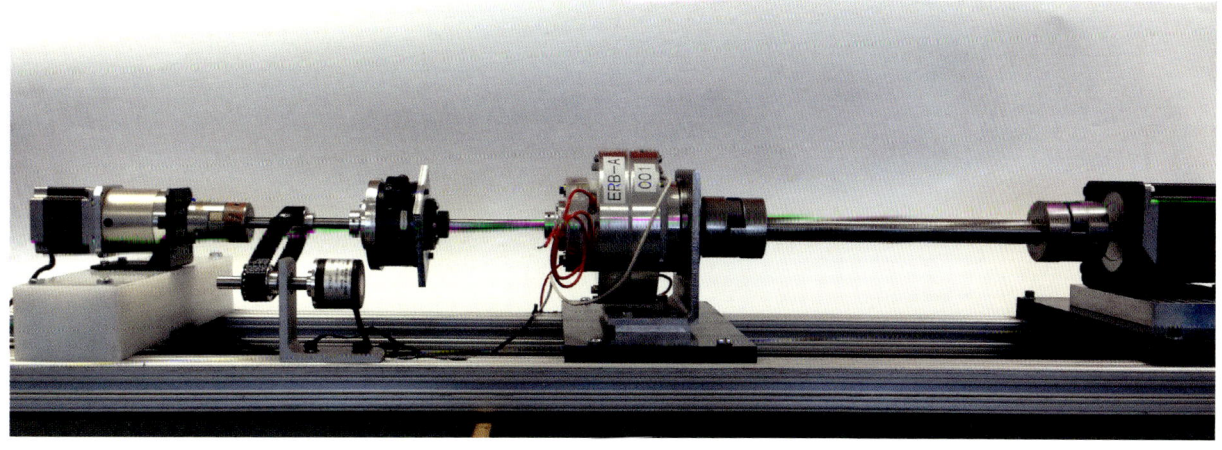

6.10b

随时间变化

大多数时候，当研究人员想要呈现随时间变化的事物，他们会制作视频，这很容易理解。事实上，观察动态现象是非常令人信服的，如果你们仔细想想，所有的科学本质上都是动态的。我们通常认为我们必须观看运动的图像（即视频）才能观察变化。但有时候静止的图像也可以暗示着变化。这里我们来看看几种可能性。

我以一张极其美丽且信息丰富的图像开始讨论，图像由马克·克莱特（Mark Klett）和拜伦·沃尔夫（Byron Wolfe）创作于 2002 年，名为"梦想湖（Tenaya）同一湖岸的四次观景"（**图 6.11**）。我

6.11

把它放在这里来激发你们的灵感。看看这个由各种图像组成的拼贴画的信息量有多大，同时在美学上有多么美妙。

　　他们使用一个大画幅相机，复制了历史图像和宝丽来胶片，并使用即时图像与历史图像进行比较。当需要很高的精度时，他们测量照片中不同物体之间的距离，然后根据需要比较和改变相机的位置。这是他们在胶片时代学到的方法；现在有了数码相机和笔记本电脑，以及使用透明的叠加图层（在 Photoshop 中），操作起来更容易，也更准确。一旦他们拍摄了自己的图片并有了初步的想法，他们便回到自己的工作室，扫描胶片，获得历史图像的扫描，然后在 Photoshop 中进行组合。

6.12

在下一个例子中，我创建了一个关于"BZ 振荡反应"（Bel-ousov-Zhabotinsky）的照片网格。（**图 6.12**）

这是一个在培养皿中发生的复杂的振荡反应。我很荣幸在布兰代斯的扎伯廷斯基（Zhabotinsky）教授的实验室里拍摄了这些图像。我每隔 11 s 拍摄一张照片，在 5 min 的时间里完成整个系列。顺便说一下，我多年前在幻灯片胶片上制作过这些图像。现在我们看到的是从那些胶片的数字扫描中选出来的，使得我们在有颜色指示剂存在的情况下能够观察到特征螺旋波的形成。

事实上，我们可以将这些静态图像一个接一个地快速循环，生成出一个动画。（请参阅网络资源页面。）这让我们的确能够创造出一部电影。当然，这在视觉上是非常有趣的。但在我看来，看到一个个的图像排列在一个网格中也同样有趣，它让我们能够比较这一时刻和下一时刻，并详细观察随时间发生的变化。有人可能会说，这让我们看到比快速移动的视频更多的细节。

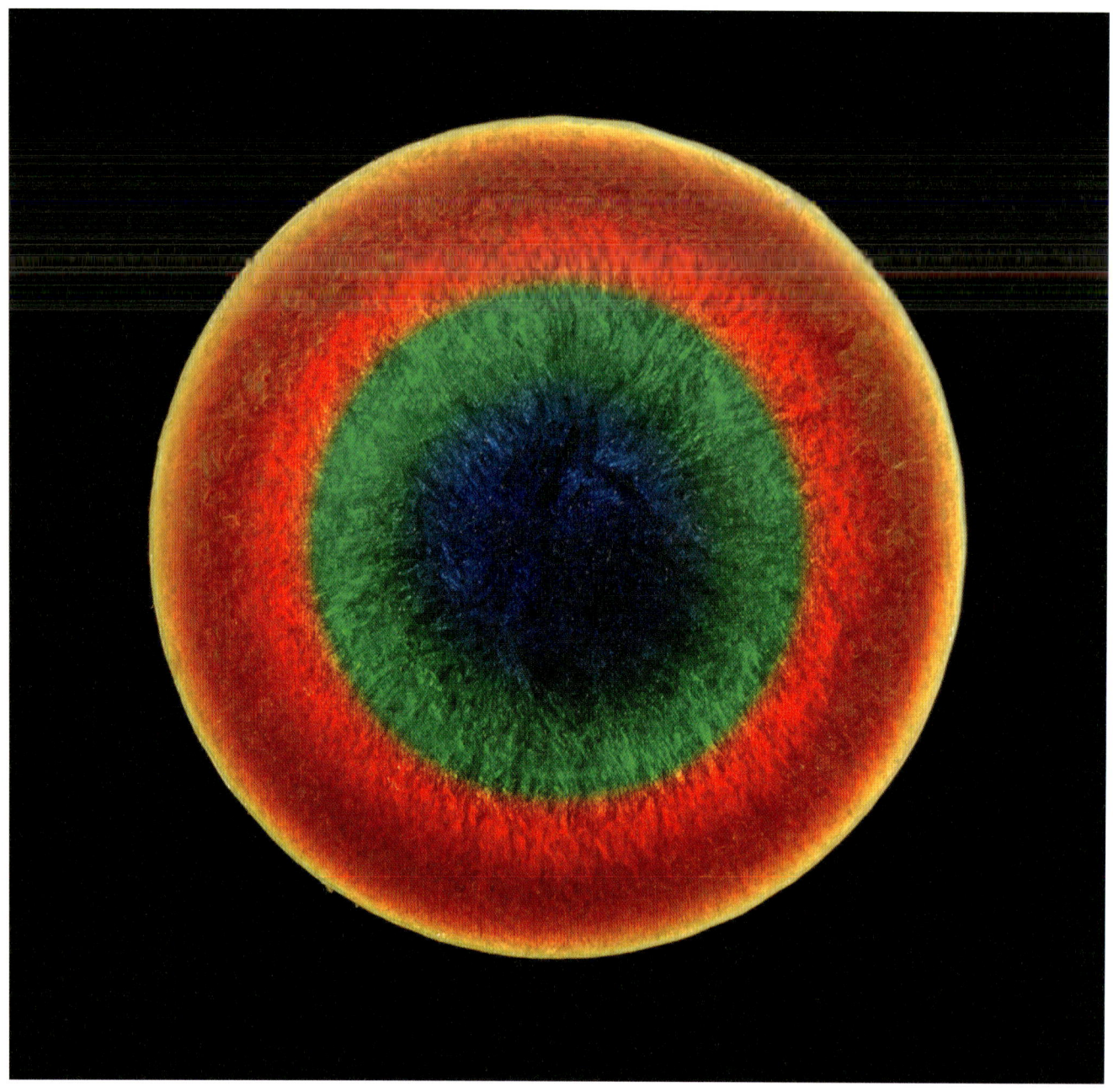

6.13a

下面是另一个例子。（**图 6.13a**）

我们看到的是一个直径为 1 cm 的由两片玻璃组成的圆形"三明治"。这种玻璃三明治含有溶解在溶剂中的嵌段共聚物材料。随着时间的推移，溶剂从边缘附近蒸发，嵌段共聚物自组装，视觉上转化为颜色的变化。

我再次创建了一系列的静态图片，并将它们组合到一个网格中。（**图 6.13b**）

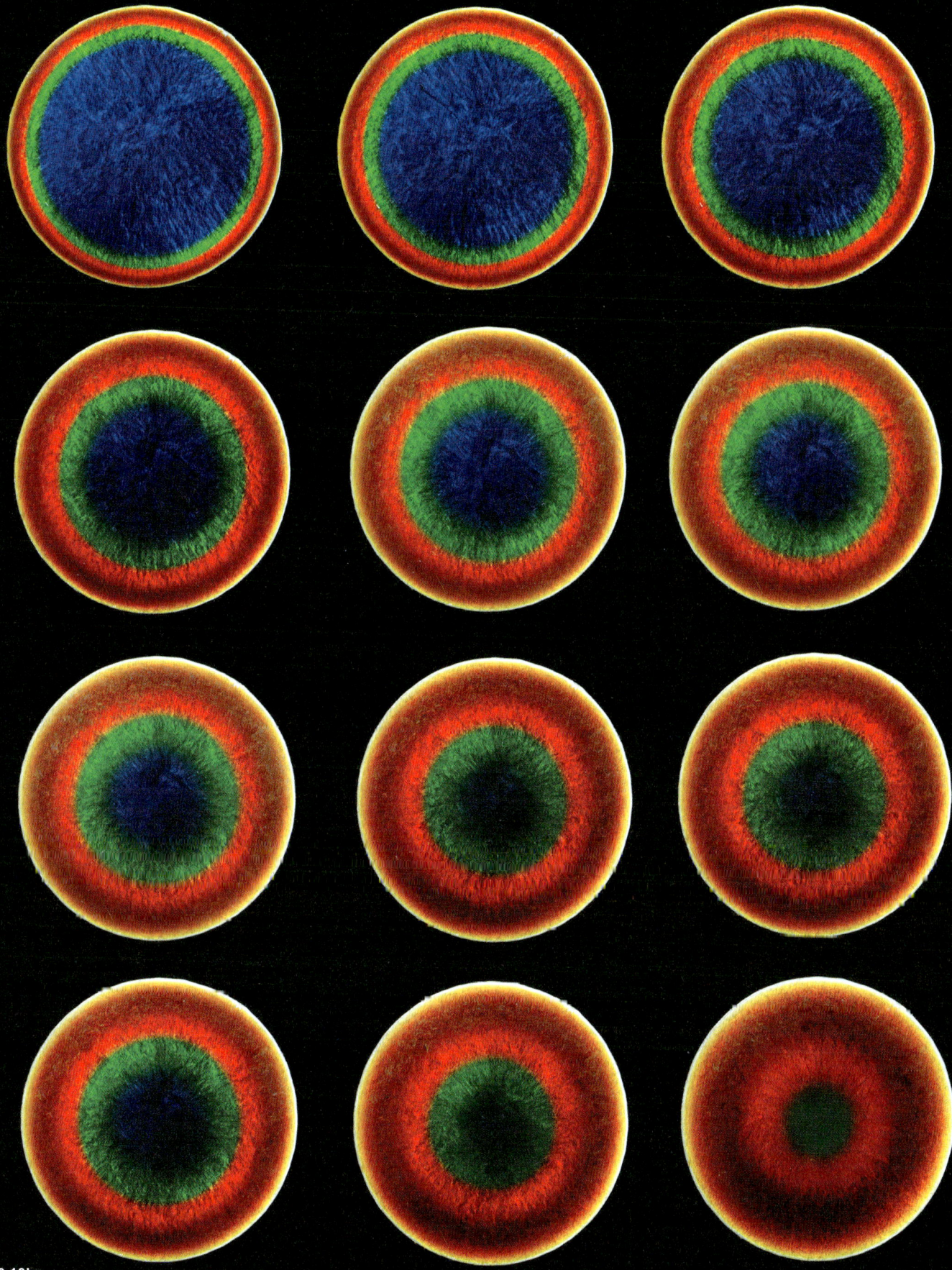

6.13b

6.14

　　我们可以利用计算机动画处理，将它们一个接一个地显示为动态图像（请参阅网络资源页面）。但是，并排观察每一张静态图像，能清楚地知道到底发生了什么。这种方法并不新鲜。1878 年，埃德沃德·迈布里奇（Eadweard Muybridge）创作了著名的"运动中的马"，他要用视觉来证明一匹飞驰的马是否能完全"飞起来"（**图 6.14**）。观察每一帧就得到了答案。

下面的方法仅当设备的某一部分可以移动时才有效。我给来自桌面金属（Desktop Metal）公司和克里斯·舒（Chris Schuh）联合开发的这个 3D 打印设备拍摄了四张图片。它的独特之处在于它可以移动。（**图 6.15a**）

第一张图是设备本身，我的手没有移动设备的任何部分。接下来的三张，我把控制杆固定在不同的位置上。（**图 6.15b**）

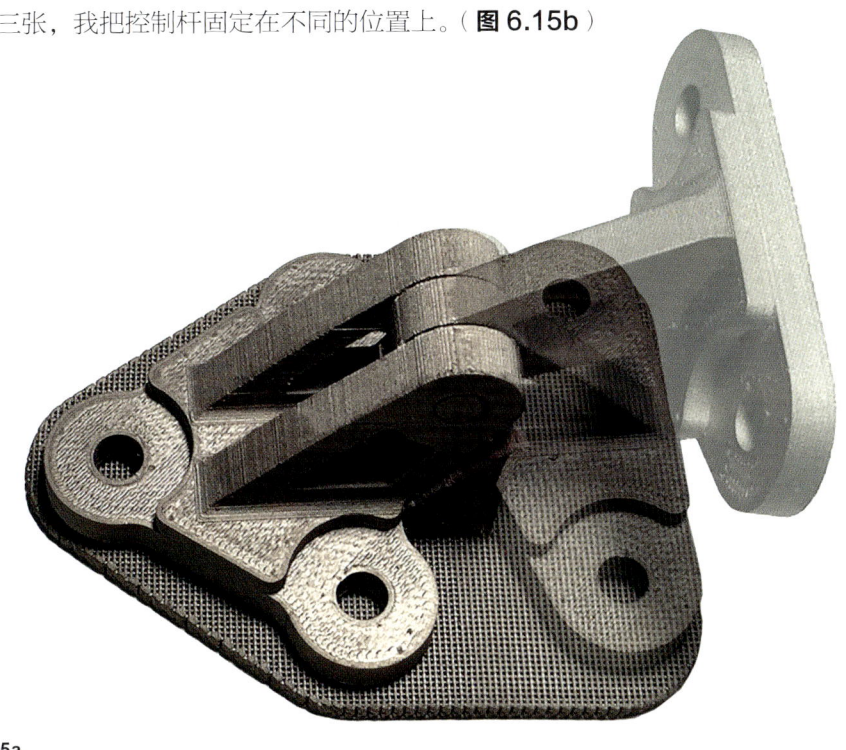

6.15a

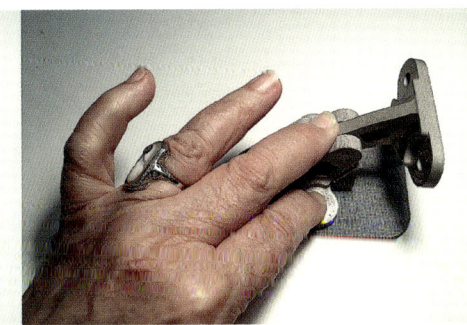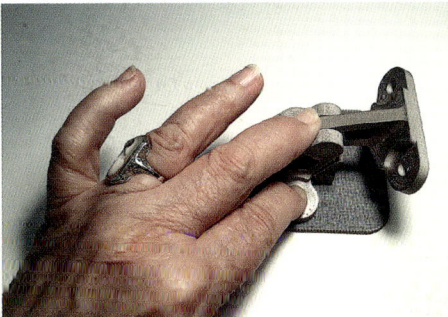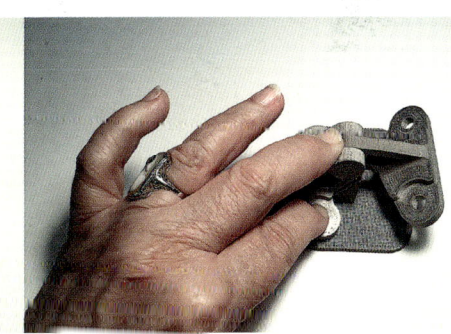

6.15b

然后，通过对所有图层的仔细裁剪、修剪和粘贴，我做了 GIF 文件，你可以在网络资源页面上看到。然而，对于静止的图像，我只在底图上添加了一个修剪的图层，并使这个图层稍微透明一些。如果使用多个图层，就太杂乱了。

仔细看看**图 6.16** 的静止图像，注意某个特定区域的运动。同样，这是可行的，因为图像的其余部分是静止的。

6.16

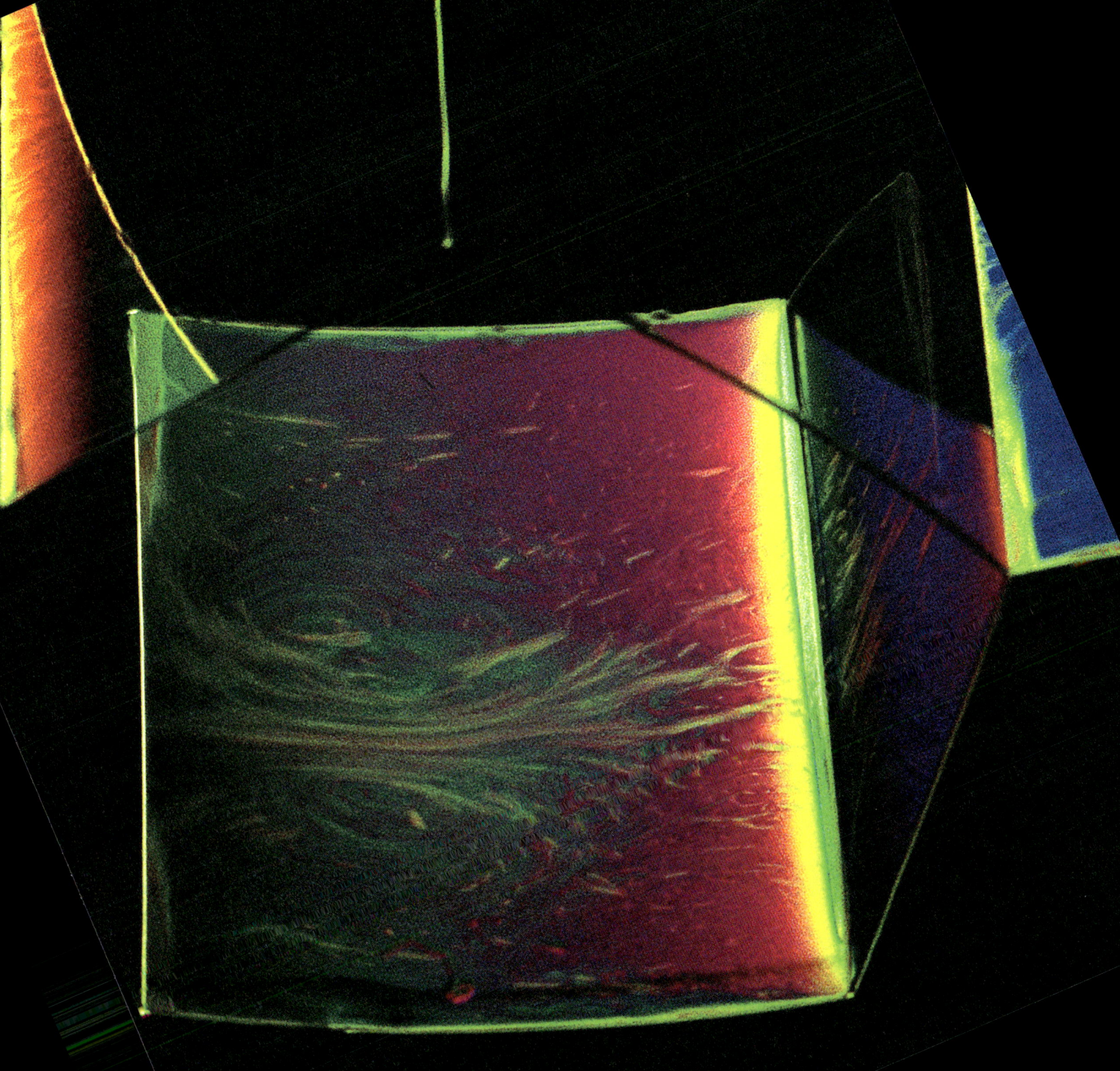

尺度

　　这部分的目的是鼓励你从不同的角度去思考如何在图像中显示尺度。首先，与其用过度使用的硬币和并排布局（**图6.17a**），稍微改变构图并稍加剪裁，可以使图像更加聚焦和有趣。（**图6.17b**）

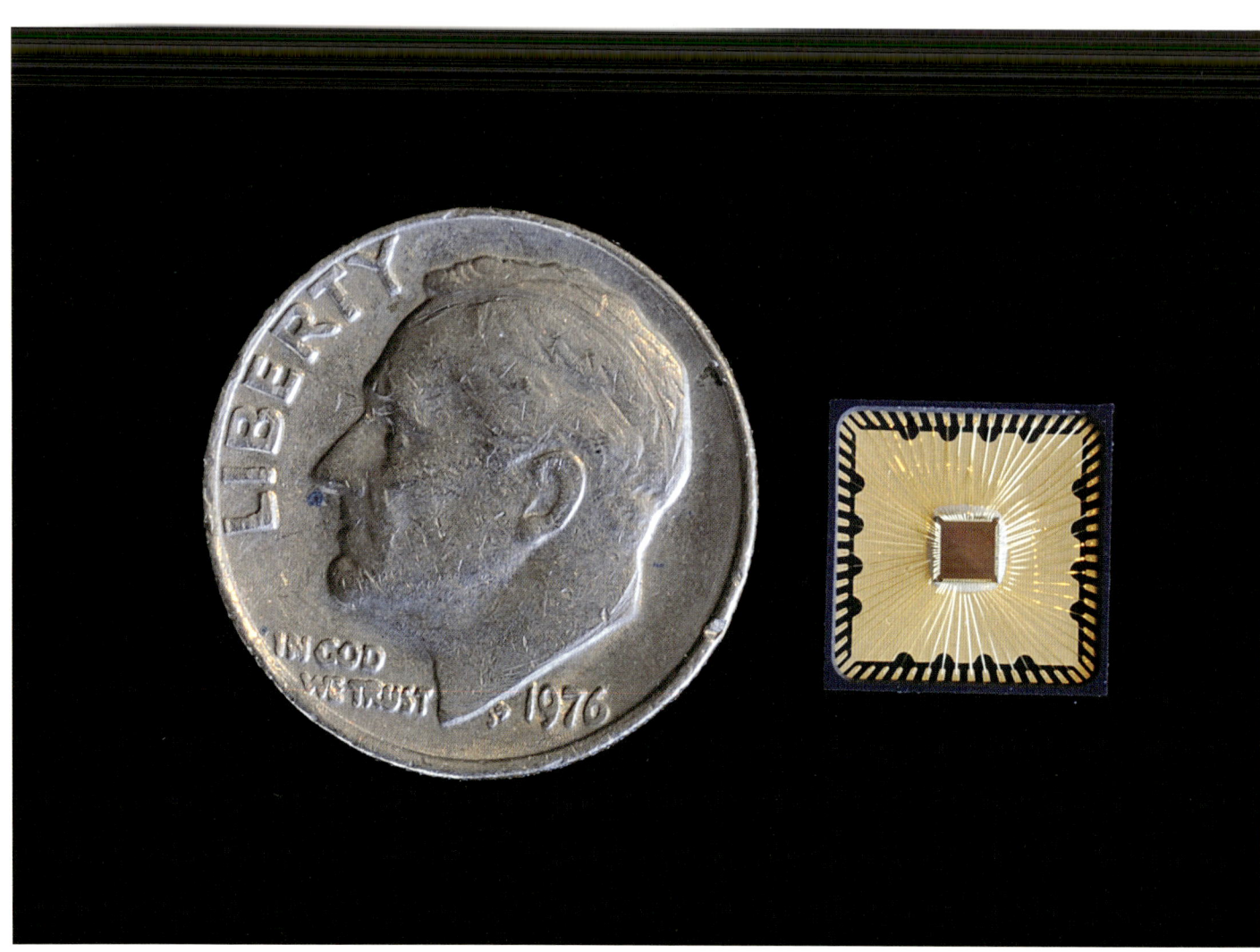

6.17a

6.17b

　　借助一些可识别的、能响应一个特定属性的东西来展示一个器件也是可行的。在这个例子中，我使用了一张光盘，显示了这张发光玻璃片的大小（尽管 CD 可能很快就会变得像胶片一样稀有）。（**图** **6.18**）

6.18

在这里我们看到一个搭配硬币拍摄的工程结构，它显示了这种材料的大小和重要的特性——它的收缩和反弹能力。（**图6.19**）

另一种展示尺度概念的方式是通过不同的放大倍数以展示不同的视角（**图6.20**）。你已经在第五章看到过这个理念的两个例子。

请记住，我没有显示材料的确切大小；但是我给了观众更多的"尺度感"，或者是我们很多图像中缺失的东西——上下文。

还有一件事需要考虑。不要总是在图像的右下角或左下角放置一个比例尺，而应在考虑图像设计的同时尝试将比例尺放置在图像中。（**图6.21**）

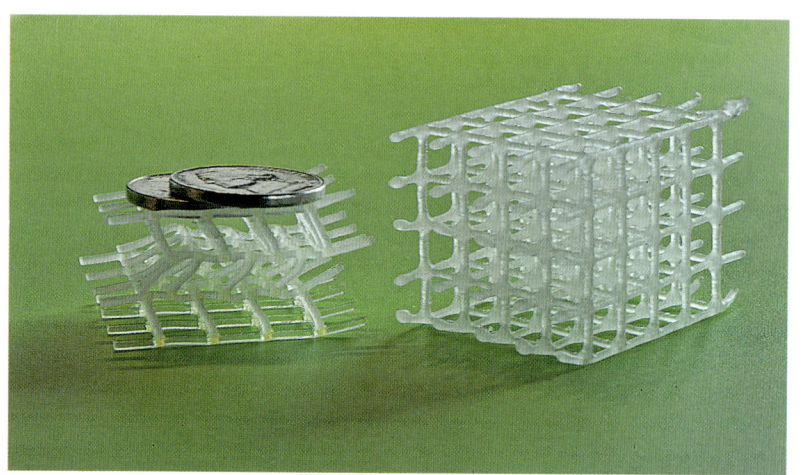

6.19

6.20

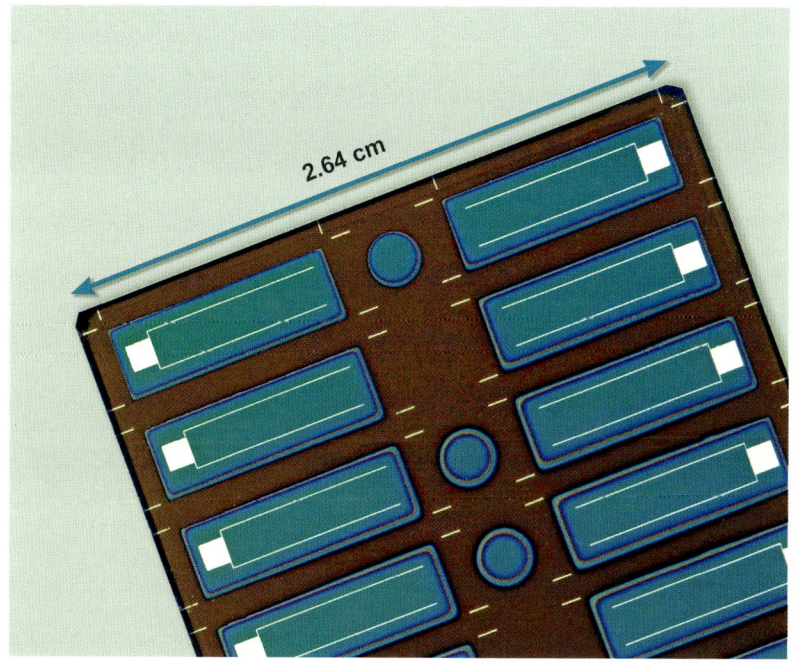

6.21

下面是在图像中放置和标记比例尺的另一个示例。（**图 6.22**）

图像的完整设计效果更好。此处提供了信息，但不会影响美观。我再一次敦促你重新考虑如何代表科学的概念。比例尺不一定总是在左下方或右下方，除非期刊坚持这样要求。

6.22

讲述故事

在视觉上显示制作过程和材料用途可以为你的构图提供信息。这张图片有三个组成部分。（**图 6.23**）

左边的绿色部分是硅片的底面（注意正方形的"孔"）。紫红色图案是类似的硅片的顶部。这两个小芯片显示了过程的最终元素。这些芯片是用来通过这些孔进行药物传输的。记住，如果没有描述过程的文字，这些想法都不会奏效。通过文字和图像的结合，观众可以了解芯片的制作过程。

这是另一个例子。这些光纤具有各种光学特性（**图 6.24**）。我在这里的尝试是把它们编织成某种结构——研究人员未来也希望这样使

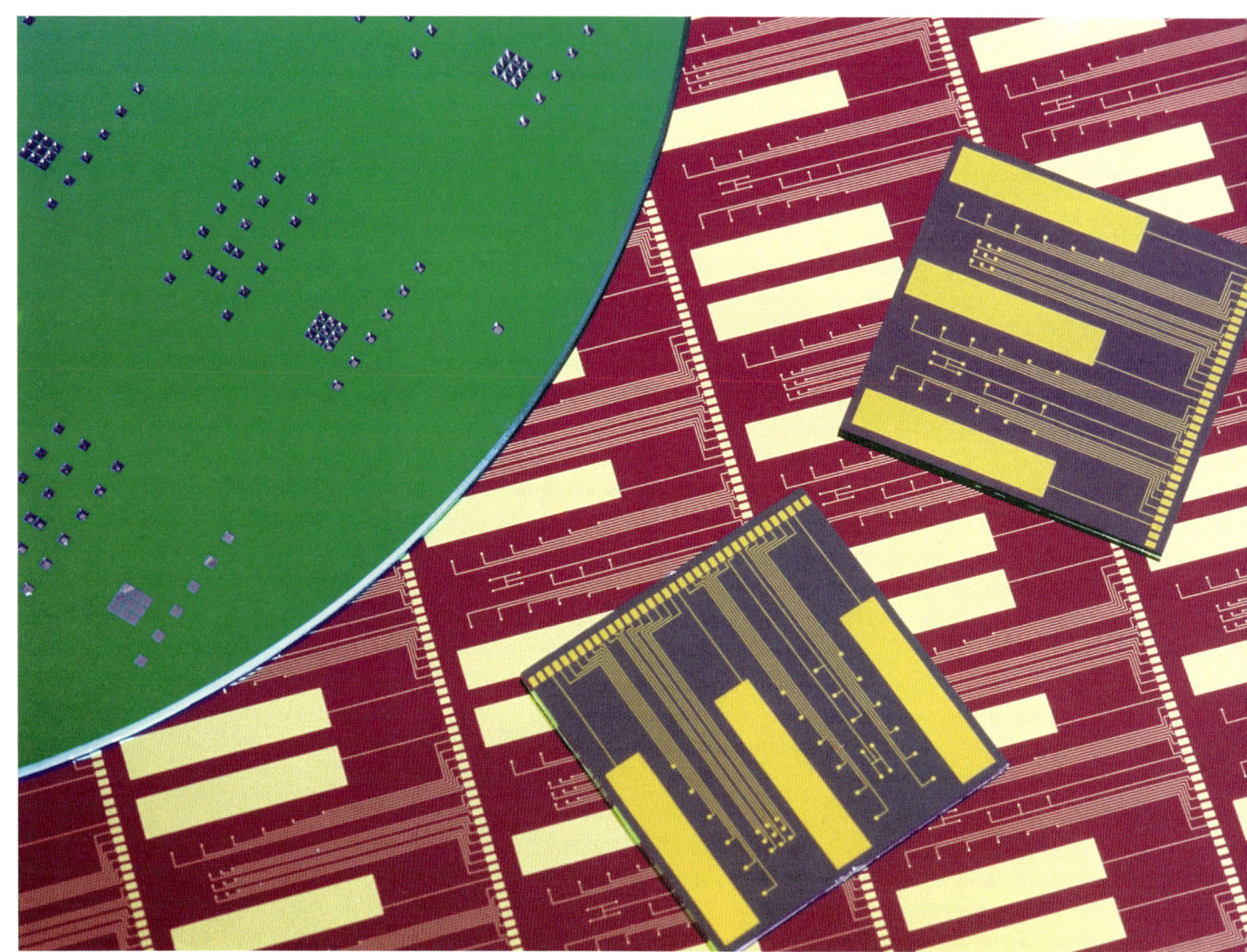

6.23

用这种材料（**图 6.25**）。在这种情况下，视觉上的"故事"暗示了材料的用途。

6.24

6.25

　　下一张图片是经过不同处理的玉米粒，每个批次都装在独立的包装里。我决定把包装它们的塑料袋也作为构图的一部分。（**图 6.26**）

6.26

284

这是几个器件的图片（**图 6.27**）。通过展示不同的设计迭代，我们可以猜到研究人员的想法。请注意我是如何构图的。左上角的桌子的边缘是有意为之的。

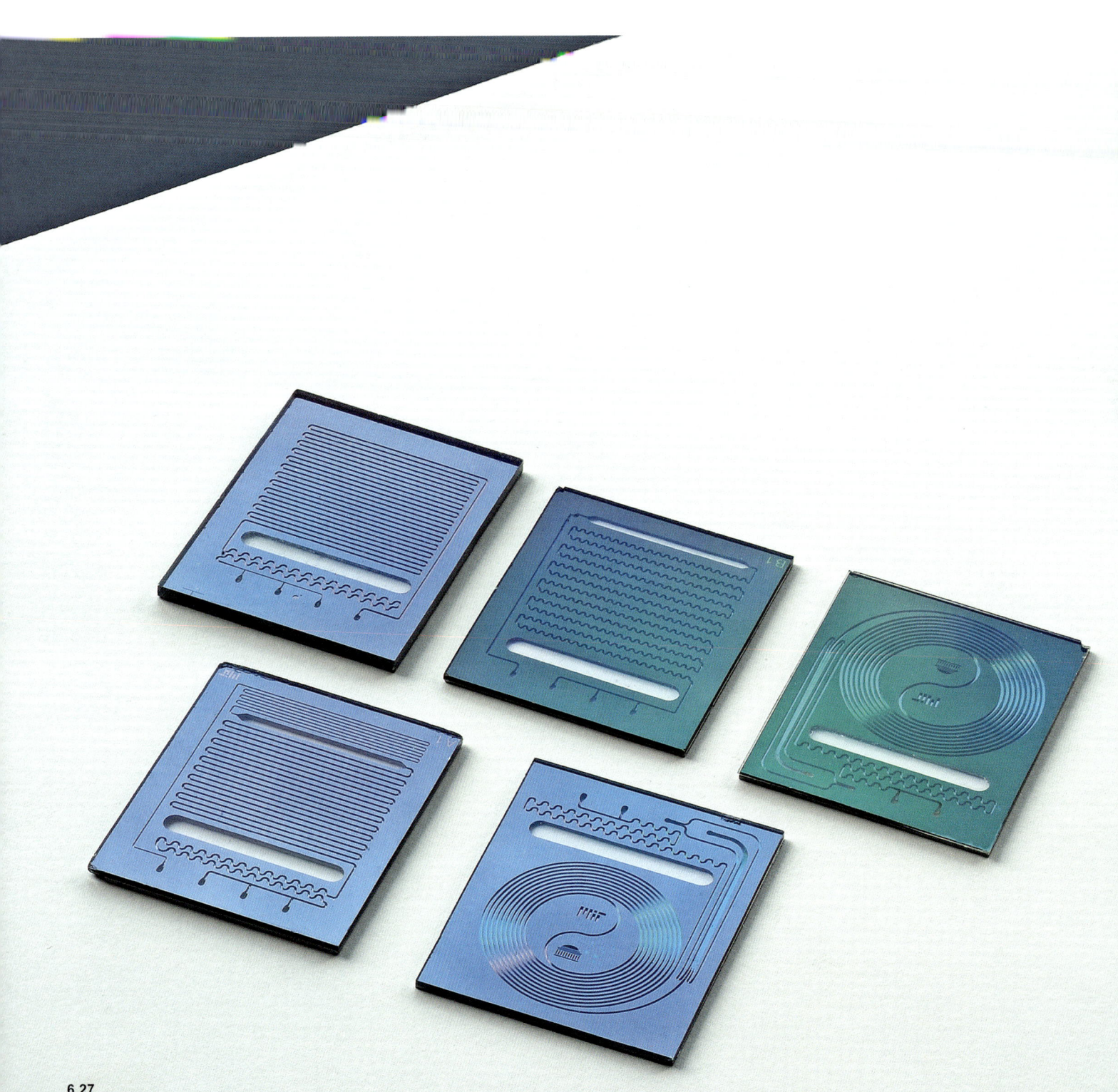

6.27

封面投稿

如果你正在考虑把你的照片作为期刊可能的封面，你有必要研究一下特定期刊的排版——具体地说，期刊如何将图片放置在特定的封面格式中。在案例分析中，你将看到更多关于封面提交的例子，并会详细介绍我的流程。

现在的大多数封面都是全版印刷的，也就是说，图像占据了整个封面，因此是竖版的（**图6.28a**），尽管有些仍然在更人的竖版格式中使用矩形框。（**图6.28b**）

此外，你还必须考虑杂志的标志放置在何处以及其他补充文本可能被添加在何处。（**图6.28c**）

以上所有这些因素都需要考虑到，以帮助美术指导和编辑决定你的图像是否可以用作封面。我不建议你提交一个包含期刊的标志的封面。让杂志社的人发挥他们的想象力吧。

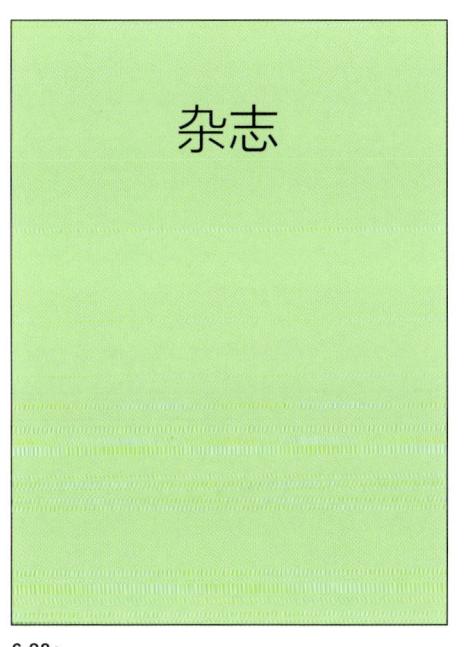

6.28a

6.28b

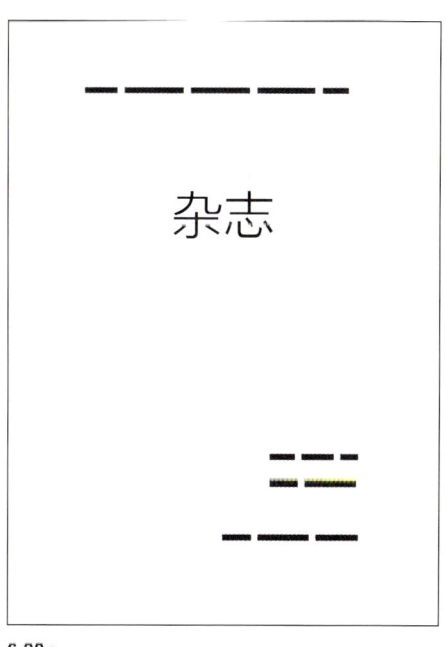

6.28c

下面是我尝试制作封面的一个例子。史蒂芬·鲁迪克（Stephan Rudykh）给我带来了他在实验室里制作的不同材料，它们具有不同的物理性能。（**图 6.29a**）

使用我的平板扫描仪，我开始摆弄这些形状（**图 6.29b**），最终得到了这个构图（**图 6.29c**），我认为它有可能被考虑作为期刊封面。最后，我在背景中添加了一个数字化颜色渐变。（**图 6.29d**）

我得承认，能上封面是一种奖励。

但请记住，能上封面不仅只靠图像。你文章中的科学重要性才是最终决定了杂志的选择因素。

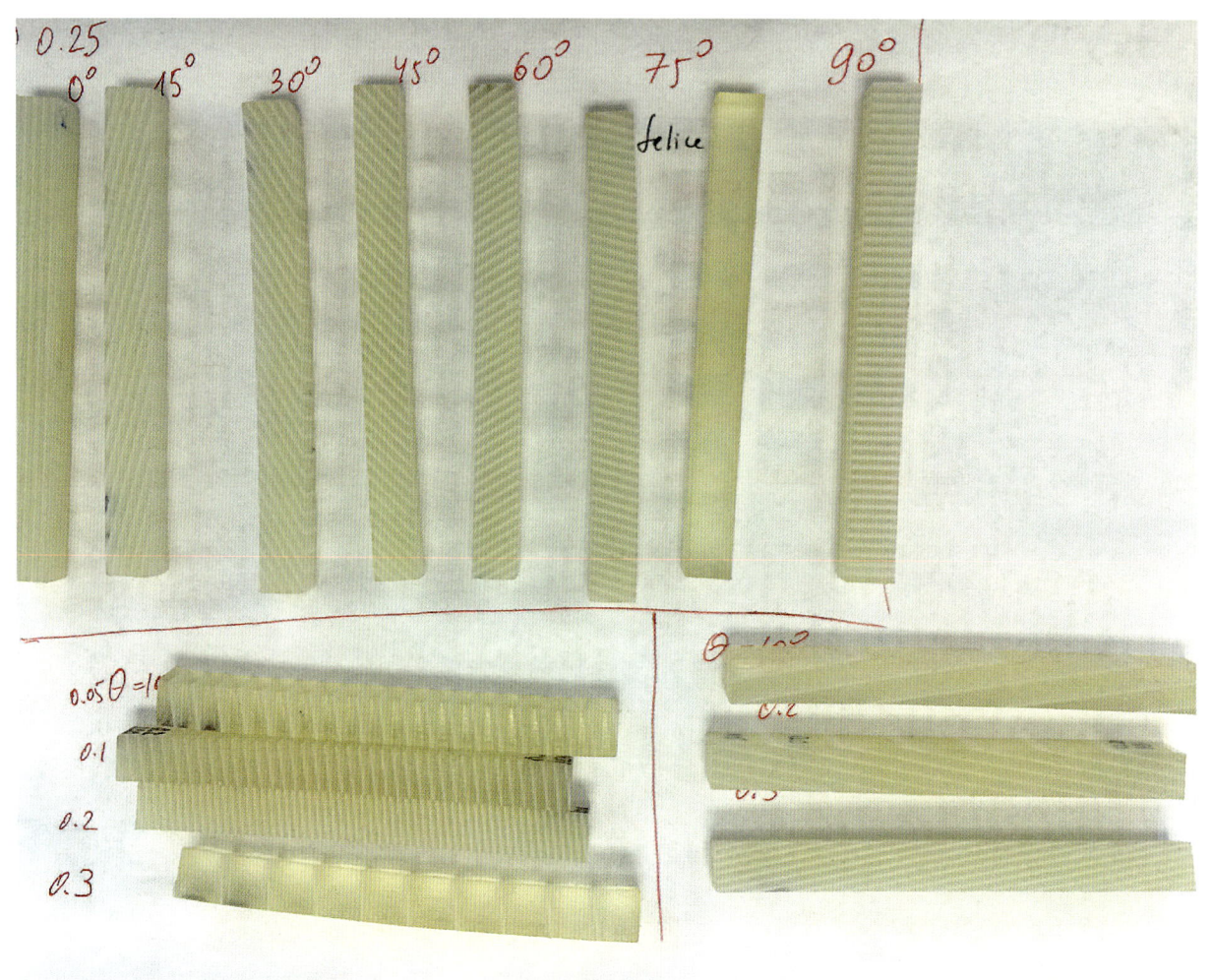

6.29a

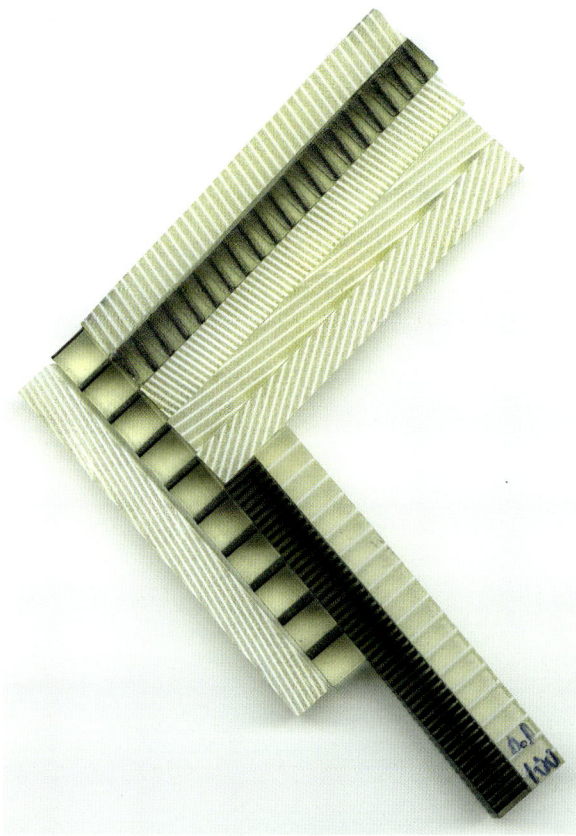

6.29b

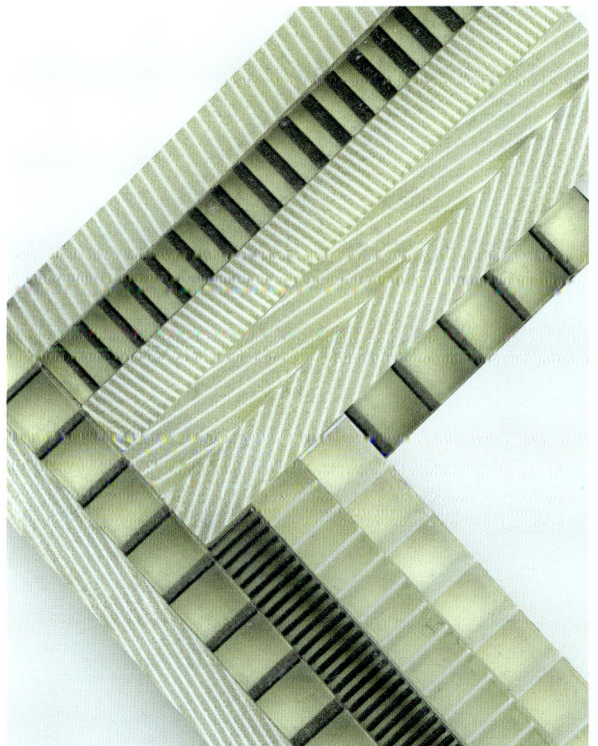

6.29c

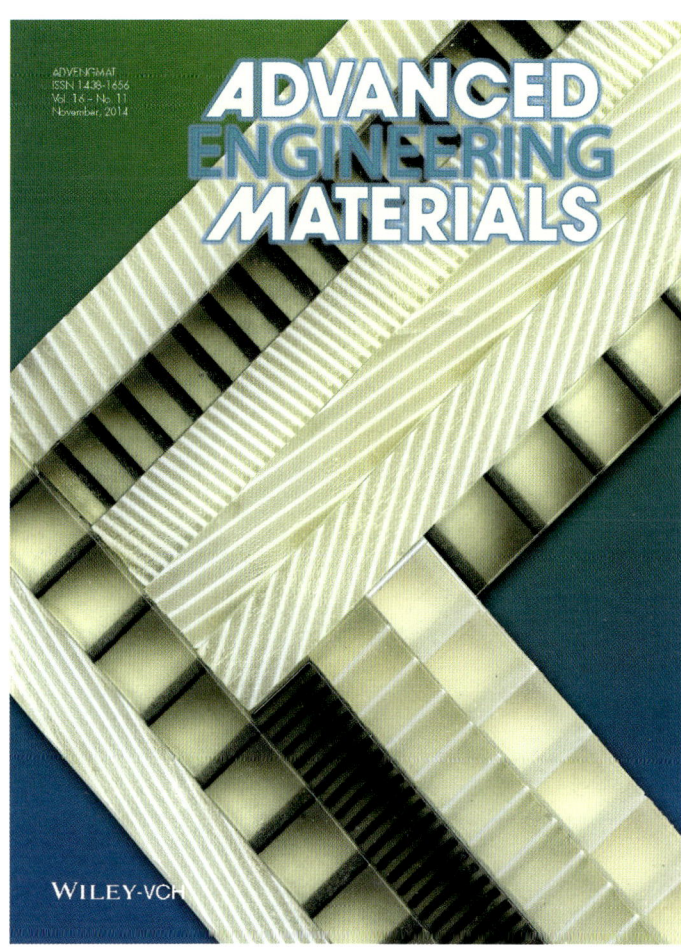

6.29d

这是一张横板图像（**图6.30a**），它最终出现在一本化学教科书的封面上（**图6.30b**）。注意他们是如何裁剪图片以适应格式的（在我的允许下）。

6.30a

CHEMISTRY

& Chemical Reactivity

6.30b

在下一张图片中，当我为杜邦麻省理工联盟（一个研究仿生材料的合作组织）制作印刷材料时，我创造了这张海胆的图片。首先，我直接拍摄它。（**图 6.31a**）

然后我用平板扫描仪尝试扫描了一下。（**图 6.31b**）

最后，我们才华横溢的平面设计帅斯图尔特·麦基（Stuart McKee）设计了一个精美的小册子，并将扫描的图像放置在封面上（**图 6.31c**）。就宣传册的整体设计而言，它的效果很好。

6.31a

6.31b

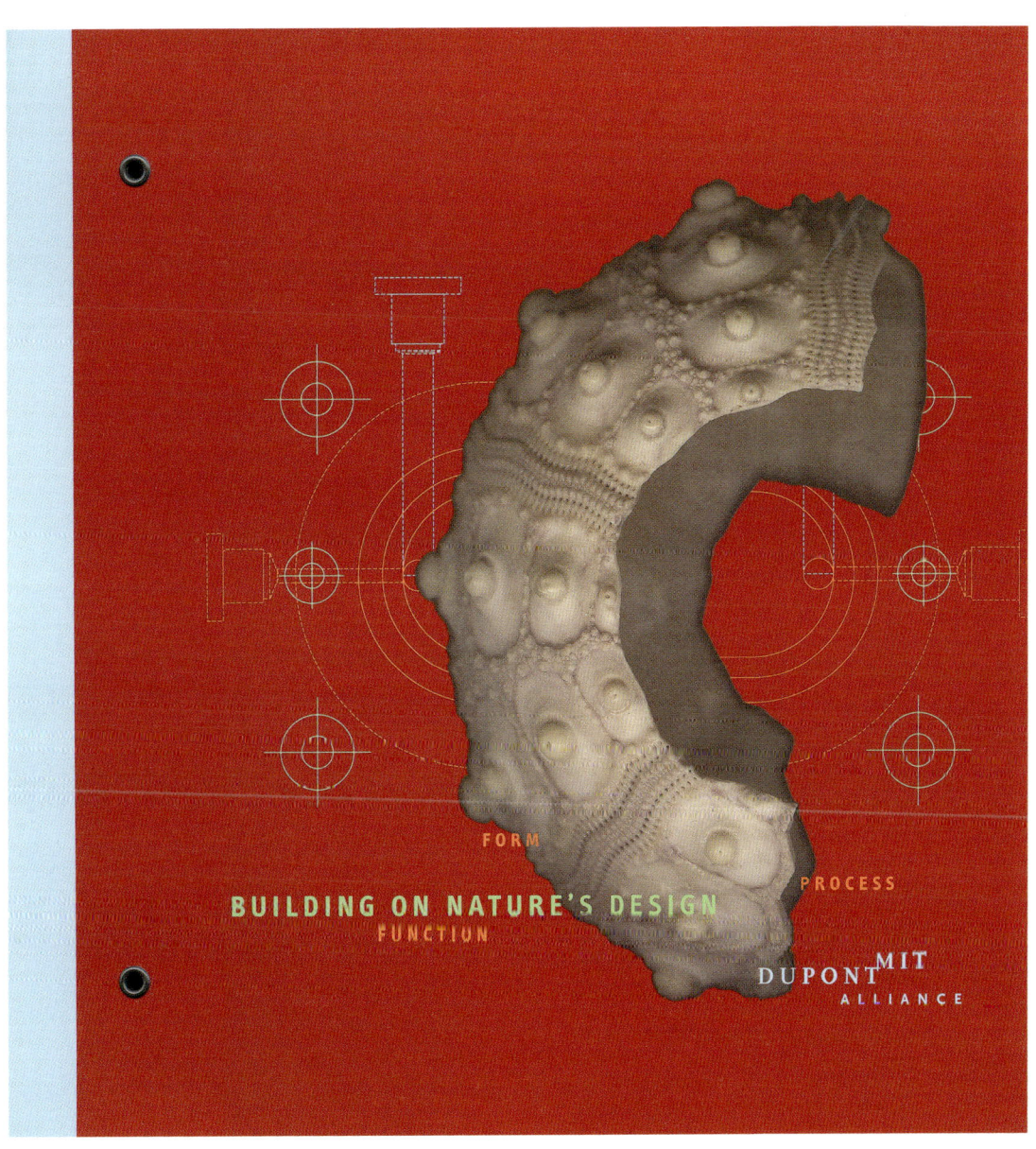

6.31c

我一直很高兴看到，当插入文本时，一个简单的图片会变得更有意义。举个例子。我在麻省理工学院的微系统技术实验室拍摄了一些重要设备的细节。（**图 6.32a**）

当这张照片被用在年度报告的封面上时，则变得更加有趣。（**图 6.32b**）

6.32a

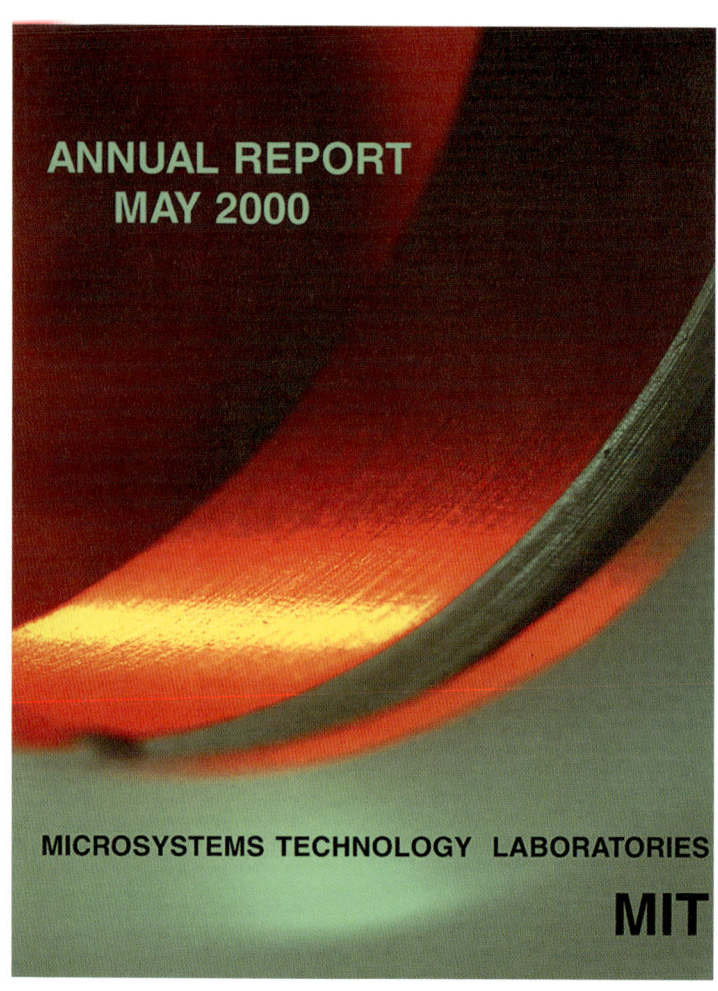

6.32b

为了我们的书《见微知著》（*No Small Matter*），我拍摄了矩形容器里的啤酒。当时的想法是将气泡的分子或纳米结构视为纳米科学故事的一部分。请注意我是如何将矩形容器的器壁放在图片的最右边的。（**图 6.33a**）

最终成稿的书籍封面将图像包裹在整本书上，并把容器区域放在封面页，我觉得效果很好。（**图 6.33b**）

6.33a

6.33b

FELICE C. FRANKEL

GEORGE M. WHITESIDES

FRANKEL AND WHITESIDES

NO SMALL MATTER

THE BELKNAP PRESS OF
HARVARD UNIVERSITY PRESS
Cambridge, Massachusetts
London, England
www.hup.harvard.edu

NO SMALL MATTER

SCIENCE ON THE NANOSCALE

$35.00

A small revolution
is remaking the world. The only problem is, we can't see it. This book uses dazzling images and evocative descriptions to reveal the virtually invisible realities and possibilities of nanoscience. An introduction to the science and technology of small things, *No Small Matter* explains science on the nanoscale.

Authors Felice C. Frankel and George M. Whitesides offer an overview of recent scientific advances that have given us our ever-shrinking microtechnology—for instance, an information processor connected by wires only 1,000 atoms wide. They describe the new methods used to study nanostructures, suggest ways of understanding their often bizarre behavior, and outline their uses in technology. This book analyzes the exciting impact of matter seen structurally and speculates about their importance for critical developments in information processing, computation, biomedicine, and even atoms.

No Small Matter considers both the benefits and the risks of nano/microtechnology—from the potential of intelligent machines and rationally designed drugs to concerns about possible toxicities of nanoparticles. By making the practical and probable realities of nanoscience as comprehensible and clear as possible, the book provides a unique vision of each of the core boundaries of modern science.

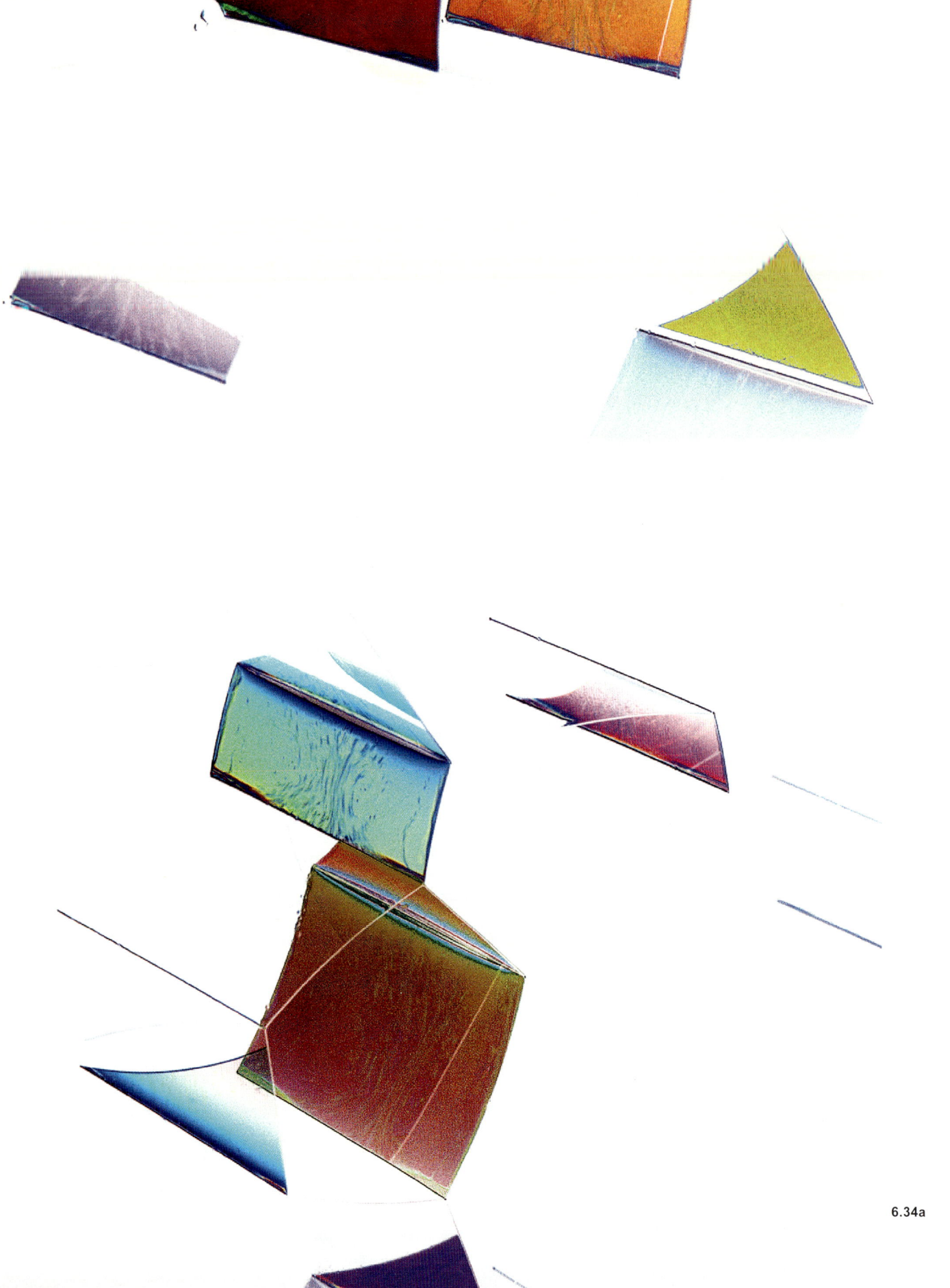

6.34a

在一个还不错的图片中放置文本，比如前页上的这个图片（**图 6.34a**），也可以制作一个成功的封面图像（**图 6.34b**）。深蓝色长方形是小册子的封底，我认为这效果很好。

6.34b

最后，这是你们之前见过的另一张图片，它被用于麻省理工学院出版物的封面和封底。（**图 6.35**）

我很高兴我于 16 年前拍的一张照片仍然有生命力。这主要是因为纳米晶体（或量子点）在科学研究的重要性。如果你有幸与像芒格·鲍德蒂（Moungi Bawendi）这样的研究人员一起工作，他的工作是永恒的，那么你的照片可能也会成为永恒的。

展示这些封面的目的是鼓励你在思考中把注意力集中在图形设计上。如果你已经为你的研究拍摄了一个出色的高分辨率图像，你应告知院系或者大学的传播人员或者设计 / 艺术总监。无论我们变得多么数字化，我相信总有一个地方可以容纳令人惊叹的印刷材料。设计师面临的挑战是，研究人员根本不考虑高分辨率图像。贯穿所有这些封面设计的技术要求是，在出版物的最终尺寸中，每张图像均以 300DPI 的分辨率拍摄。你应该做同样的事情。

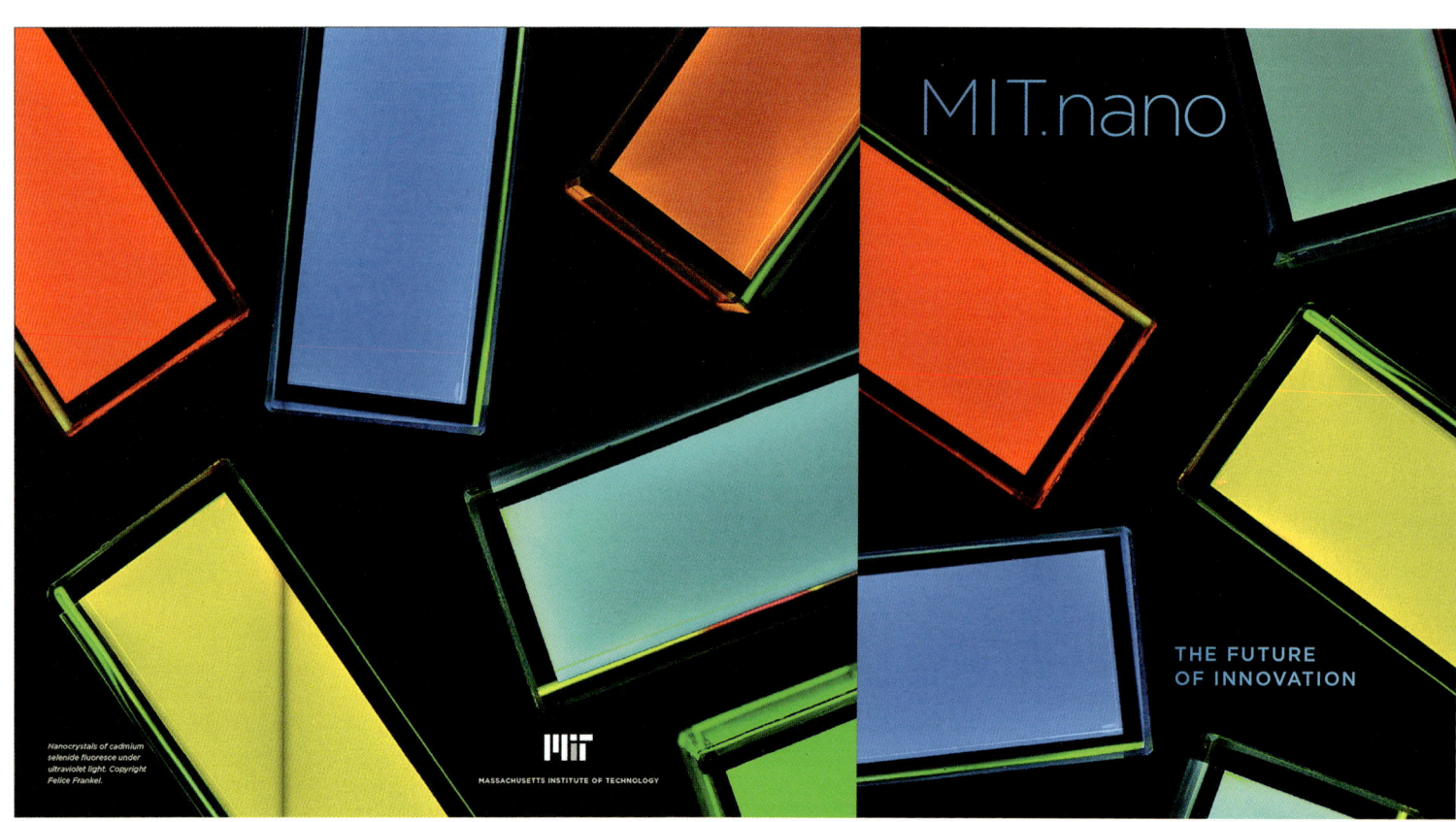

6.35

幻灯片演示的快速浏览

在大多数情况下，我在许多幻灯片中看到的错误与之前为印刷出版物准备照片和图形时描述的错误相似，下面是与幻灯片更相关的一些额外问题。

1. 谁是观众？ 同样，你必须决定其中包含多少技术性的细节。但是注意不要包含太多。即使那些你认为是"专家"的人也可能看不到你想让他们看到的东西。

2. 你想让观众首先看到和理解的是什么？ 如果你不能快速回答这个问题，那么你就需要重新回到绘图板上，根据了解每张幻灯片对观众的目的，来考虑你的幻灯片是否清晰。

3. 你有没有站在观众的角度来看你的演示？ 我敢打赌你的答案是否定的。如果你这样做了，你很可能会看到你的幻灯片有多杂乱。一般来说，对于第一次看幻灯片的人，一张幻灯片上显示的信息不能太多。你可能还会看到幻灯片上的一些内容根本无法阅读。比如，你可能有一张大文件地图，上面有各种各样的标签，但放在幻灯片中的只是页面的八分之一。那么，为什么要包含一个观众无法阅读和理解的部分呢？

4. "分层"或"动画化"你的幻灯片。 如果你坚持要把所有你想要包括的内容都包括进去，那么试着这样让你的观众了解你的想法，当你从一张幻灯片点击到另一张时，可以在每张幻灯片上分层显示信息。下一页是一系列的幻灯片，描述了箭头的几种不同用途（**图6.36**）。我不想用一个冗长的列表轰炸观众，于是我决定随着幻灯片播放逐渐添加列表。

5. 你对颜色的选择是直观且可以帮助突出重点的吗？ 如你所知，对于许多研究人员来说，这是一个持续存在的问题。色彩很强大。它是我们的眼睛首先关注的地方，如果你用了所有你能找到的原色，你的幻灯片会让观众感到眩晕。请注意如何使用颜色。问问自己，这样使用真的有意义吗？在本节的最后，你将看到一个聪明的重新思考的例子。

6. 幻灯片的构图怎么样？ 如果你决定将幻灯片分层，你会发现它有助于在幻灯片中组合元素。这个过程会迫使你为"这个"和"那个"腾出空间，然后你可能会删除那些你发现的不必要的东西。

298

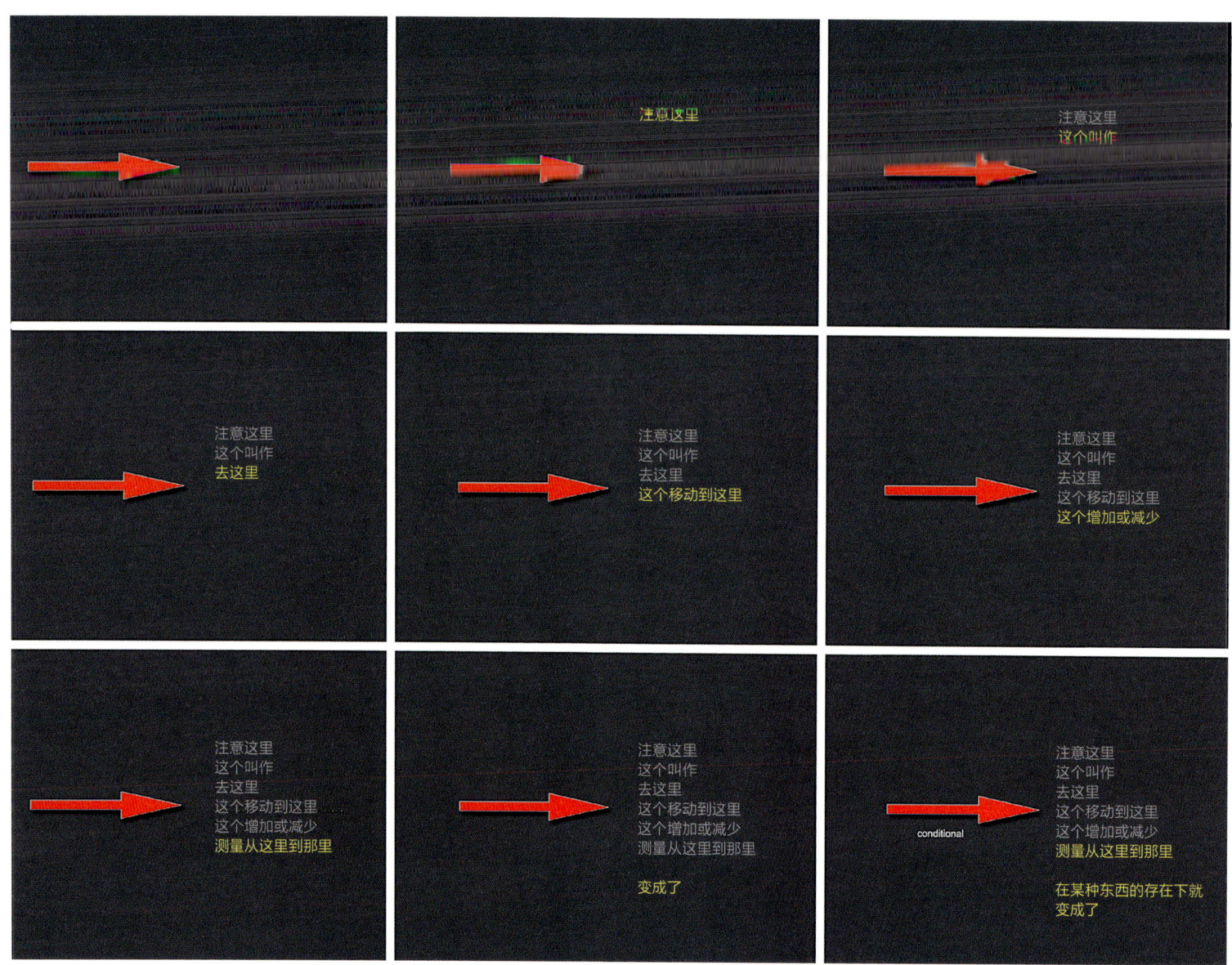

6.36

7. 你真的需要那么多文字吗？ 我一直搞不懂为什么这么多演讲者一边在幻灯片上塞进长长的语句，一边却说着不同的句子。至少对我来说，读一个句子的同时又听另一个句子是非常令人沮丧的。对于幻灯片，请考虑项目符号或杂志标注。通过使用幻灯片文字强调你的要点来帮助听众了解你的故事。

8. 你的标题清楚吗？ 编辑你的幻灯片标题，减少字数。幻灯片上的文字不应该被当作期刊文章来读，也不应该是叙事文。标题应该帮助观众概括总体的观点，通过语言解释，你可以进一步拓展我们所看到的东西。

9. 你能找到自己的"声音"吗？ 不要习惯使用别人的模板。考虑为你的幻灯片打造自己的风格。我很高兴看到奥德丽·波斯基德（Audrey Bosquet）用她手绘的幻灯片作为她的麻省理工学院课程"体育技术：工程与创新"小组期中报告的一部分（**图 6.37**），顺便说一句，选择紫红色作为标签颜色呼应了之前幻灯片中颜色的重要性。

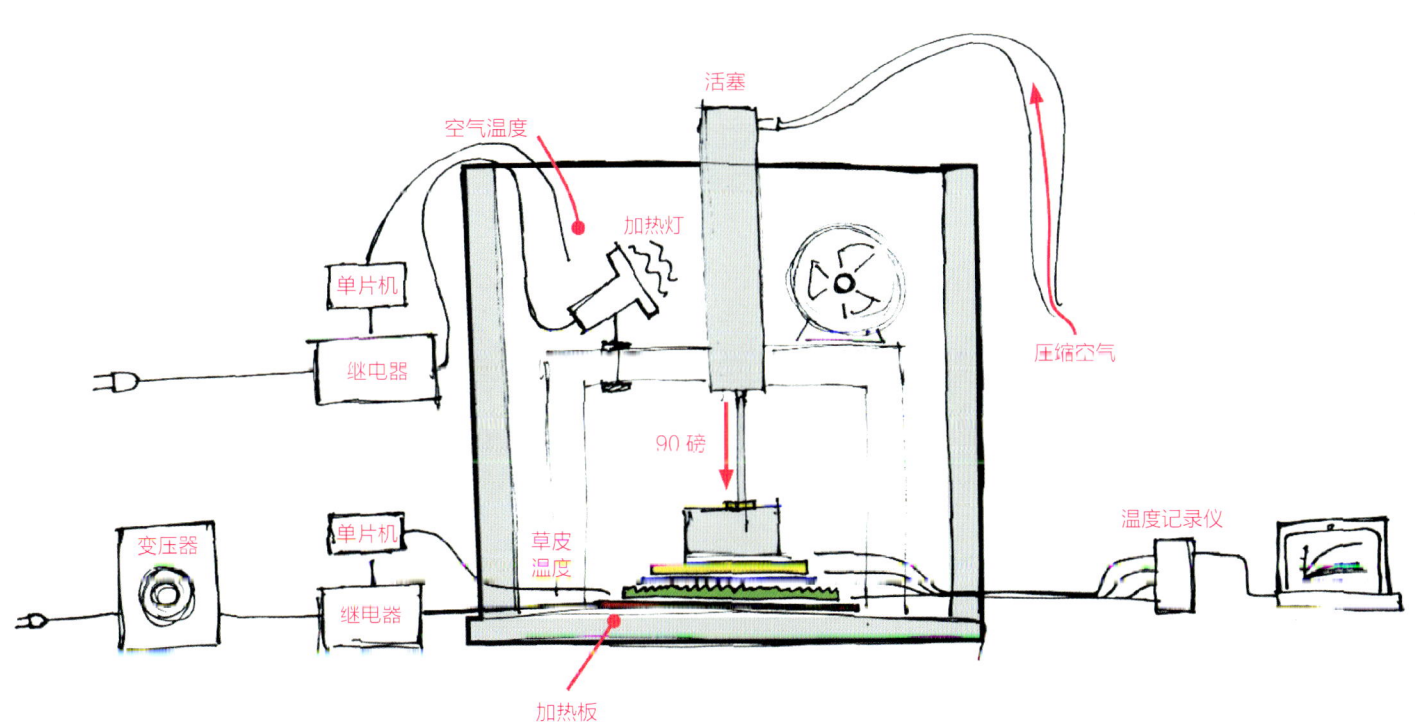

6.37

下面是一个很好的重新思考幻灯片的例子，由学生迈克尔·纳沃特（Michael Nawrot），费兰·维达尔－科迪纳（Ferran Vidal-Codina）和帕特里克·麦克卢尔（Patrick McClure）在刚才提到的同一门课上完成。麻省理工学院的老师安妮特·细野（Anette Hosoi）和克里斯蒂娜·查斯（Christina Chase）鼓励学生们认真对待每一张幻灯片。

上面是他们最初的幻灯片。（**图 6.38a** ）

下面是学生们重新做的版本。他们的观众是体育领域的专家，能理解幻灯片的意思。

团队的想法和"解决方案"是十分准确的：

a. 原来的颜色很浓重，不清晰；

b. 题目太长，很难阅读；

c. 信息和文字过多。

10. 发现抽象。 视觉上对概念、形式和过程的解释很大程度上取决于将解释的所有这些部分都简化为基本要点，从而确定需要包括的内容。我们可以把这种精简称为一种抽象或视觉比喻。我们都试图在尝试交流的过程中发展它们。

按活动类型对第一节的比赛细分，显示出跑动对重负荷的影响最大

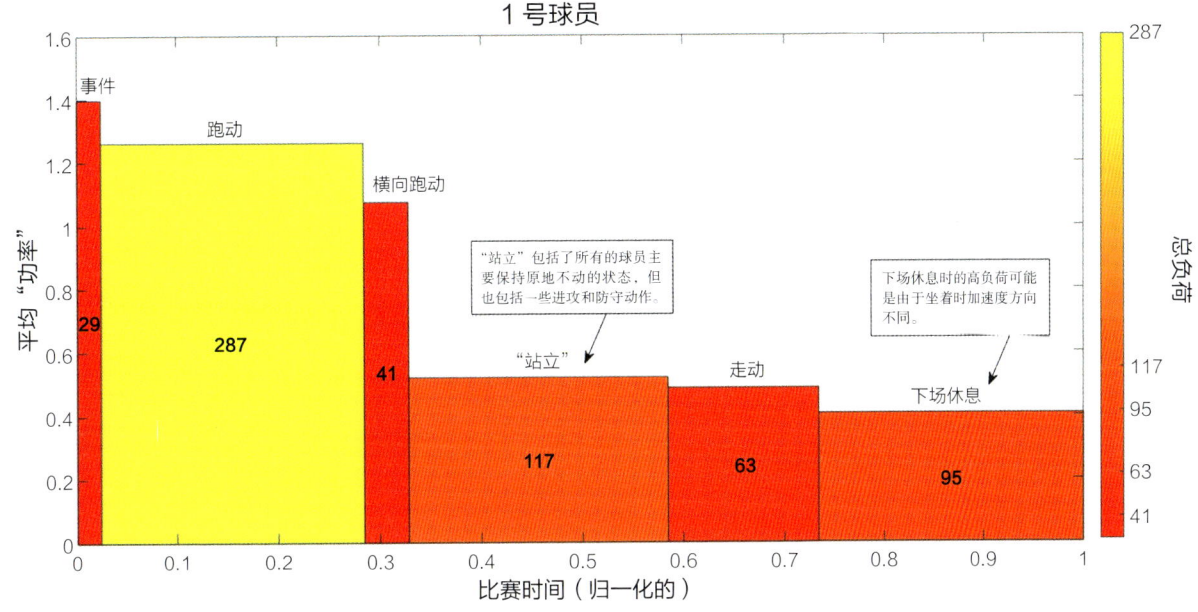

4

6.38a

跑动对第一节的外部负荷贡献最大

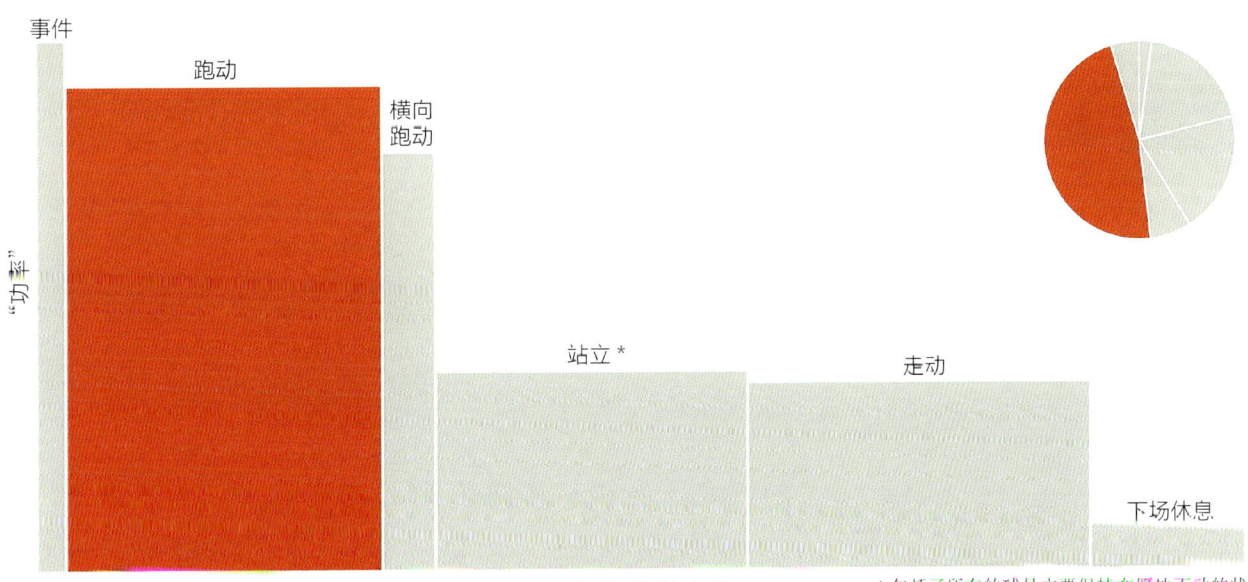

6.38b

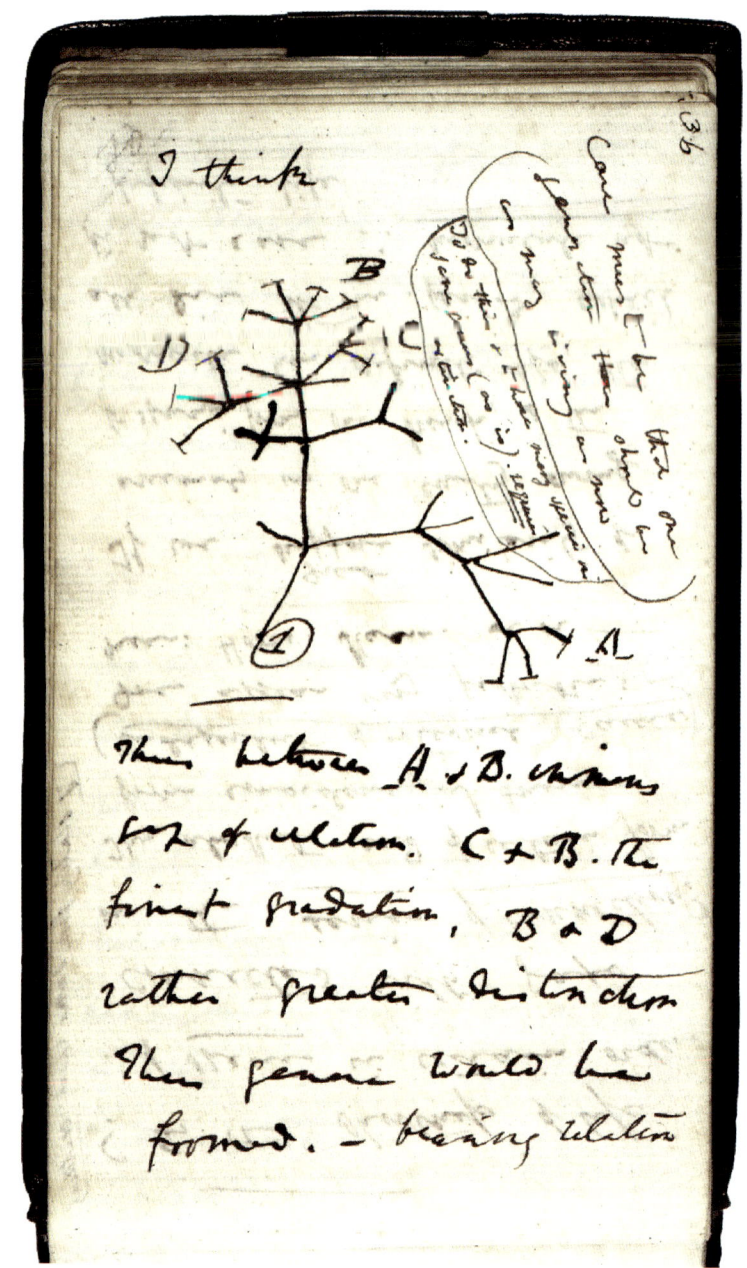

6.39a

　但这一过程不仅有助于与他人沟通。我一直相信，找到一个成功的抽象描述是一个强有力的方法，从而为你（科研人员）理清想法。

　当达尔文在 1827 年将他的观察进行最低限度的抽象时，这种描绘实际上是一个概念（**图 6.39a**）。我建议你看看从最初的想法到 1859 年最终呈现形式的演变（**图 6.39b**）。在这个过程中，他创造了一种信息的层次结构，剔除了对理解整体所不需要的信息。

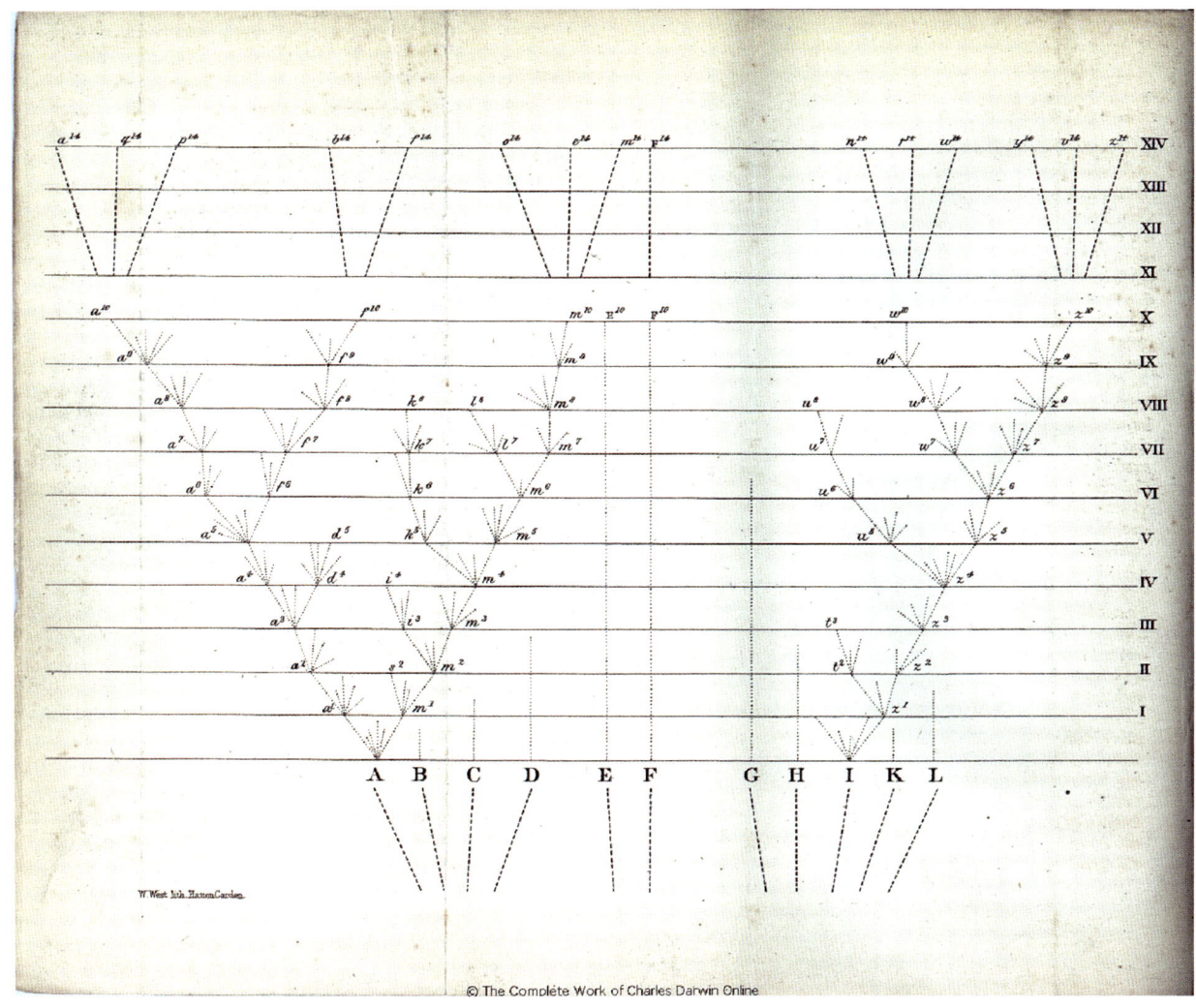

6.39b

　　建筑师法伊·琼斯（Fay Jones）在密西西比州皮卡尤恩的克罗斯比植物园设计奇妙的教堂时也采用了同样的抽象过程。（**图 6.40a**）

　　然而，这种抽象与形态有关。教堂的设计使人们无法立即看到建筑与景观之间的边界。它们完美地融合在一起。（**图 6.40b**）

　　最重要的一点是他没有复制松树表面来展示柱子表面。他只是抽象出松树表面的基本形式。仔细看看他的设计，比较柱子和周围的树木。（**图 6.40c**）

6.40a

6.40b

6.40c

哈佛大学威斯生物启发工程研究所的创始人多恩·因格贝尔（Don Ingber）一直掌握着抽象的力量。多年来，他将巴克敏斯特·富勒（Buckminster Fuller）的"张拉整体结构"（Tensegrity）概念与细胞结构联系起来的非凡见解使他和其他人的工作受益良多。这是他对这个概念的抽象。请注意他对细胞物质的简化表示，只给了我们了解这个特定想法所需的信息。（图 6.41）

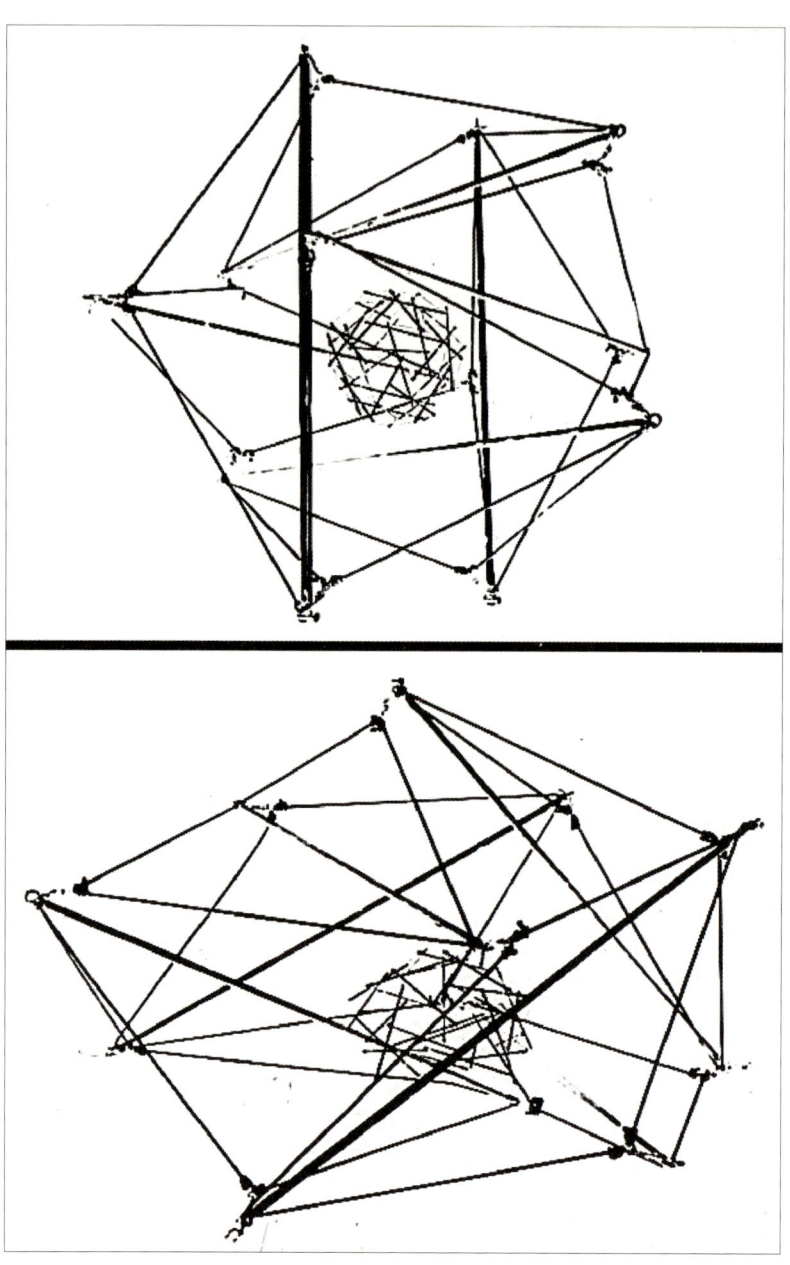

6.41

多米尼克·布罗贝克（Dominique Brodbeck）是数据可视化方面的专家。为了有趣，他列了一份截至 2004 年他的生活时间线，阅读方便而且内容丰富。请研究一下这一出色的抽象，并注意他是如何聪明而清晰地将所有的信息结合在一起的。原版的背景是黑色的，为了便于在印刷页面上阅读，我们对其进行了更改。（**图 6.42**）

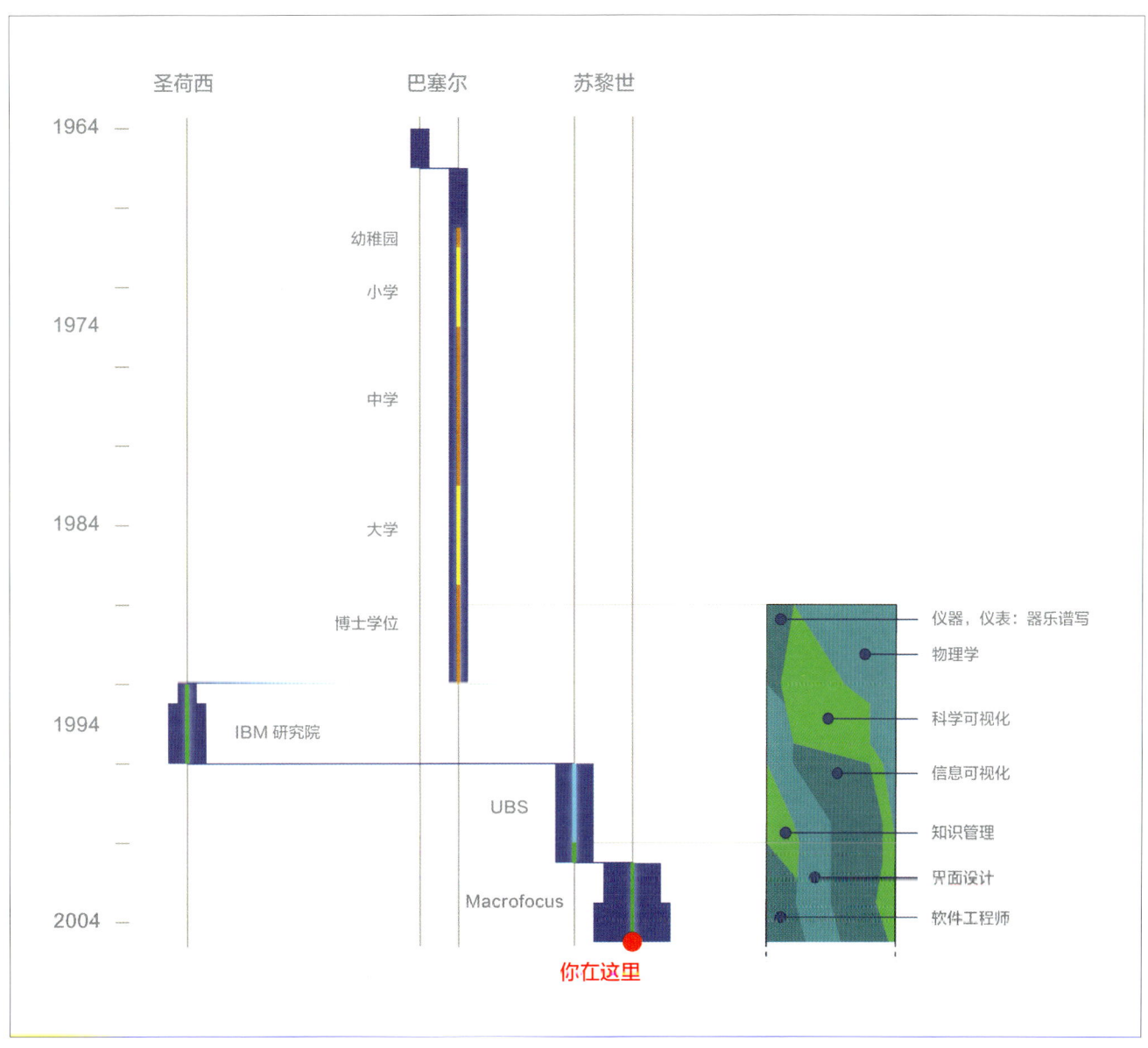

6.42

最后，本·弗赖伊（Ben Fry）是另一位数据可视化的专家。他是为数不多的为智能和传播信息设计带来惊人美感的人物之一。当对复杂系统进行视觉抽象时，他的决策总是经过深思熟虑，且非常成功。这是他前一段时间对 14 号染色体（约 1.07 亿个碱基对长）上的所有基因及其注释的可视化表示的一部分（**图 6.43a**）。347 个基因被鉴别出来（根据他设计作品时的最新数据）。可能有多达三倍的基因尚未被识别。他的绝妙想法包括以下信息（http://benfry.com/chr14/，在网站上你会了解到更多的信息）在这本书的网络资源页面上，你还可以找到我有幸在"视野"专栏对本的采访。

1. 这些方盒子大小与碱基对数量成正比。

2. 黄色线框表示基因之间的空隙，在这个区域中的碱基对被视为"垃圾 DNA"。

3. 蓝色区域是基因存在的区域。

4. 虚线表示的是一个被预测但不确定的基因。

左下角是一个特定区域的细节。（**图 6.43b**）

请注意本用虚线表示不确定性——我们还不知道这些特定区域包含哪些碱基对。达尔文在 1859 年的作品中也包含了不确定的线。描绘不确定性和概率性是一项有挑战的练习，不幸的是，很少有人关注这一过程。

13
ALPHA-TUBULIN
ATP8A2
PABP
ATP1AL1
HSP105B
MIPEP
TAJ-ALPHA
SACS
SGCG
UBL3
SLC7A1
FGF9
FLT1
FLT3
CDX2
IPF1
FLJ20449
DCAMKL1
KPNA3
FLJ10716
LOC51131
FLJ10094
MCJ
GPR38
KIAA0970
LOC57105
MAPK6
RFC3
LOC51707
GPR12
NBEA
MAB21L1
GTF3A
LOC51082
SAP18
FLJ13046
ITM2B
HSPC126
FLJ10956
KIAA0979
PCDH17
MTRF1
WBP4
KIAA0916
TSC22
CCNA1
RB1
BM-002
OSF-2

6.43a

GPR38
G PROTEIN-COUPLED RECEPTOR 38
KIAA0970

6.43b

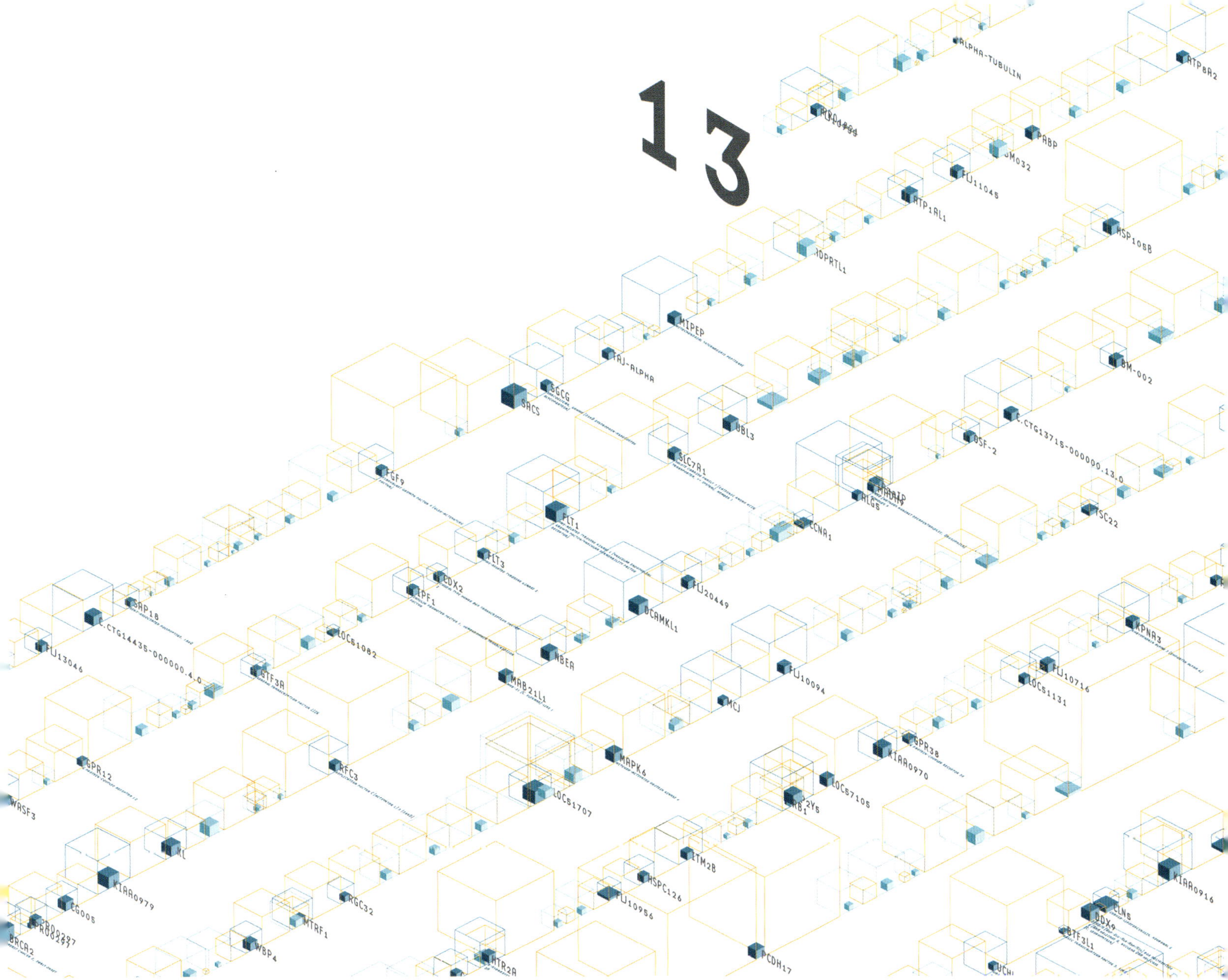

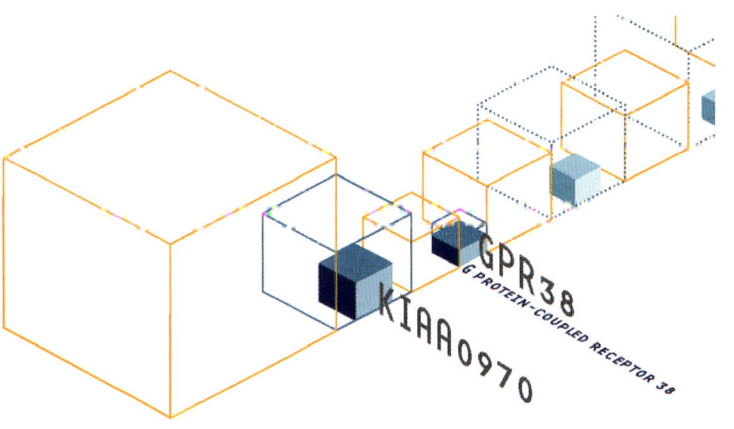

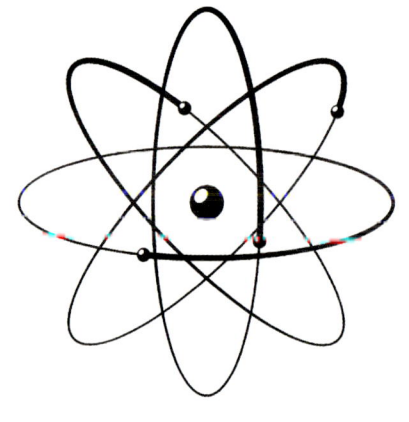

6.44

当原子的标志性二维模型作为原子能委员会的标志而获得全世界的关注时，很少有人讨论它的不完整性，也许是因为标志不是一个教学工具。（**图 6.44**）

然而，展示的功能是强大的，并一直陪伴着我们。我一直想知道，这种特殊的表述形式是否会在科学课堂上引起困惑，而罗杰·海沃德（Roger Hayward）为林纳斯·鲍林（Linus Pawling）的《分子的结构》所创作的令人惊叹的彩色蜡笔画更好地表现了原子的电子云具有的概率属性。（**图 6.45**）

自然界的一切都是有概率的，掌握这个比较难理解的概念可能会有利于社会的决策力。也许，如果我们把概率的概念教给年轻人，而不仅仅是抛硬币练习，那么在争论全球变暖的影响时，我们面临的挑战就更少一些。

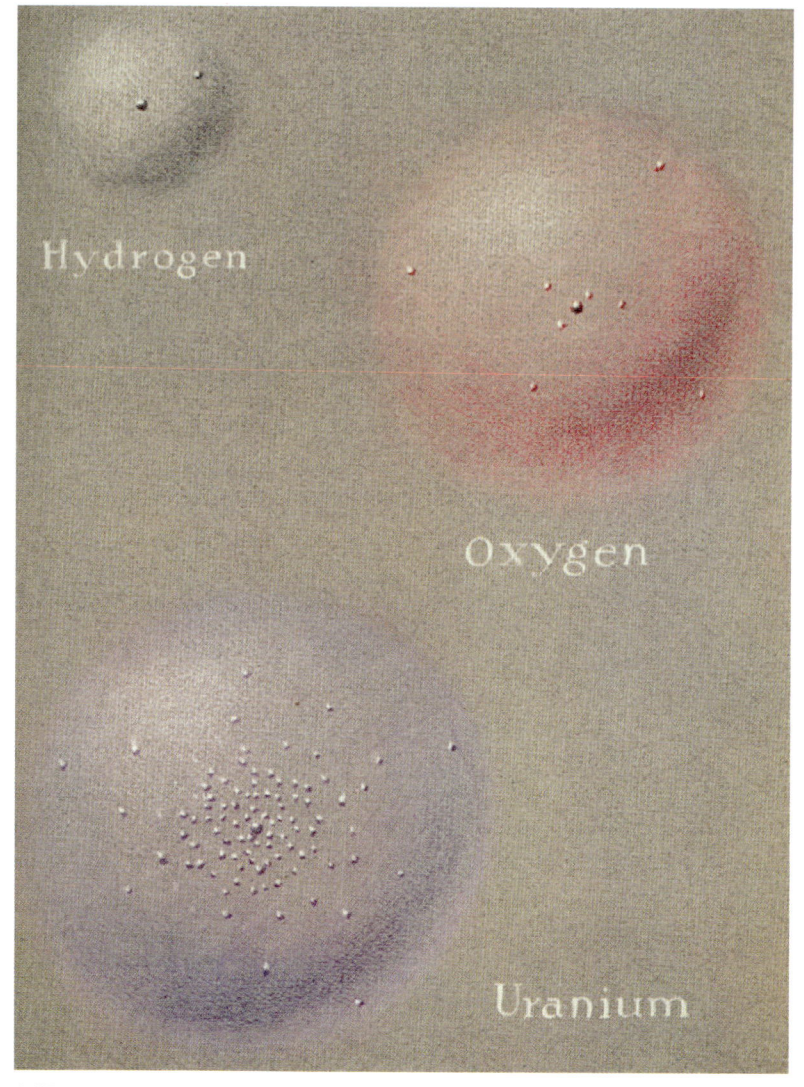

6.45

总结

设计图形

· 简化，清晰阐述。创建空白空间，移除箭头。坚持使用小写字母的文本。

· 水平和垂直对齐标签。在合成图形中，将图像对齐到网格上。

· 停止糟糕的平面设计。

时间和尺度

· 为了显示随着时间的变化，使用系列图像或用动画补充。

· 新鲜、熟悉的物体可以传达尺度概念。将比例尺的设置成为构图的一部分。

讲述一个视觉故事

· 是一种同时合并记录和应用的方法。

封面提交

· 注意出版物的设计和布局方向、框架、标志放置。你的图片应该与其外观相辅相成。

· 考虑文本和线条艺术的设计功能。用它们来增强摄影效果。

· 你的科学重要吗？创造优秀图像来支持优秀科学。

保持记录

· 记录你的创作过程。

第七章
图像调整与改进

  关于可以在多大程度上改进、调整或"润色"图像的问题在科学中至关重要，因此我给了它整整一个章节。遗憾的是，在大多数科研人员的培训中几乎没有讨论过这一主题。《自然》期刊发表社论（"图像篡改必须被禁止"，2017 年 6 月 29 日，546 卷，575 期）指出"图像完整性的主要责任在于课题组负责人"。我建议更进一步，把责任放到大学这一级，原因如下。我有幸与全世界最杰出最令人尊敬的研究者们一起工作，但让我感到惊讶的是其中一些研究者并没有考虑过图像完整性这一问题。也许因为课题组负责人不再自己做图了——这一任务通常被分配给研究生们（是你吗？）。修改／改进图像的相对容易性使它可能会比严格质疑任何此类更改更为普遍。而且，尽管大学道德准则认为剽窃是不被允许的，它们很少指出图像处理是否是一种潜在的学术不端行为。

  你们中的大多数都想当然地认为对图片进行某些调整是被允许的，但其实并不总是如此。幸运的是，关于图片处理的指南终于出现在不同期刊的网站上。我在这章末尾收录了《自然》《科学》《细胞》等期刊发布的指南。截止到写这本书的时候，你会发现只有《自然》期刊给予这一重要主题它应有的关注，并详细介绍了哪些是允许的。

在接下来的几页，我会给到一些案例，以便你在论文投稿的时候就可以开始考虑图像处理的问题——或者更好的是，在你最开始考虑去记录你的实验来作为证据时，我希望你斟酌这些案例并质疑调整的合理性。

你是否想过，制图的本质使得它从最开始记录证据就是一种主观决定（处理！），比如拍什么及什么时候拍。因此，图像不允许任何形式的改进这种观念是错误的。在你决定是否要在取景时包含这个或者那个时你已经对证据进行了编辑。如果我们能同意视觉呈现的目的不仅仅是展示证据，还包括交流证据，那么只要我们能明确图片是如何被改进的，我们可以进行一些能够帮助观众读取信息的改变。有多少次在拍摄样品的时候我略去了瑕疵？这个决定是不道德的吗？我改变证据了吗？还是我在图注里写明"为了清楚起见选择这一块干净的区域"就可以了？

一般来说，一个好的开始（请参阅《细胞》期刊）是减少后期处理的数量。贯穿所有期刊指南最重要的一条准则就是，如果照片有任何的改进，研究者都需要做出说明。举个例子，增加对比度是被允许的，只要你做出说明，并且这一调整是运用于整张图像的——并不只是一个区域（尽管存在一些特例——请参阅本章末尾的指南）。

色彩增强

让我们从这幅哈勃望远镜拍摄的震撼的鹰状星云照片说起（**图7.1**）。这幅图的颜色完全是增强过的。我想知道有多少非专业人员在网上以及杂志上看到这幅图会意识到其背后的处理过程。你可以在《科学美国人》（请参阅本书的网络资源页面）我的专栏"视野"发表的一篇访谈中阅读到有关如何制作这幅图的对话。访谈是关于研究者对于星云的细节进行上色的决策。实质上，无论是上色还是增强，主要是为了表达星云的结构与性质。下面是美国国家航空航天局的杰夫·海斯特（Jeff Hester）的一部分说明。

这张图由 32 幅单独的图像合成，运用了四种不同的滤光片。图像的每四分之一组分都是由不同的相机拍摄。最终完成这张图片包括：

（1）校准每张照片并且去除各种"仪器特征"，比如偏置水平、像素间敏感度变化、数字化误差以及暗电流等。

7.1

（2）识别并除去不同的伪像，比如宇宙射线经过探测器后留下的痕迹。

（3）将所有特定滤光片下拍摄的单张图像合成为一张图像（需要对齐，校正几何畸变并且将单个图像拼在一起变成4张拼接图）。

（4）再将不同滤光片下的拼接图合成彩色图像。

在最终的图像中，用蓝色表示双电离的氧原子发出的光（特定波长）。绿色代表当一个质子与一个电子结合成为一个氢原子后发出的特定波长的光。红色代表的是单电离的硫原子发出的光。所以颜色表明不同位置电离和激发态水平的变化。它是气体的物理性质图。

他继续说道，"事实证明，与用彩色胶片拍摄的照片相比，它更接近于你通过望远镜用眼睛看到的"。

杰夫告诉我们，用望远镜能看到这些颜色（也许不是饱和的），但是拍摄图像（在这个例子中用胶片拍摄）会丢失颜色的信息。我也有相似的经历，那是很多年前我还在用胶片拍摄的时候。

这张图片是我在紫外光下用富士胶片拍摄的（**图 7.2a**）。我们看到长约 2 cm 的棒，所有棒都吸收了荧光物质。

尽管我肉眼看到的一些棒发出的荧光在光谱的橙色波段。结果胶片无法捕捉到这一波段，所以我通过数字化的方式对那些应该显示为橙色的棒进行了调整。（**图 7.2b**）

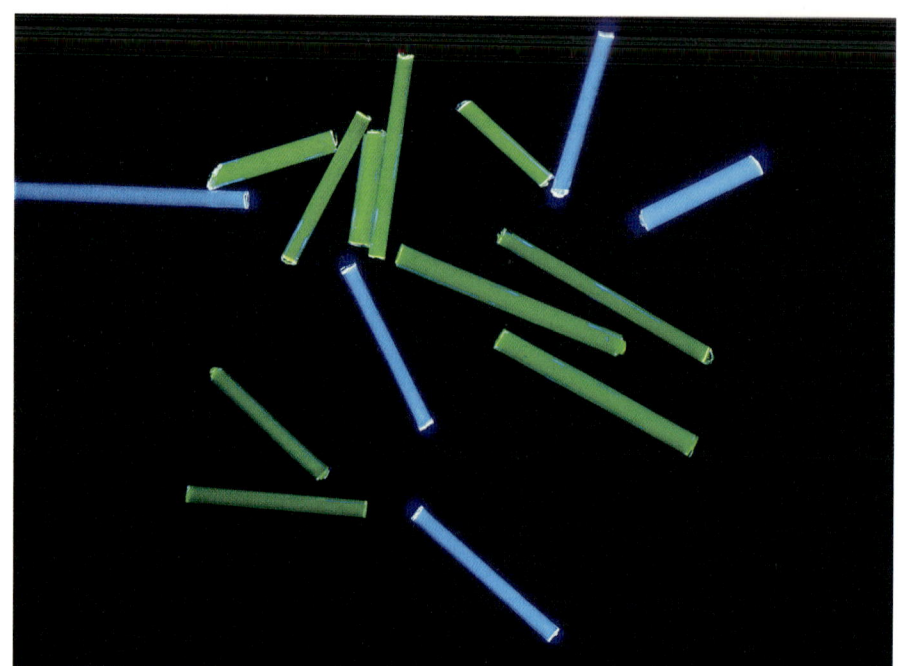

7.2a

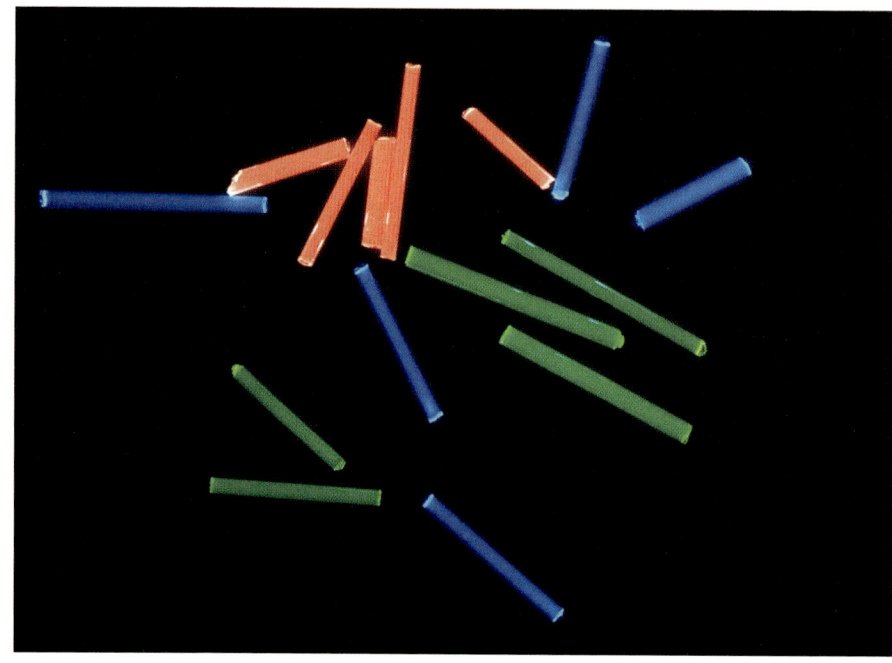

7.2b

　　就像在鹰状星云中一样，调整后的图像其实比未调整的用胶片拍摄的图片更"诚实"。有趣的是，当我与《自然》期刊的编辑们讨论这一案例时，他们似乎坚决禁止我的"增强"。胶片无法捕获特定波长的光也被认为是工具（胶片）的伪像。我的问题是应不应该允许我们去"修正"这一伪像。当时，我没有在对话中坚持我的观点，我希望当时能坚持。

　　天文学家在为鹰状星云图像选择颜色的过程与我从未上色的扫描电子显微镜图像（**图 7.3a**）开始并为它着色的过程相似（**图 7.3b**）。我的目的是能更清楚地展示这些纳米线。

　　我做的调整与天文学家的不同之处在于，他们选择的颜色是由图像不同区域的化学性质决定的。我的选择纯粹是出于美学考虑。

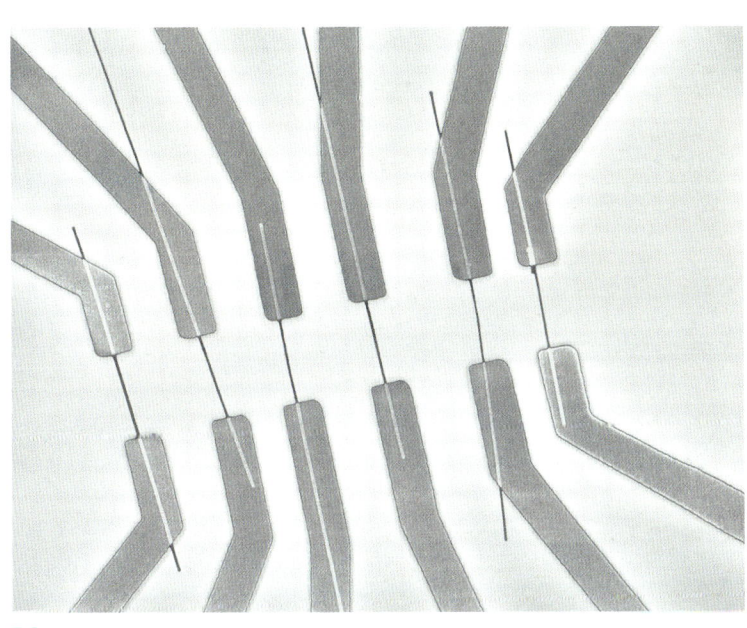

7.3a

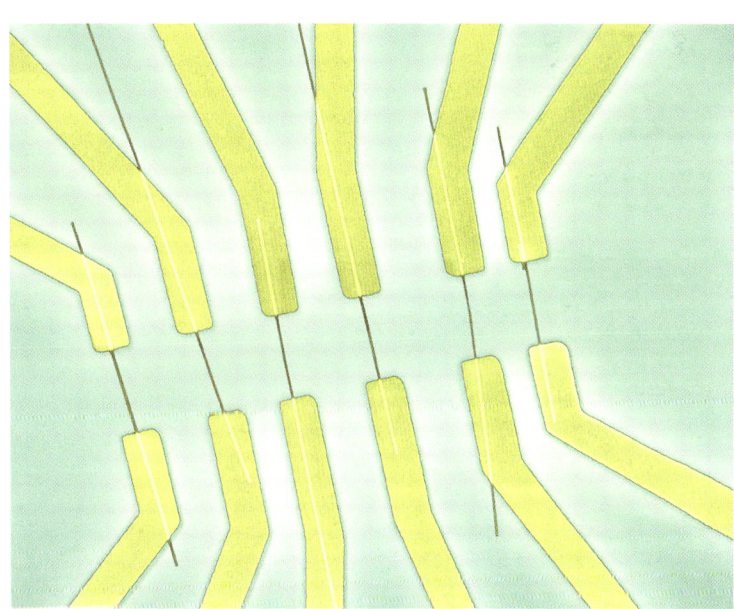

7.3b

为了展示施加力时材料产生的特定形变，研究者们做了**图7.4a**。在我的上色的版本中，我想把大家的注意力集中在重要的材料区域（**图7.4b**）。我还删除了背景并且裁切掉了图片底部。我认为，我并没有改变相关数据。研究者玛丽·博伊斯（Mary Boyce）与史蒂芬·鲁迪克（Stephan Rudykh）决定不使用它，但我坚信这样的调整能够帮助读者看见最关键的地方。

这是由研究者们提供的两张紫外线灯下激发得到的荧光图像（**图**

7.4a

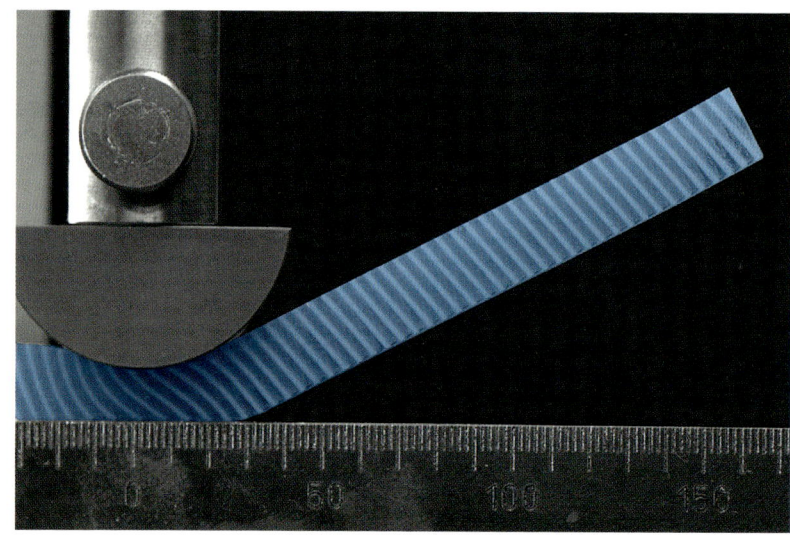

7.4b

7.5a ）。有颜色的区域显示特定的量子点与特定的结构相结合——给出所拍摄的细胞非常详细的形貌信息，如你所见，在荧光标记材料的标准视图中，彩色区域下为黑色背景。

只要我保持科学的完整性，我想下面这种做法很巧妙，也许能更好地交流，以另一种方式看待信息。我在 Photoshop 中对两幅图像进行了反转，让黑色背景变成白色（**图 7.5b** ）。一会儿你会看到另一个反转示例。

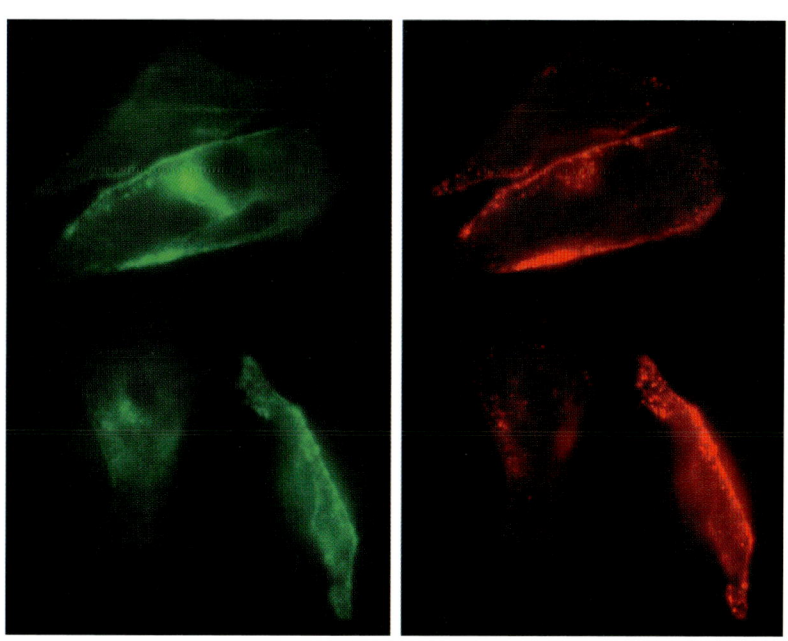

7.5a

7.5b

但是因为保持原始的颜色很重要，所以我将颜色改回了红色与绿色。（**图 7.5c**）

然后我将这两幅图像叠加在用标准显微镜拍摄的第三幅图像上，该图像也是由这个实验室提供的。（**图 7.5d**）

结果是这张有三个图层的图像（**图 7.5e**），呈现出与原始单张图像相同的信息，但是额外增添了一份整体感。从科学的角度来看，我保持了必要数据的完整性——展示了其中的结构，而不是定量的量子点数据。

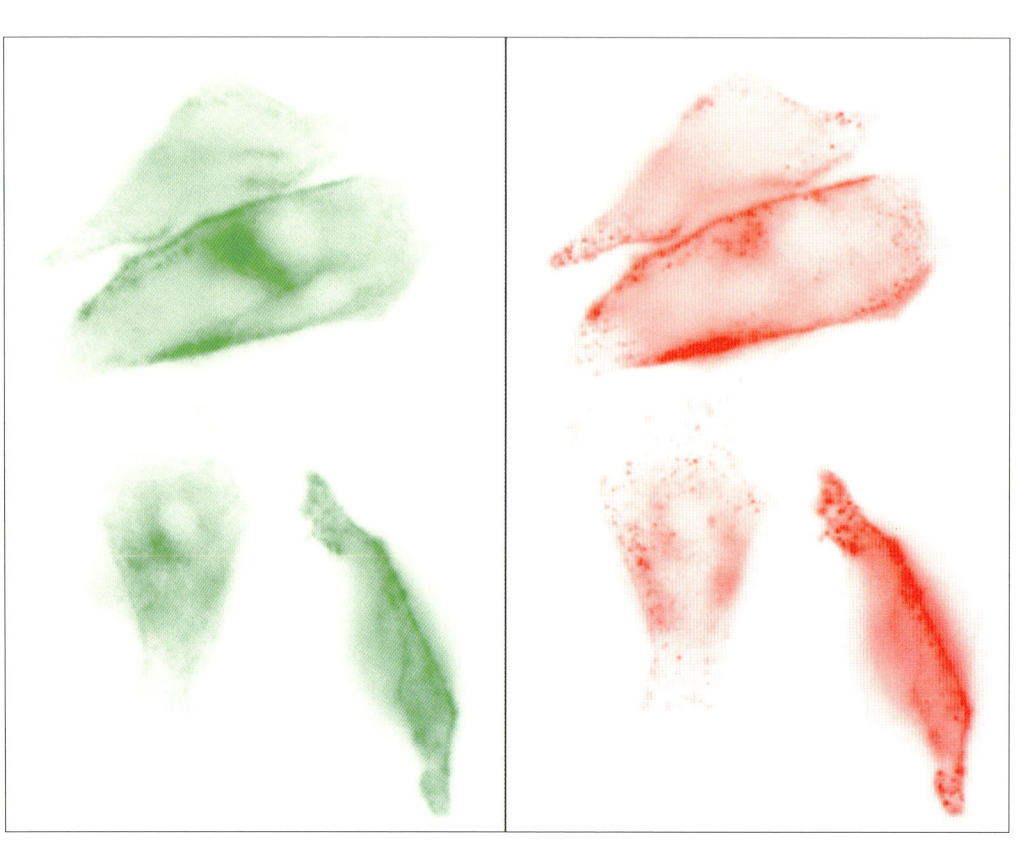

7.5c

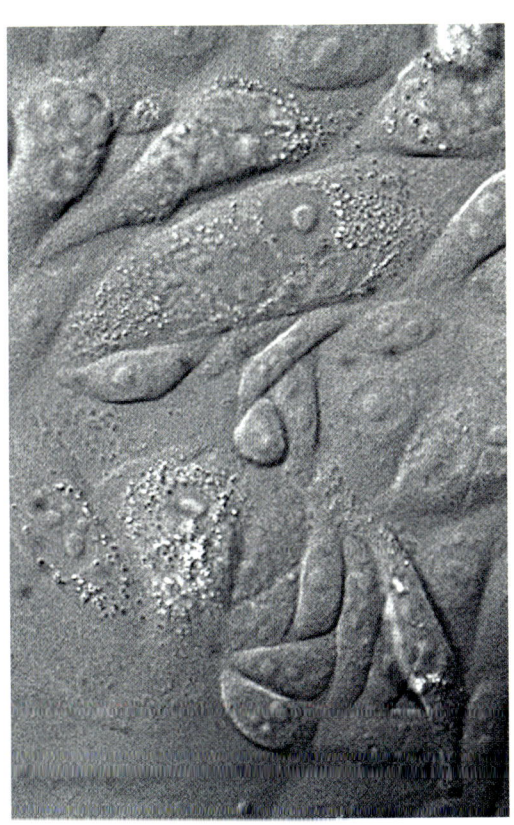

7.5d

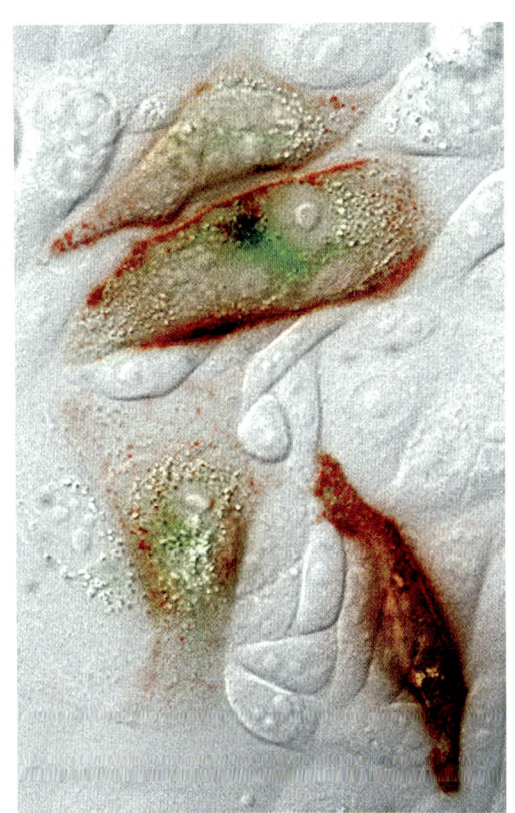

7.5e

这张器件的图像是几年前我用胶片拍摄的。(**图 7.6a**)

实验室中的荧光灯为图像增加了绿色。扫描完胶片后，我通过数字化的方式将颜色调整为我的眼睛所看到的（更具体地说，我的大脑对绿光进行了补偿）。(**图 7.6b**)

如果我是用数码相机来拍摄这张图像，第一步就做了手动调白平衡，色彩调整可能就不再需要。在任何情况下，无论出于什么目的，最重要的是当图片上了色或进行了颜色调整，这些信息都要被说明——在靠近图片的某处——而不是需要读者再查找后在另一页才能发现是怎么回事。

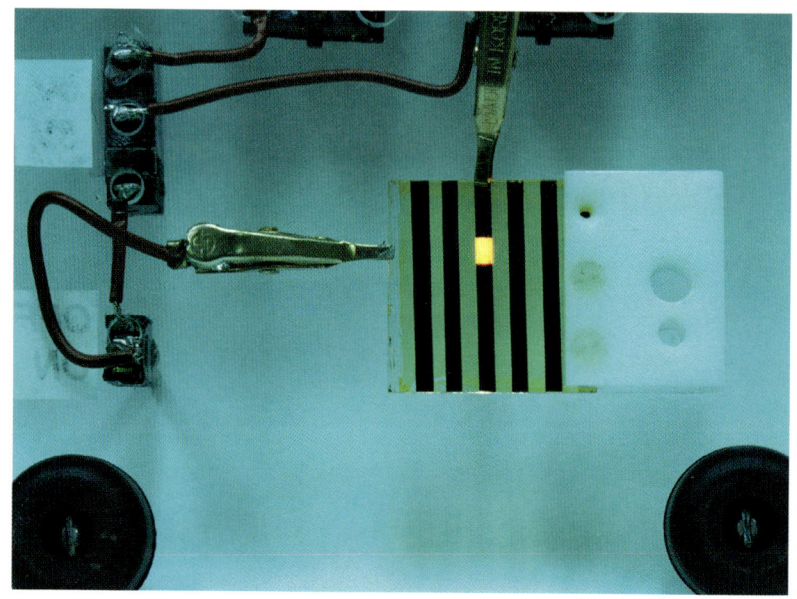

7.6a

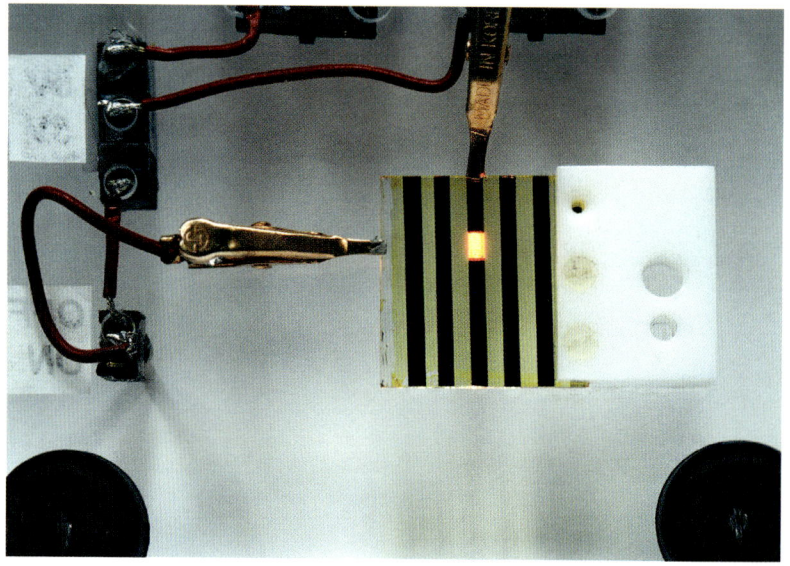

7.6b

反转

我经常建议对灰度图进行的调整是"反转"图像。有时图像会变得更具可读性，比如我相信大肠杆菌反转前后的图像就是一个很好的案例（**图 7.7**）。这个细菌在微腔中从右边流动到左边。荧光是一种标记技术，显示出大肠杆菌存在的证据。我们不是去测量或者量化荧光。我们只是想展示细菌移动的方向。

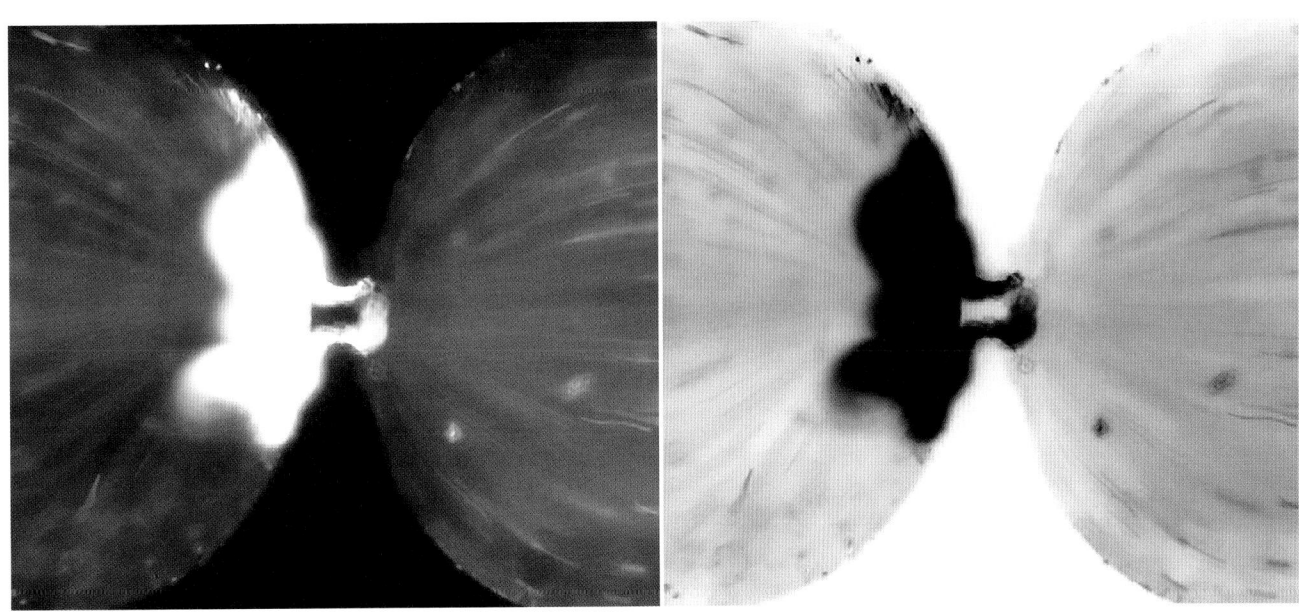

7.7

删除"干扰"

这张图像是我本来拍摄的生长在培养皿中的酵母菌落（**图 7.8a**）。因为希望读者领略菌落让人叹为观止的形貌，我通过数字化的方式去除了培养皿（**图7.8b**）。图像中的数据就是菌落的形貌，我们必须要保持信息的完整性。我并没有调整那个数据，而只是删除了图像中我认为不必要或者说会让人分心的部分。《科学》期刊的封面确实允许进行这样的调整。

7.8a

7.8b

下一张图片是通过体视显微镜拍摄的，我们能看到该过程的伪像：晶片上有镜头的影子（**图 7.9a**）。我通过数字化方式去掉影子，同样也对我的操作进行了说明。（**图 7.9b**）

或者看这个在培养皿中生长的迷人的变形杆菌菌落的图像，这张图是为了《在物体表面上》这本书所拍的。在原始的图像中，琼脂在几个地方开裂。（**图 7.10a**）

因为该图像的目的是呈现菌落是如何成长的，而且是通过面向公众的书本，我通过数字化的方式删除了让人分心的裂痕（**图 7.10b**）。这在期刊投稿中是决不允许的，但也许可以为了封面而投稿。

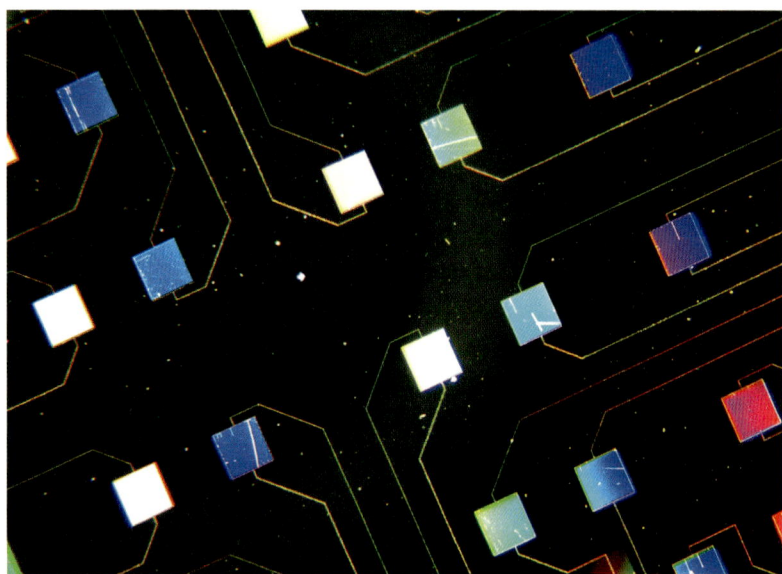

7.9a

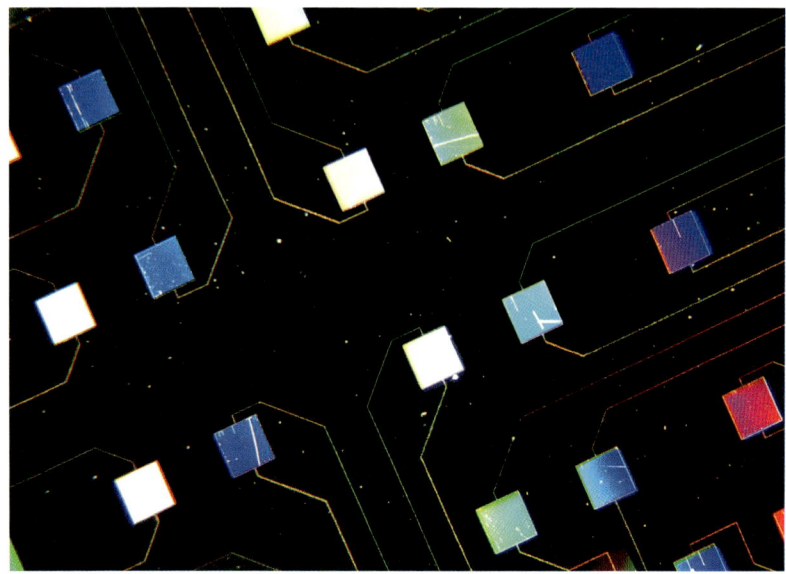

7.9b

7.10a

7.10b

调整直方图

通过诸如 Photoshop 这样的图像软件来改变图像的直方图，可以增加对比度，从而有助于理解数据。这是以前拍摄的凝胶电泳的老照片，当时还在使用胶片拍摄。（**图 7.11a**）

这是该图像读数的直方图。（**图 7.11b**）

然后，我改变了直方图（增加了对比度）。看我将箭头沿 X 轴移动到了哪里。（**图 7.11c**）

右下方，是生成的图像（**图 7.11d**）及其直方图。（**图 7.11e**）

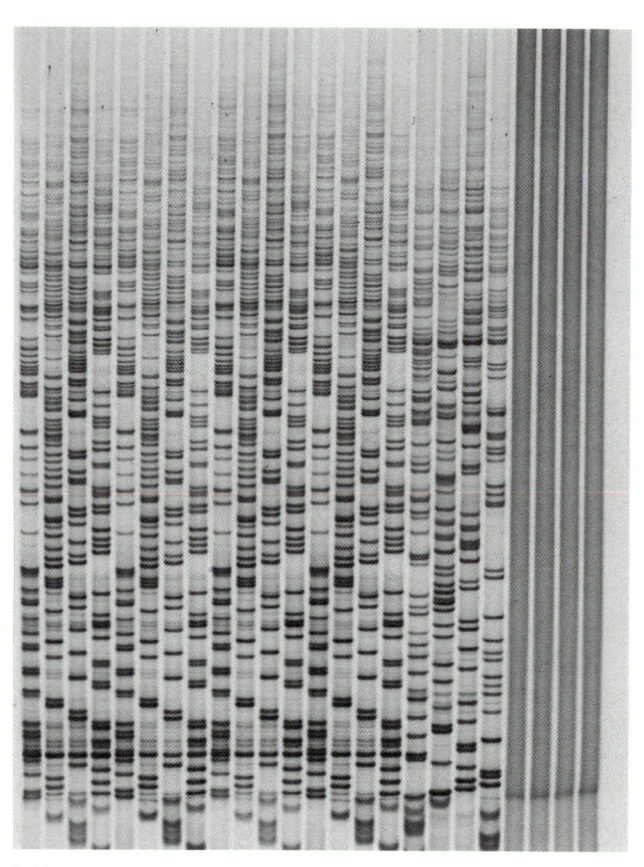

7.11a

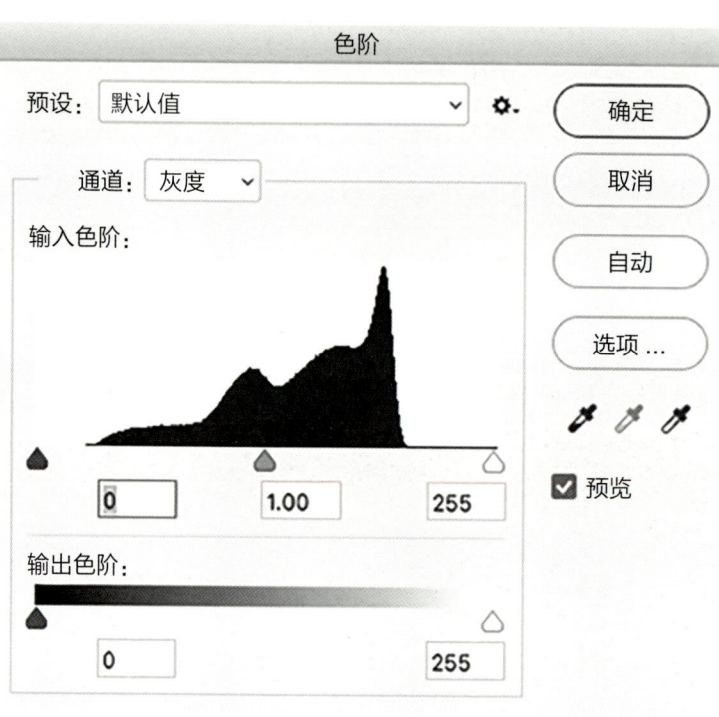

7.11b

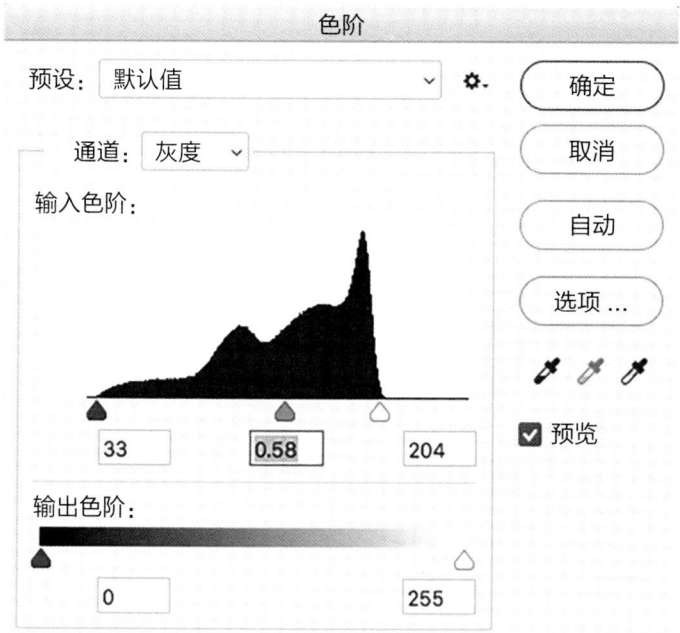

7.11c

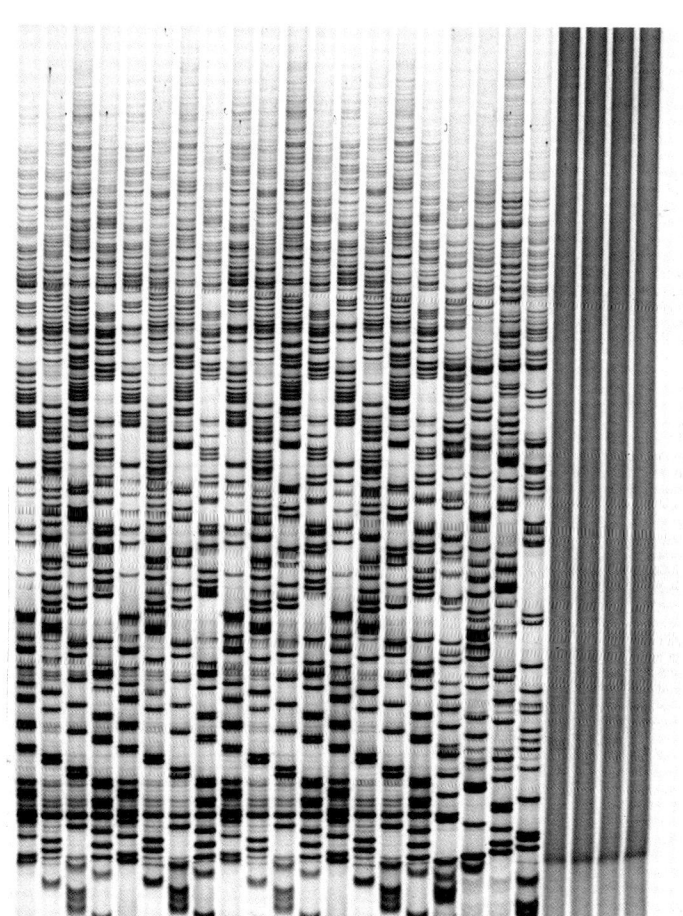

7.11d

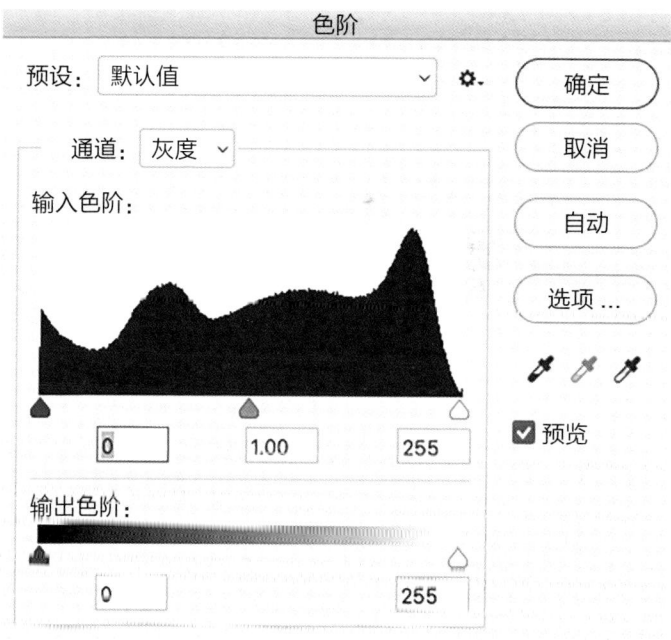

7.11e

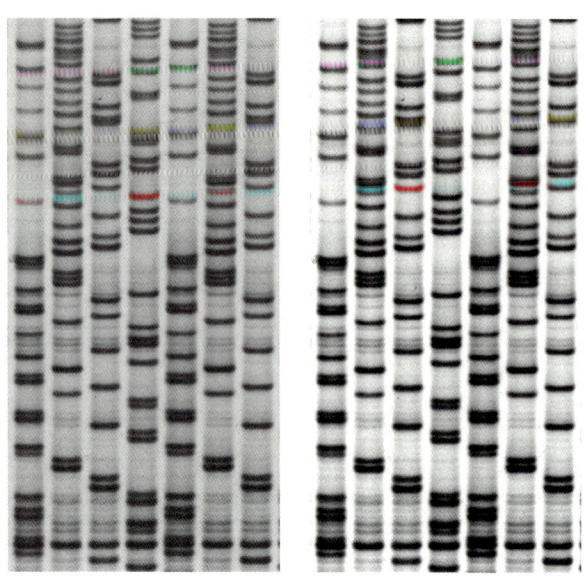

7.11f

为了清楚起见，下面是两张图片的细节对比。（**图 7.11f**）

我得承认，我从来没有完全弄明白为什么更改直方图能够让对比度增强。麻省理工大学的计算机科学与人工智能实验室的比尔·弗里曼（Bill Freeman）帮我解释了这个问题：

图像的对比度与图像强度值之间的差异有关。如果图像中所有强度值都非常相似——例如都接近灰色——那么图像的对比度就会比较低。如果图像中有很多亮的像素与很多暗的像素，那么图像就显示出很高的对比度。

图像的直方图表明了每个强度值所具有的像素个数，如果直方图显示所有像素强度值都集中在一个很窄的区间，那么图像就具有较低的对比度，因为所有像素强度都在该狭窄范围内。如果直方图分布在较大的范围，则表明像素强度呈现从非常暗到非常亮的值，从而得到对比度更高的图像。

"全局直方图均衡化"是下面的描述的简写：移动像素的强度，以便（a）直方图在所有可能的值的范围内，从非常暗到非常亮（b）直方图在该范围内是平坦的（这就是"均衡"）。平坦的直方图意味着暗的像素与亮的像素以及中等灰度的像素数量是相同的。暗的像素与亮的像素以及中等灰度的像素数量一样，通常让图像的对比度增强，因为像素值分布在从非常暗到非常亮的区间。

请仔细考虑这些凝胶的调整。在与《自然》期刊的编辑对话时，所有人都对这些增强表示满意，因为调整是针对整个图像的（请参阅本章末尾的期刊指南。所有期刊都强调需要清楚地说明图像是如何"改进"的）。

组合在一起

　　事实上，本章起始处的鹰状星云是许多图像的拼接图（在那个案例中是用不同相机拍摄的），接下来的例子也许更容易帮助你来考虑这个问题。(**图 7.12**)

　　这个巨大的水箱是用来研究沙子的沉积率的。它太大以至于我很难将它拍摄在一张图像里，所以我拍摄了两张图像并将它们叠加在一起作为期刊文章中的配图。你应该会注意到我有意让两幅图像叠加得很明显，表明实际上这里是两幅图像。

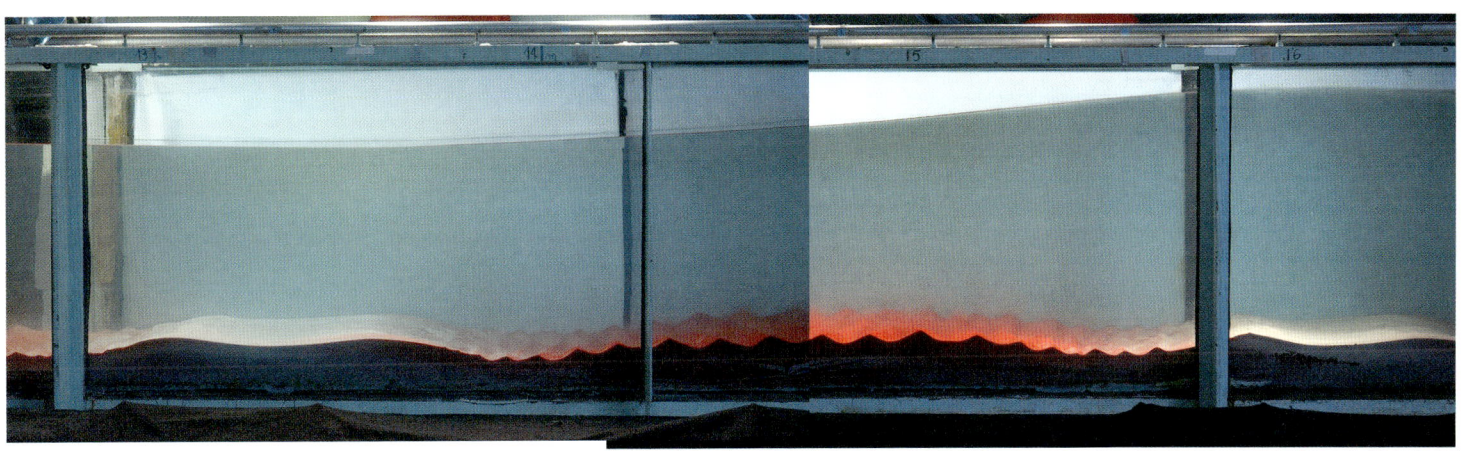

7.12

　　我对这个器件的显微图像做了同样的处理。将这整个器件拍摄进一张图像中是无法实现的。(**图 7.13**)

　　请仔细看并注意我如何让每幅图像的边界都保持可见，从而使读者知道整张图像是一块块拼起来的。这些都是我手动处理的。

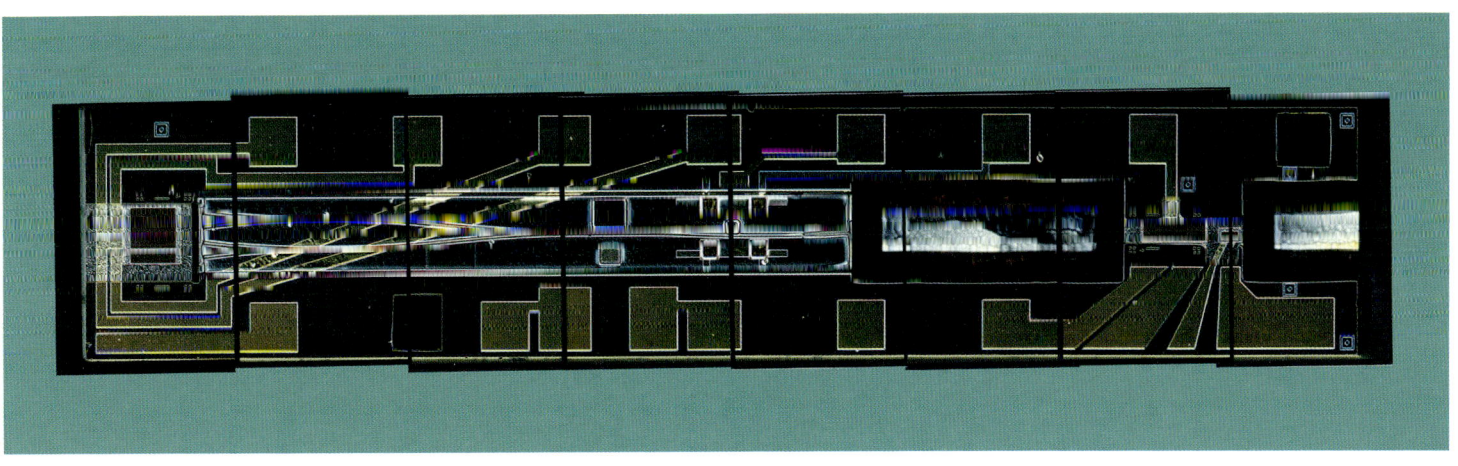

7.13

对于下一张拼贴图像，约翰·哈特（John Hart）先拍摄了一系列扫描电子显微镜照片。（**图7.14a**）

在《美国科学家》杂志我的专栏的一次采访中，我们讨论了他之后如何使用软件将各个部分"缝合"在一起（**图7.14b**）。你能在本书的网络资料页面找到这篇文章。

然后以数字化的方式"清洁"了最终的图像。（**图7.14c**）

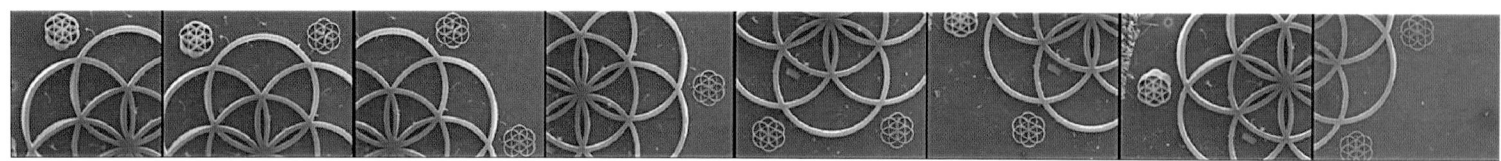

7.14a

7.14b

7.14c

图片锐化

图片锐化对于许多摄影师来说几乎是标准操作。锐化能够帮助图像在打印的材料中更好地被"读取"。事实上，就像我在引言中所提到的，本书中的绝大部分图像经过了一些最小的锐化。你可以通过网站的资源页面学习如何进行锐化。

越界了

最后这三个案例是希望你能认真思考什么样的调整是不被允许的。对于第一张图像，由于安装处理不当，凝胶电泳变得倾斜（**图 7.15a**）。有人建议通过数字化处理的方式"摆正"图像，使过程中的操作得以纠正（**图 7.15b**）。我想我们都会同意这是越界了的调整，永远不该被允许——或者应该吗？

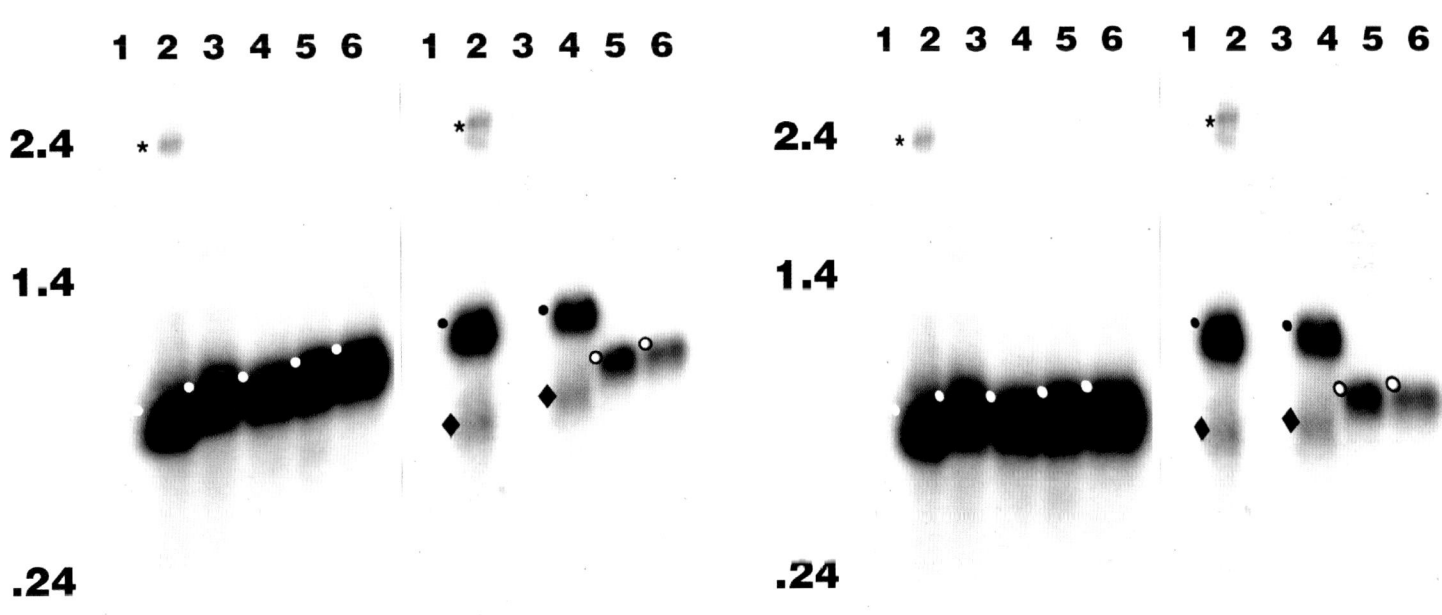

7.15a   7.15b

这张图像来自《美国科学家》杂志中的另一位访谈者（**图 7.16a**）。这次是与麻省理工学院数学家约翰·布什（John Bush）合作（在网络资源页面查找缩略图，可以查看图像的详细说明）。

我删除了亮圈中间一个小斑点（**图 7.16b**）——后来事实证明，这是一个巨大的错误。

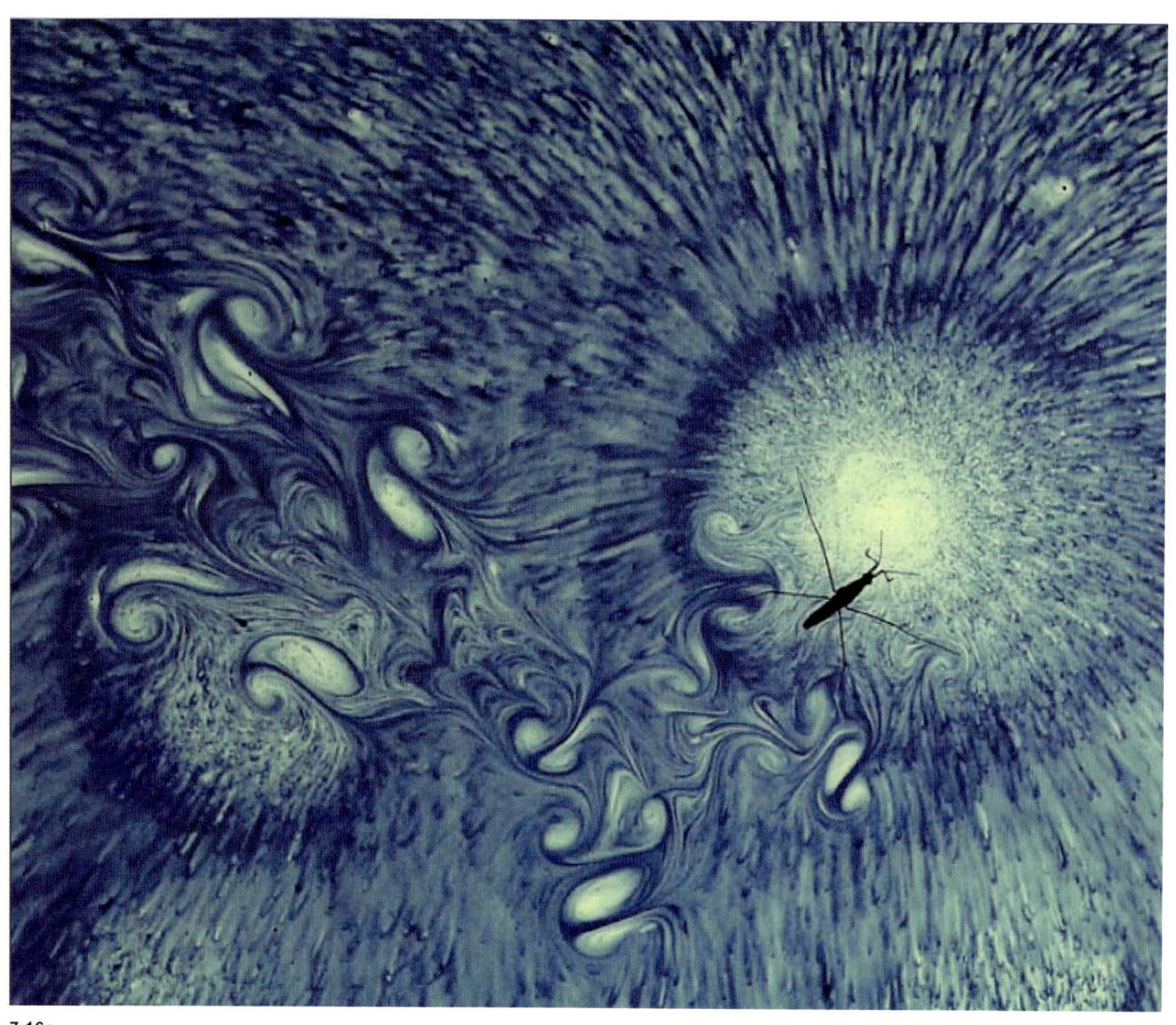

7.16a

我问过约翰是否可以删除，他很礼貌地表示可以。但是几年后，当我们讨论起这篇文章时，我意识到删除它是非常不合适的。事实证明小斑点对图像最终的结果有重要的影响。事后看来，我们俩都同意错误显然在我。我没有权利来调整该图像，甚至在他的许可下也不行。

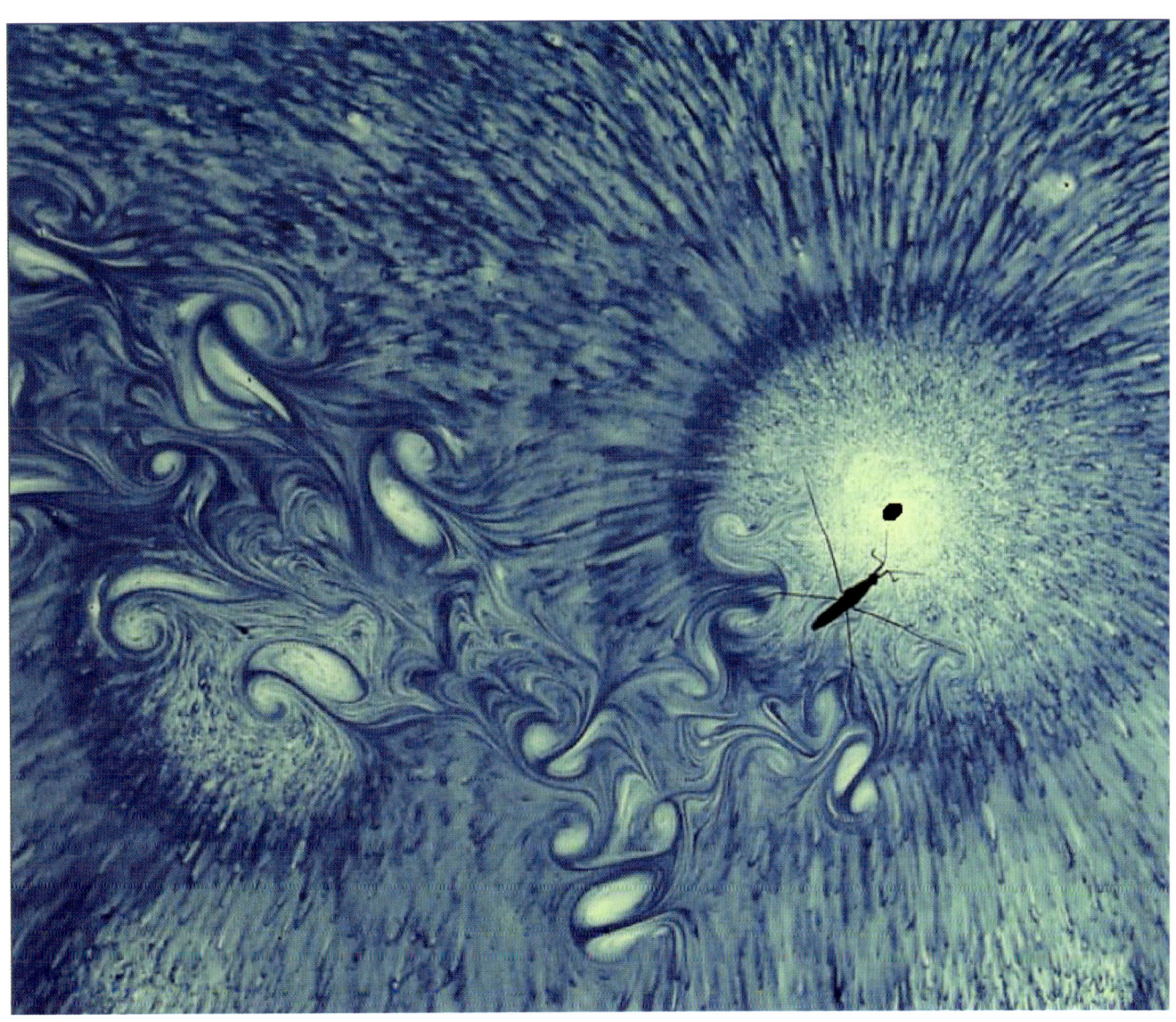

7.16b

这是最后一个想让你来思考的假想案例。假设，对于要提交的封面，我想展示一个实验中的疏水性表面，在这个表面上水聚集成一个完美的圆球。但是，给到我的疏水性样品准备不当——当我将水滴在该表面，接触角没有研究者希望的那么大，这意味着水滴是扁平的（**图 7.17a**）。我的同事提出了以下建议，因为实验中的其他样品确实表现出应有的疏水性，所以我可以调整水滴，就像在这里你看到的那样，通过电子化的方式让水滴变圆，展示出它通常的样子（**图 7.17b**）。想法是提交"修正"后的图像作为封面而不是放到文章中。

想一想这样特定的操作是否可以用于封面。

当我们互相交谈，尤其是当我们开始考虑交流彼此的研究成果时，牢记所有这些问题至关重要。

之前提到过我已经通过数字化的方式处理了本书中的一些图像。我这么做是希望你不要被外来的瑕疵干扰。做这个决定也是因为写这本书的目的是想说明和教授其中的过程。最重要的是我已告知你我做的调整。如果你要提交的图像会作为期刊文章中的插图发表就是另外一种情况。在这种情况下，你需要阅读该期刊的指南。尽管期刊开发的软件，也许能够显示图片经过了哪些后期处理，但如果从一开始就将这一问题作为科研教育的一部分，将更加有益于科学学术。

7.17a

7.17b

期刊指南:《自然》《科学》《细胞》

《自然》,"数字图像完整性与标准"（本书中略有改动）

稿件发表可以接受一定程度的图像处理（对于一些实验、领域和技术是无法避免的），但是最终版的图像必须正确展现原始数据并符合学术界标准。以下指南有助于图像处理层面的精准数据呈现：作者在采集数据的过程中要谨慎，并避免虚假陈述；稿件应包括"设备与设置"部分，描述每一张图像相关的仪器设置，采集条件与处理变化，如指南中所述。

· 作者应列出所有使用的图像采集工具和图像处理软件包。在方法部分记录关键图像的收集设置与处理操作。

· 不同时间或从不同地点采集的图像不能合成单个图像，除非声明所得图像是时间平均数据或延时序列的产物。如果有必要拼接图像，应在图中清晰划分边界并在图例中做相应描述。

· 修饰工具，比如在 Photoshop 中的克隆与修复工具，或者任何故意掩饰修改的功能，都应该避免使用。

· 处理操作（如改变亮度和对比度）仅在对整个图像均等地应用并同等运用于对照组时才适合。对比度的调整不能使数据丢失。过度操作，比如为突出图片中的某一区域而牺牲其他区域的处理（例如，有偏向性地选择使用的阈值设置）是不合适的，同样，相对于对照组突出实验数据也不合适。

在有条件接收的情况下，提交修改的最终图像时，可能会要求作者提交原始的、未被处理的图片。

凝胶电泳和印迹

每一个凝胶电泳和印迹都应包含阳性与阴性对照组以及分子大小标准参考物，可包含在正文图中或者在扩展数据的补充图中。对于之前表征过的抗体，必须提供引文。对于研究体系中特征较差的抗体，应作为补充信息发表其详细特征，不仅要证明该抗体的特异性，还包括测试中试剂的反应范围。

如果有助于提高图像的清晰度与简洁度，则鼓励在论文主体中展示裁剪后的凝胶与印迹图像。在这种情况下，图例中需提到有裁剪并且在补充信息中应尽可能包含完整的凝胶和印迹图像。这些未经裁剪的图像应像正文中那样有说明并且作为单张补充图像。论文中的图例中应该说明"完整的凝胶／印迹图像见补充信息图 X"。

· 不建议在不同的凝胶／印迹试样之间进行定量比较；如果无法避免，应在图例中说明试样来自同一实验，并且凝胶／印迹为平行实验。垂直裁切后的图像使凝胶中不相邻的泳道并列，其间应该有清晰的间隔或划定凝胶之间边界的黑线。对照组必须同时在相同的印迹中执行。

· 论文中裁剪后的凝胶必须保留重要的条带。

· 文章正文中经裁剪的印迹应在条带上下各保留至少六个条带宽度。

· 不鼓励高对比度的凝胶和印迹，因为过度曝光可能会掩盖其他条带。作者应尽量使用灰色背景曝光，如果无法避免高对比度，应在补充信息中提供多次曝光图像。如果背景昏暗，免疫印迹应用黑线圈出来表示该印迹的边界。

· 对于定量比较，应使用具有线性信号范围的适当试剂、对照组和成像方法。

显微镜

作者应该根据要求准备好提供给《科学报告》在特定采集分辨率下生产图像的原始数据。来自不同视野下的细胞图像不应并列在一起作为单一视野下的图像；而是应该将不同视野下的细胞图像放入补充信息中。

调整应该施加在整个图像中。避免篡改阈值，扩大或缩小信号范围以及改变高信号。如果使用了"伪彩着色"与非线性调整（比如伽马变换），则必须告知。有时需要调整"合成"图像中的单个颜色通道，但这应在图例中标明。

我们鼓励在供发表的稿件最终修订版本中包含以下内容：

· 在方法部分，说明使用的设备类型（显微镜／物镜、相机、检测器、过滤器型号和批号）和采集软件。尽管我们理解仪器之间存在一些差异，但还应列明用于关键测量的设备设置。

· 方法部分中的"仪器与设置"部分应列出关于每一张图像的：采集信息，包括时间与空间分辨率数据（xyzt 与像素尺寸）；图像位深；实验条件，如温度与成像介质；荧光染料（激发与发射波长或者范围，滤光片，二向色分光镜，如有）。

· 应该提供显示查找表（LUT）与 LUT 和位图之间的定量图，尤其是使用了彩虹伪色的情况下。如果 LUT 是线性的并且覆盖了整个数据范围，则应说明。

- 应给出处理软件并标明所进行的操作（比如反卷积类型，三维重建，表面和体积渲染，"伽马变换"，滤波，阈值和投影）。

作者需要说明获得图像时所测得的分辨率以及可增强图像分辨率的任何下游处理或平均。

《科学》期刊，"图片的调整"

《科学》期刊不允许通过数字化的方式改进或处理显微图像、凝胶，或者其他数字图像。多张照片或图像组成的图片，或者不是同时拍摄的一张图像的不同部分必须用线表示它们是分开的。对比度、亮度或颜色的线性调整必须平均应用于整幅图像或插图中。非线性调整必须在图例中说明。对于图像某一部分有选择性增强或更改是不被接受的。此外，《科学》期刊可能会要求文章需返回修改的作者们提供原始数据的附加文档。

《细胞》，"数据处理政策"

作者应该尽可能地减少数据的后期处理数量。在一些情况下，某种程度的处理可能是无法避免的，只要最终数据能准确反映原始数据即可，这种处理是允许的。对于图像处理，必须对整个图像进行更改（如亮度、对比度、色彩平衡）。在极少数上述操作不可能的的情况下（如更改显微图像单色通道），任何更改都必须在图例以及实验过程部分清楚地说明。数据的分组与合并（如裁剪图像或切除凝胶印迹图像的一些泳道）必须清晰可见并在合适的图例中明确指出。只有在对比实验中的数据可以比较，不应将单个数据运用于多张图像中。在数据多次使用的情况下（如单变量实验中同时进行多组实验）这一点在图例中必须清楚地说明。如果编辑认为需要对稿件进行适当的评估，则将要求作者提供给期刊未经处理的原始数据。所有接收的稿件在出版前都要经过数据展示图像筛查过程。

总结

经常自省

· 这张图我最终能改进到什么程度？

· 规则是什么？

· 我是否改变了数据？

· 我是否清晰描述了对于图像做了哪些改进与改变？

阅读期刊指南

· 每个期刊与出版物都有各自的指南。

· 用于封面的插图或艺术作品有更加灵活的改进准则。

· 要严格审阅经过润色或去除如裂缝与灰尘的图像。

保持记录

· 记录你的创作过程。

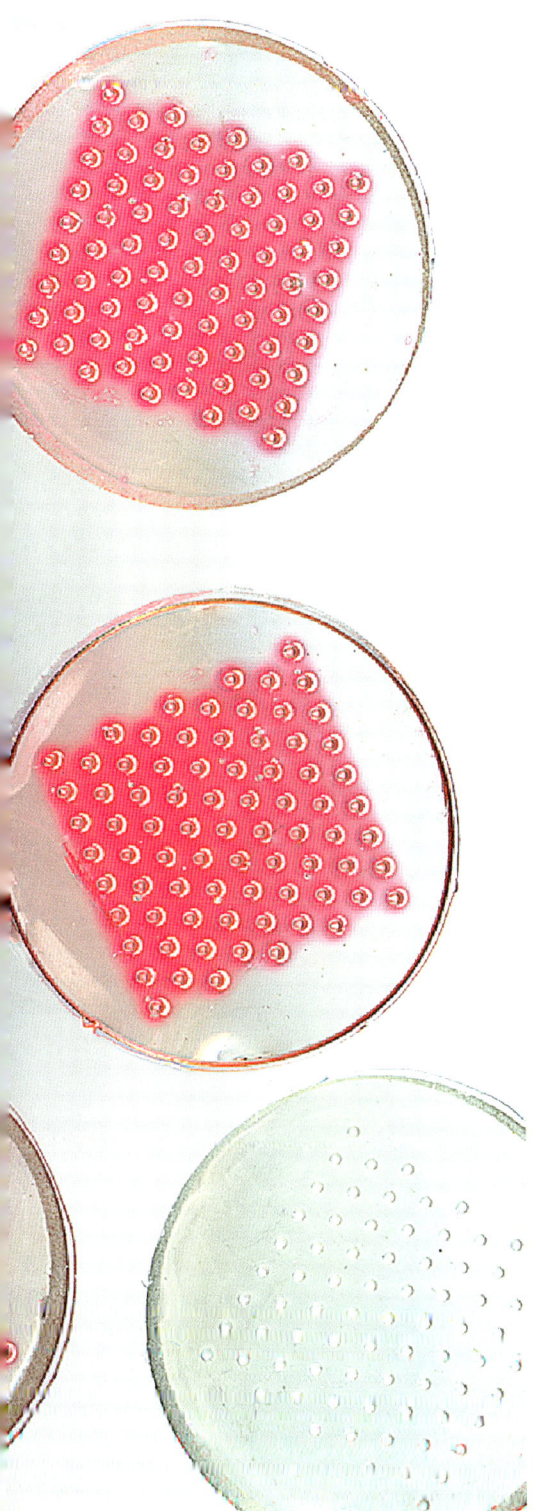

第八章
案例分析

　　我一直相信，把任何工作步骤都详尽地描述出来是一种行之有效的方法，能吸引每位读者参与到创作过程背后的思考当中，无论这是一个复杂的秘诀、期刊插图或是封面的投稿。本章带我们深入到"细枝末节"之中，例举了一些我选择上的错误与成功的案例。本章还包括了两篇由我的同事提供的文章。

　　在前四个案例中，我们将看到为了视觉化地呈现那些不能被拍摄的物体而做出的各种尝试。

OUTLINE
Corneal repair

nature

THE INTERNATIONAL WEEKLY JOURNAL OF SCIENCE

FILM PRODUCER

Remote epitaxy with graphene turns substrate into copy machine **PAGES 301 & 340**

➲ NATUREASIA.COM

20 April 2017

Vol. 544, No. 7650

8.1.0

案例分析一：
基于石墨烯的远程外延生长

我们先从一张发表在《自然》杂志的封面讲起。

这个案例在很大程度上是共同努力的结果。当来自麻省理工学院的吉万·金（Jeehwan Kim）的论文被接收时，他联系我来讨论可能的封面投稿。这项工作十分激动人心，还具有潜在的重要性。他和同事们发明了一种可以通过远程外延生长来重复生产柔性膜的方式。由于这个系统无法被拍摄，封面工作的挑战就在于要想出一种视觉比喻来描述这项技术。《自然》封面的说明对此技术作出了最佳阐述："尽管外延生长在半导体工业中被广泛应用，由于成本原因，这项技术仍仅限于特定几种材料上使用。在本期杂志中，吉万·金及其团队提出了一种克服这一局限性的可能方式。他们在基底和顶部生长的'外延层'之间放置了单层石墨烯。石墨烯层不干扰外延膜生长，而最重要的是，它允许所产生的膜轻易地从基底上剥离，从而使基底可以被重复利用。这种从下层基底'复制粘贴'半导体膜，再将它们转移到目标基底上的能力，可能会推动光子学和柔性电子学中的异质集成研究。"

我首先向《自然》杂志的创意总监凯莉·克劳斯（Kelly Krause）表达了一个构思。我快速地用手机做了一张图，拍的是我一直想找机会用的一块有机玻璃体。我想它可以完美地被比作基底。（**图** 8.1.1）

我将石墨烯的六边形图案叠加在上面并上色，然后将它发送给了凯莉。（**图** 8.1.2）

她对我的方案给予了肯定的回复，然后发给我她的下一轮想法，和吉万之前跟我解释的概念不谋而合。（**图** 8.1.3）

8.1.1

8.1.2

8.1.3

8.1.4

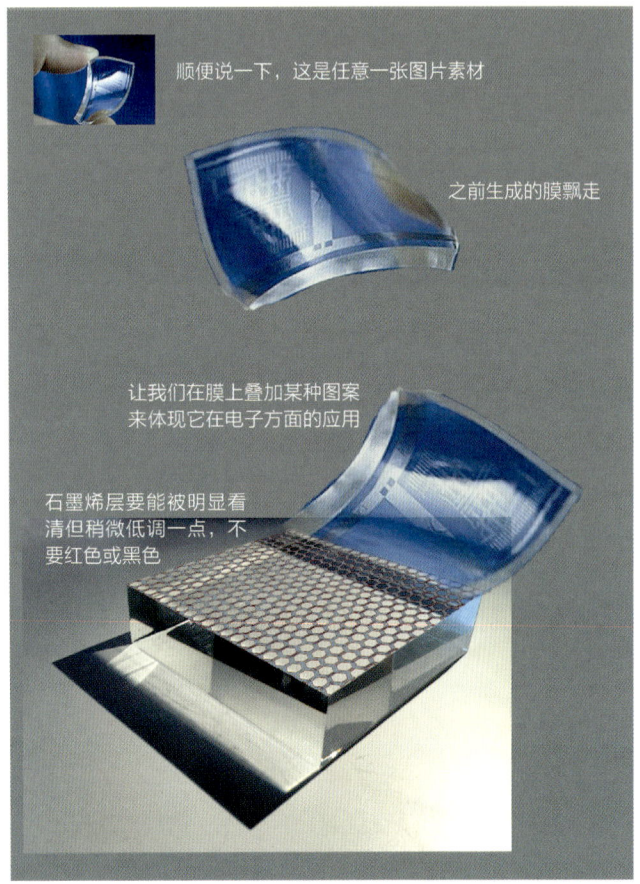

顺便说一下，这是任意一张图片素材

之前生成的膜飘走

让我们在膜上叠加某种图案
来体现它在电子方面的应用

石墨烯层要能被明显看
清但稍微低调一点，不
要红色或黑色

8.1.5

我意识到自己必须重拍一次有机玻璃，因为手机拍摄的图片大小不能满足封面的尺寸需求。我用单反相机新拍了一张照片发送给她。（**图 8.1.4**）

她回复给我了下一步的想法：要突出强调这项技术像"复印机"的一面。请注意她的注释。（**图 8.1.5**）

我随后开始拍摄新的图像，首先觉得凯莉想要的"电子感"应该看起来很像我文件档案中的一张图片，你之前也见过的。（**图 8.1.6**）

我把颜色反转过来，让它看起来更有"电子感"一些。（**图 8.1.7**）

对于另一个部件，我拍摄了一张塑料表面，预备将它和石墨烯层一起叠放在基底上。（**图 8.1.8**）

下面是我第一次尝试把这些部件拼在一起的样子，从高清的有机玻璃照片开始（**图 8.1.9**），我加入了石墨烯层（**图 8.1.10**），按照建议把它的颜色调成灰色。（**图 8.1.11**）

接下来我调整了塑料的形状，把它连接在了我认为可行的地方。我喜欢其中反射的高光，觉得它们有助于提升图片在读者看来的"可信度"。（**图 8.1.12**）

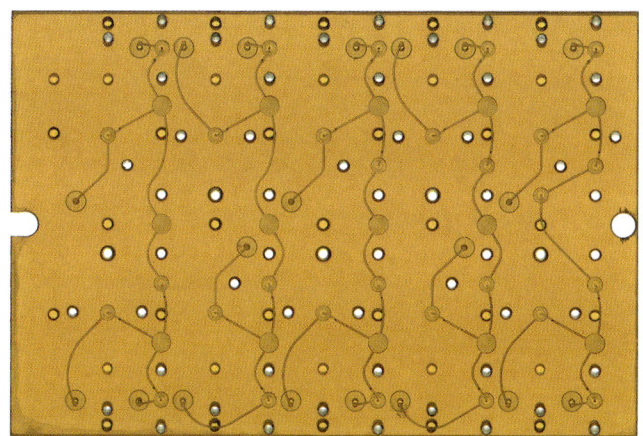

8.1.6

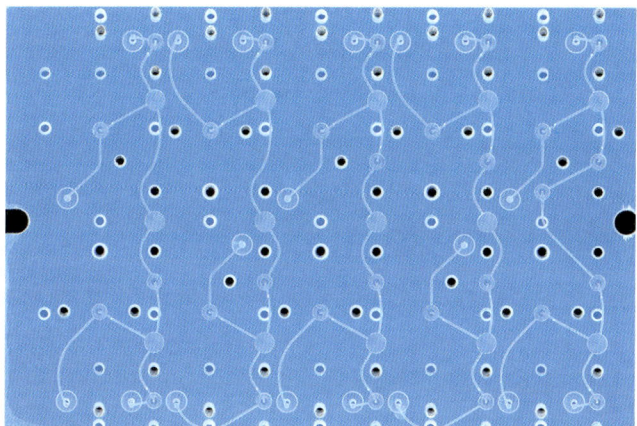

8.1.7

8.1.8

8.1.9

8.1.10

8.1.11

8.1.12

8.1.13

8.1.14

然后，我叠加了"电子元件"，调整了它的外观使之与原来不同。这是那层电子元件还没有加塑料的样子。（**图**8.1.13）

下一张图展示了所有图层，还添加了投影和"浮雕"效果。（**图**8.1.14）

最后，《自然》杂志的尼克·斯宾塞（Nik Spencer）用我拍摄的所有素材将整张图又提升了一个档次。（**图**8.1.15）

我十分激动，问了他好几个有关创作过程的问题，迫切地向真正顶级的图形艺术家请教。以下是尼克的回答：

事实上，我发现将石墨烯放到合适的位置很有难度（我画了一个描边更细，碳原子用小圆圈来表示的版本），让分子和玻璃的边缘完全对齐的同时，还要得到正确的变形透视，十分烦琐。

材质顶部的光泽是几样东西的结合——我添加了一个不太明显的高光和一层用基本滤镜处理过的纹理，又复制了几个图层叠加起来，调整底层图片的色调和亮度，然后将叠加层的模式设置成"鲜艳明亮"，如果我记得没错，并调整透明度，使塑料从不同的蓝色调中透出来，呈现出金属般的效果。

然而我并没有想去改变玻璃块的任何地方，我只是去掉了一些它顶部贯穿的高光和线条，因为它们会干扰上方的叠加层，但我保留了玻璃上的瑕疵，因为它们一点也不影响效果！

8.1.15

February 9, 2016 | vol. 113 | no. 6 | pp. 1459–1672

PNAS

Proceedings of the National Academy of Sciences of the United States of America   www.pnas.org

Lubrication with crumpled graphene balls

Cell–cell communication and gradient sensing

Gene repression by juvenile hormone

Bipolar disorder and sleep disruption

Viral infection and lung biofilm formation

8.2.0

案例分析二：

"皱巴巴的"石墨烯

2016 年夏天，我很荣幸地接受西北大学的院长胡里奥·奥蒂诺（Julio Ottino）邀请去主持一系列工作坊。把学生们召集到一起讨论他们的图像是每个大学都应该组织的活动。材料科学与工程系的黄嘉欣（音译：Jiaxing Huang）负责组织那周的活动，我们还就他刚刚在《美国国家科学院院刊》（PNAS）上发表的一篇文章的封面投稿进行了讨论。

嘉欣建议我们先想出某种比喻的形式，视觉描述他有关"皱巴巴的"石墨烯的工作是如何呈现的。我从这张练习草图开始，看看是不是有一些值得发掘的地方。（**图 8.2.1**）

图片没有特别值得称道的地方，我尝试将颜色反转过来。（**图 8.2.2**）

8.2.1

8.2.2

8.2.3

结果仍不令人满意，我又重新开始拍摄，这次是夜间在一个高反光的黑色桌子上拍的。（**图** 8.2.3）

反射让图片看起来太杂乱了，所以我把皱纸团放置在一块简洁的泡沫板上，用夜色中桌子的"漆黑"作为背景。（**图** 8.2.4）

我最终决定使用泡沫板光亮的一面，在白天拍摄这一场景，让高反光的桌面映射出天空的蓝色（**图** 8.2.5）。请注意看这些几乎相同的布景能呈现出多么不一样的结果。

8.2.4

8.2.5

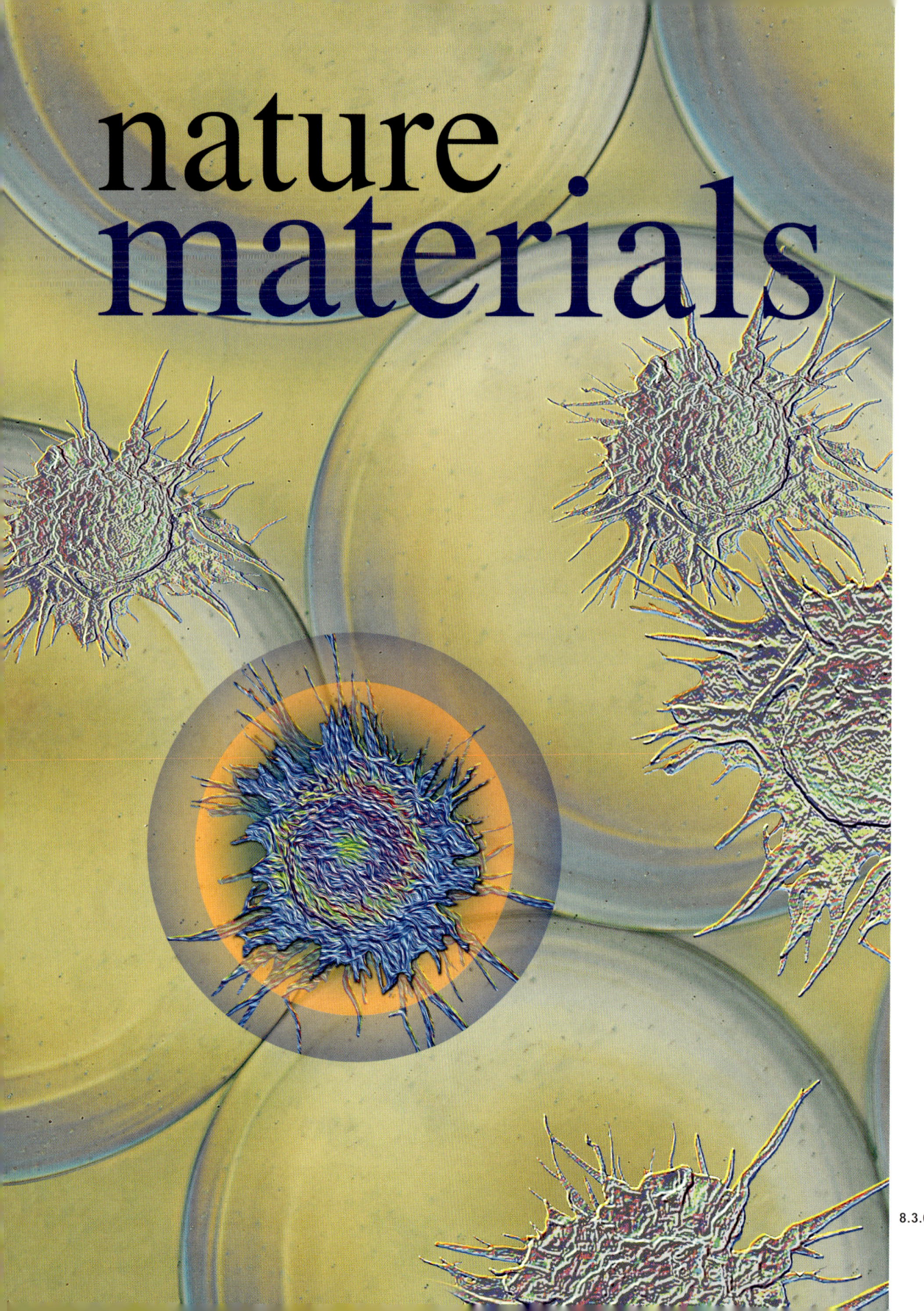

nature
materials

案例分析三：

巨噬细胞抑制

这是另一个将不同的照片组合在一起构建图像的案例，它更像是一种视觉解读，而不是一个视觉数据的记录。再一次，和研究人员之一，来自麻省理工学院的乔希·多利佛（Josh Doloff），坐下来讨论封面的各种可能性是整个过程中不可或缺的一部分。

封面的设计思路是展示一种特殊的化学调控是如何通过阻断植入性医疗器械周围疤痕组织的形成，从而帮助科学家延长多种医疗器械使用寿命。

我首先决定用我之前在实验室做的一张表明微胶囊存在的图片作为背景，这既是从设计方面考虑，也是对制作过程的参考。（**图 8.3.1**）

接着，我知道我必须在图像中加入至关重要的巨噬细胞形象，但我的资料库中并没有。英国的"科学图片库"（Science Photo Library）中有一个非常棒的素材库，我找到了这个由丹尼斯·昆科尔创建的上色的扫描电镜图片。（**图 8.3.2**）

8.3.1

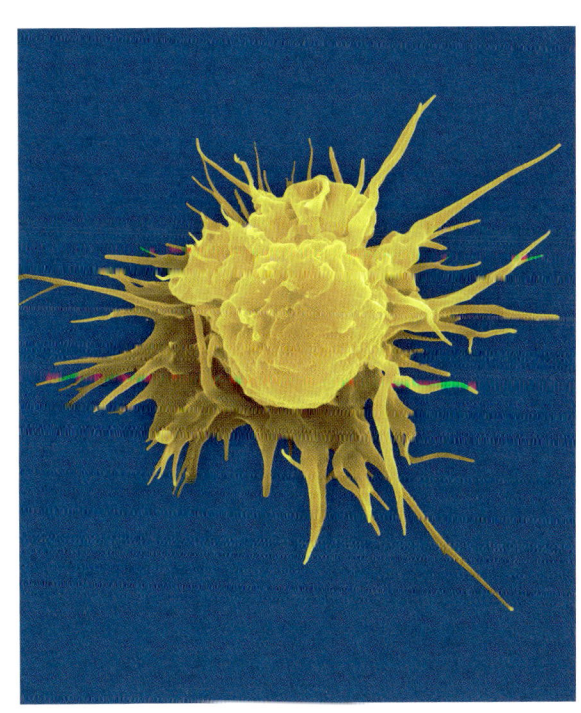

8.3.2

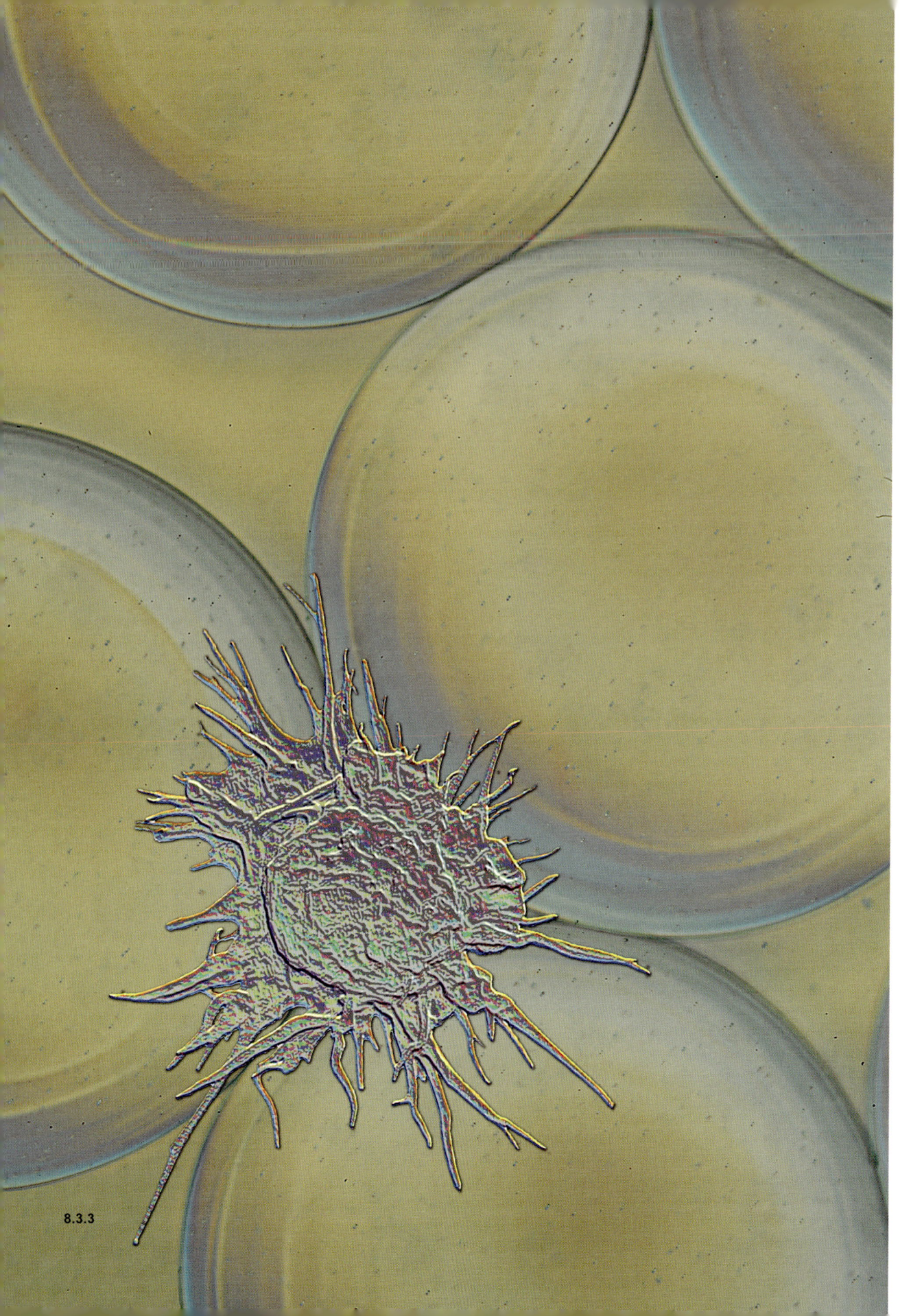

8.3.3

我决定使用 Photoshop 中的一系列滤镜，通过数字方式来调整图片，得到一种不一样的"感觉"，从而和我脑海里的构想相匹配。调整过后的巨噬细胞图片被叠加在背景的微胶囊上（**图 8.3.3**）。现在请记住，我们在创作的是一个比喻。这些内容事实上都无法被直观地记录下来。

接下来是最难的部分。如何显示至少有一个巨噬细胞发生了改变，隐喻性地暗示它不再能够攻击异体物质（医疗器械）?（**图 8.3.4**）

注意我添加了更多的巨噬细胞，并对最终照片进行了构图排版，以便期刊的标志可以轻易地被放置在顶部。

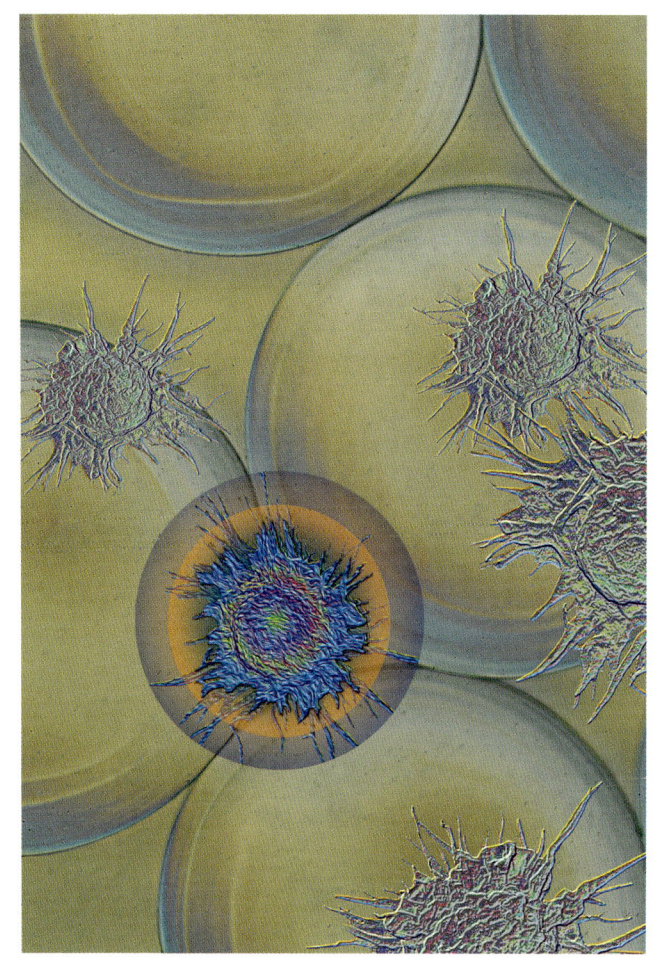

8.3.4

nature
medicine

VOLUME 22 NUMBER 3 MARCH 2016

Glycemic correction without immunosuppression
Restoring the microbiota after C–section
Tracing paths for acquired resistance to EGFR inhibitors

8.4.0

案例分析四：
干细胞包被

这里又有一个案例，还是通过组合几幅照片来构建一张具有视觉解释性的图像。整个过程中的不可缺少的一环就是和麻省理工学院的研究人员阿图罗·韦加斯（Arturo Vegas）和奥米德·维奇（Omid Veiseh）会面并讨论封面的可能性。

我们决定描述的概念是：一滴海藻酸盐水凝胶是怎样包裹由人类胚胎干细胞分化而来的 β 细胞的。这一概念今后将为新的糖尿病疗法提供基础。我们一致同意保持简洁，这是被选为封面的最好方式。

令我惊讶的是，研究人员们还记得我为乔治·怀特塞兹（George Whitesides）和我的书《见微知著》做的一张图，那本书的背景似乎让他们印象深刻。（我们在第二章看过这张图）老实说，我很高兴他们还记得。（**图 8.4.1**）

然后，我将图像裁剪成杂志封面的大小（8.5 英寸 × 11 英寸，300DPI），然后用数码软件拉长了水滴，并进行了图像处理，使其看起来更"真实"。（**图 8.4.2**）

8.4.1

8.4.2

8.4.3

我在平板扫描仪上扫描了一个金属注射器，然后用数码软件将塑料注射器换成了金属注射器。（图 **8.4.3**）

随后我用白色填充了液滴内的一部分，以准备插入实验室研究人员们制作的细胞簇的荧光图像。（图 **8.4.4**）

我用图像处理软件调整液滴，使其更有"液滴感"，然后给细胞簇添加了一些投影，以供最终提交。（图 **8.4.5**）

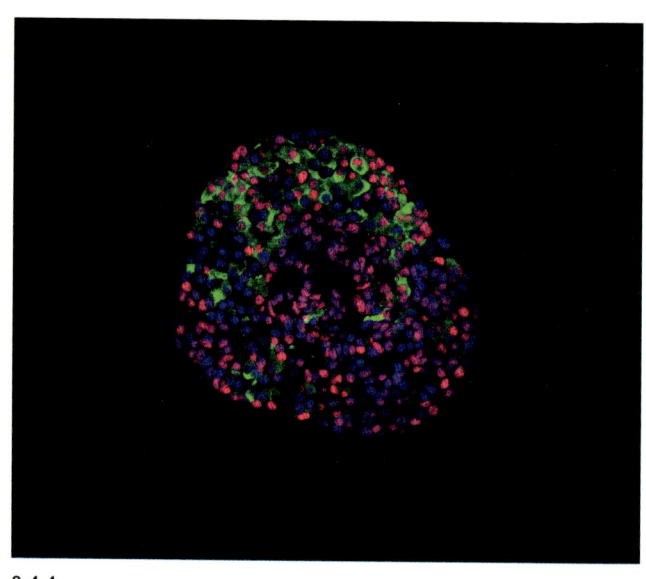

8.4.4

8.4.5

Neuronal Circuits

Select a circuit type below to learn about how neuron interactions help us to flex or extend our arm.

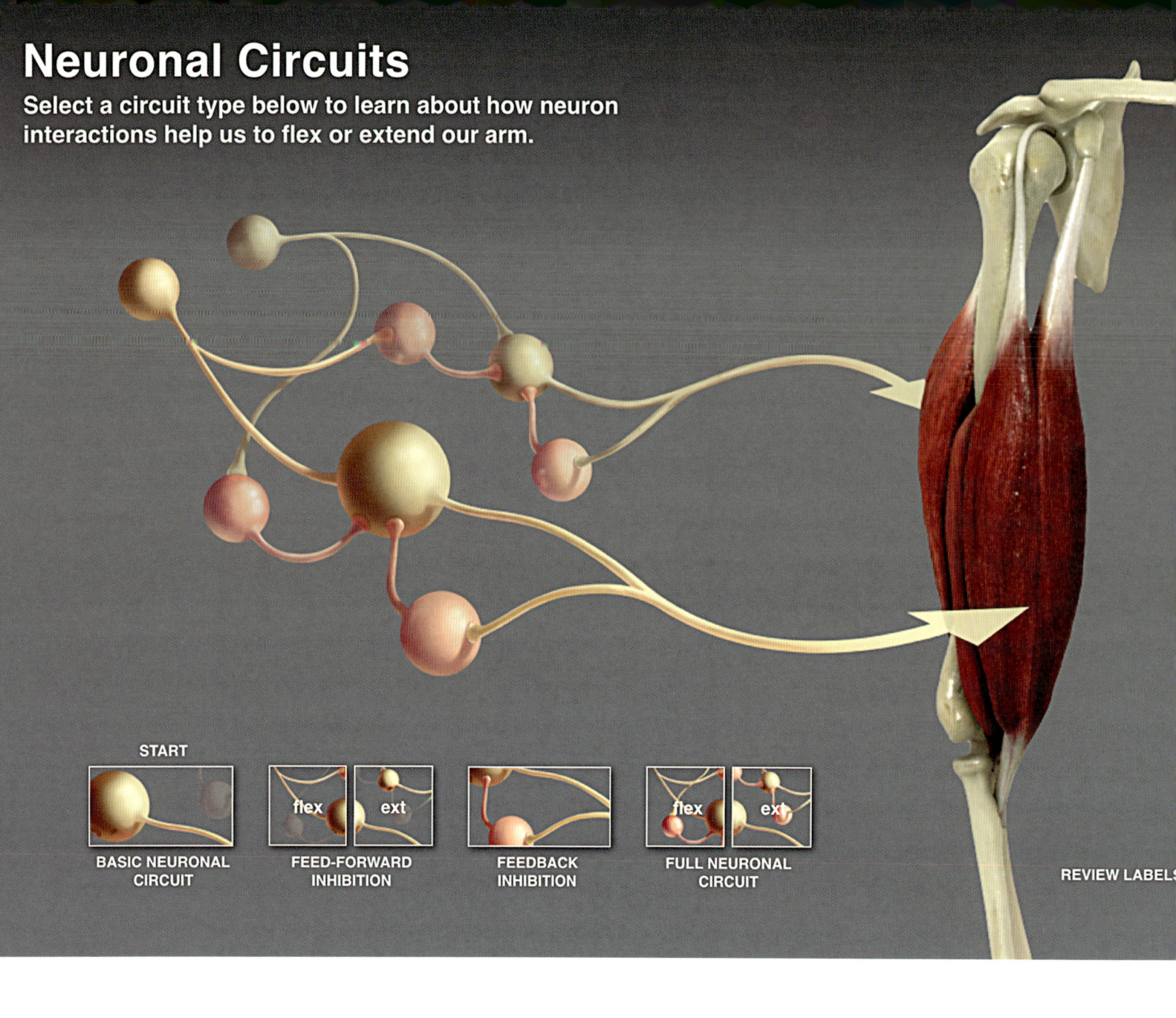

START

BASIC NEURONAL
CIRCUIT

flex · ext

FEED-FORWARD
INHIBITION

FEEDBACK
INHIBITION

flex · ext

FULL NEURONAL
CIRCUIT

REVIEW LABELS

客座案例分析五：

神经回路小组件

在这个案例中，我的朋友兼同事盖尔·麦吉尔（Gaël McGill）阐述了他设计和制作科学多媒体的过程。盖尔非常认可创作展示的过程可以促进更好的理解，我们花了几小时讨论如何将这一理念纳入科学课程。这个案例描述了交互性思维和在设计涉及动作和（或）交互的教材时的额外选项，这是一个重要的练习。

本案例取材于一个互动"小组件"的设计，来自 iBook 系列，E.O. 威尔逊的《地球上的生命》，这是 Digizyme 公司与苹果公司和 E.O. 威尔逊生物多样性基金会合作创建的高中生物数字教科书。这个项目产出了一系列七本 iBook 图书，40 多个章节，涵盖了从分子到生态系统的内容。这个项目的一个特点是令人难以置信的设计自由，可以自由地集思广益，决定什么可能是传授特定生物学概念的最佳方式：是图表、照片、电影、模拟，还是交互式的？与项目中的所有小组件（这是 500 多个小组件中的一个）一样，"神经回路"小组件（第 4 册"动物生理学"，第 15 章"神经系统"）的策划也从明确定义学习目标开始：（1）让学生理解神经元是以网络的形式工作的；（2）肌肉收缩是来自多个不同神经元的兴奋性和抑制性输入协同作用的结果。为了达成这些目标，我们考虑了许多不同的选项，例如静态图形或带有旁白的动画。然而，前者并没有给我们展示信号传导与肌肉收缩之间动态本质的机会，而后者是一种线性的叙述形式，不能让学生实验各种不同神经元的输入。我们决定，交互体验（本例使用 iBooks 作者中的一个 Keynote 小组件）将使我们能够最灵活地组合不同类型的图像和媒体，从而更好地服务于该章节的学习目标。最后，这个小组件结合了几位科学艺术家的策划、艺术指导和创作技巧，包括杰弗里·张（Geoffrey Cheung）、埃里克·凯勒（Eric Kollor）、吉妮·派克（Jeannie Park）和来自科学可视化公司（Digizyme）的盖尔·麦吉尔，以及来自苹果公司和 E.O. 威尔逊生物多样性基金会团队的支持。

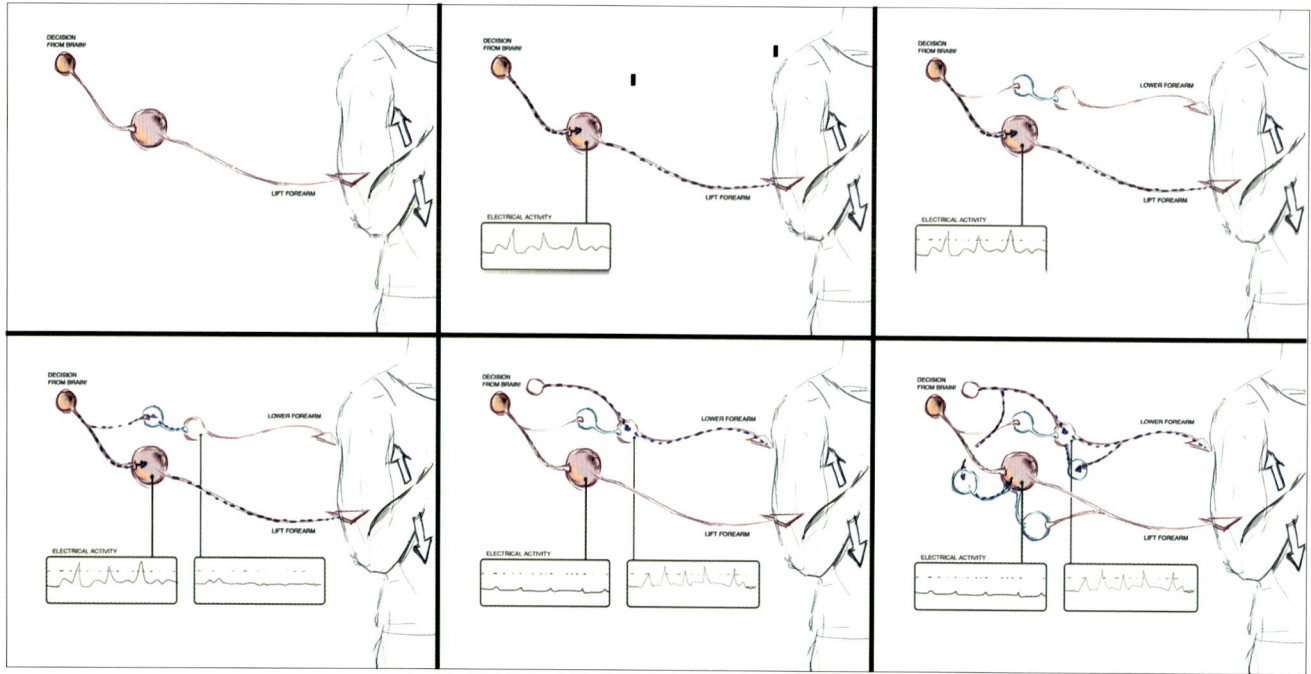

8.5.1

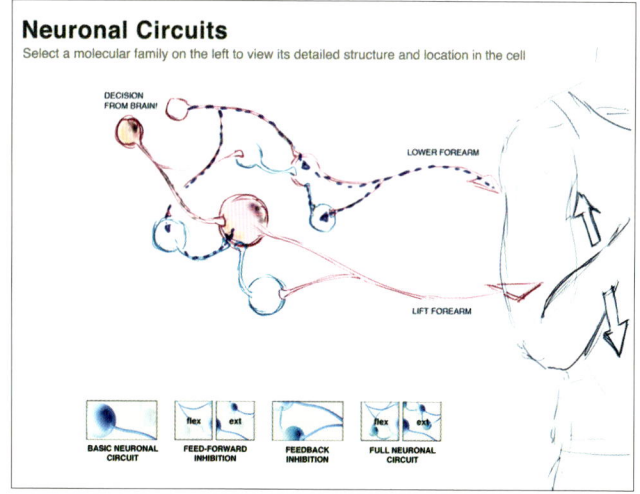

8.5.2

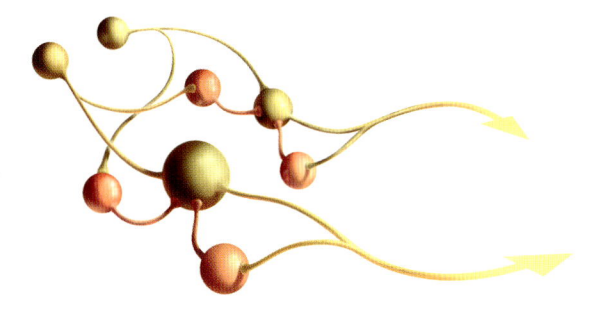

8.5.3

首先第一步，我们展开一系列的视觉头脑风暴，绘制草图被证明是模拟这种进程最简单的方法（**图 8.5.1**）。这一阶段的目标是绘制出小组件中图像的布局（即网络中各种神经元的位置），以及这些神经元是如何与肌肉收缩相关联的。我们还需要规划好屏幕空间来显示动作电位的动画记录。由于这些动画只会在点击导航按钮、选择了特定类型的信号通路后出现，因此我们决定它们可以临时替换屏幕左下角的主要导航按钮，这些按钮将会在动画播放完成后重新出现。（**图 8.5.2**）

随后我们考虑了哪种类型的视觉媒体能最好地显示神经元信号和肌肉收缩，同时也顾及了预算和技术困难（因为我们在这个项目上的时间总是非常紧张！）。数码绘制的神经网络看起来比三维模型更容易，也使我们能够很轻易地用图形视频处理软件（Adobe After Effects）做出信号沿着神经元轴突传导的动画（**图 8.5.3**）。在最终版的交互小组件中，我们降低了不放电神经元的不透明度，以帮助学生将注意力集中在网络中与特定信号传导相关的神经元上。

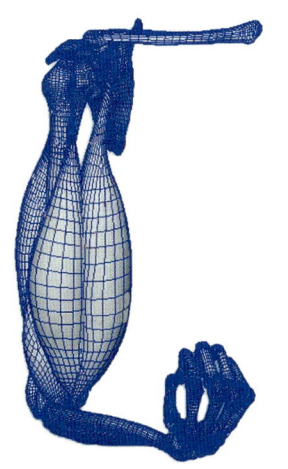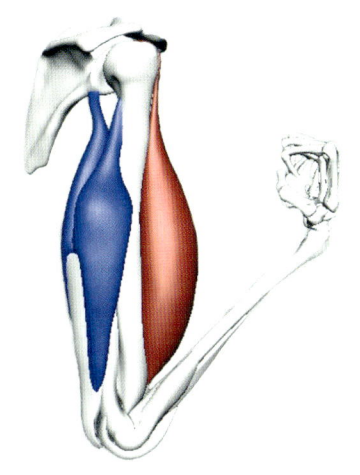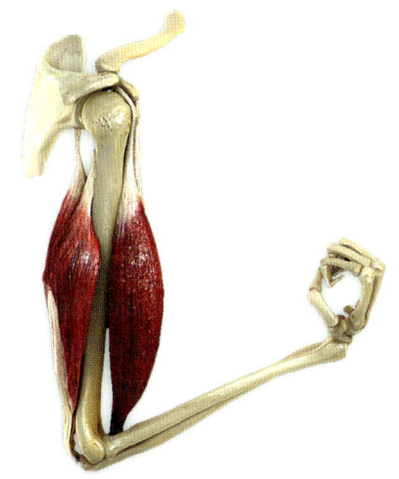

8.5.4

　　然而，对于肌肉和骨骼系统（为了与 iBook 本章和临近章节中其他小组件的风格保持一致），我们选择了用全套的三维模型和照片级写实的动画。在这个项目中，我们用于三维建模、动画和渲染的主要生产工具是三维动画软件（Autodesk Maya），我们使用内嵌的肌肉模拟系统在肌肉收缩周期中创建了逼真的肱二头肌和肱三头肌屈伸变形。（**图 8.5.4**）

　　最终的小组件使用 Keynote 导入了神经元网络的数字绘画，在轴突上叠加的动作电位轨迹动画以及肌肉收缩的逼真影像。包括标题、导航和注释 / 标签在内的所有文本都是在 Keynote 中直接创建的，因此保留了矢量性。最后一张图中的两个面板是小组件"运行中"的截图。（**图 8.5.5**）

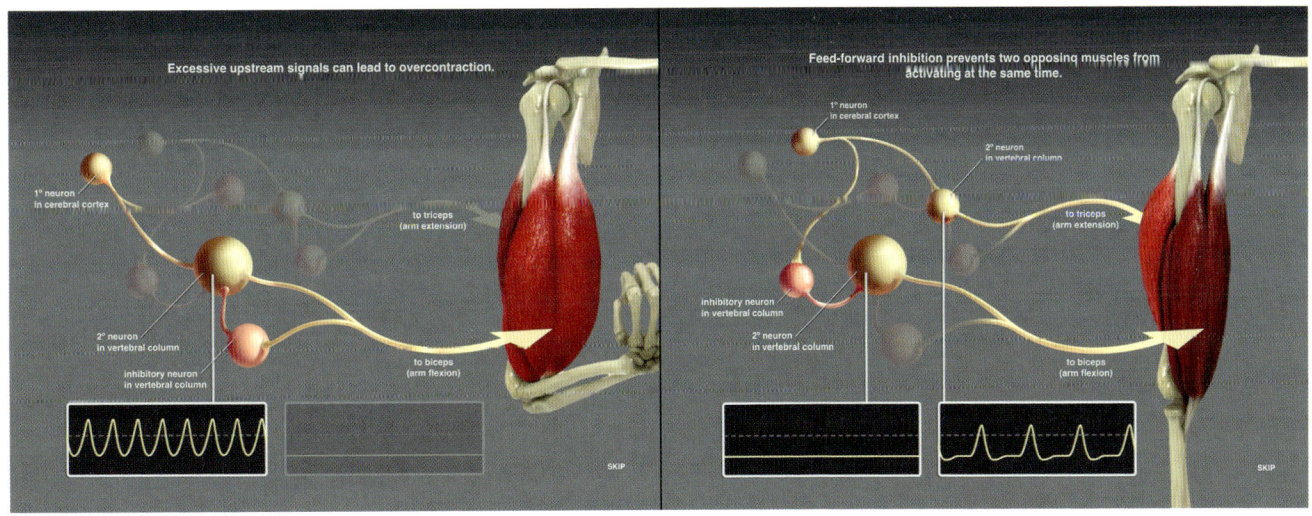

8.5.5

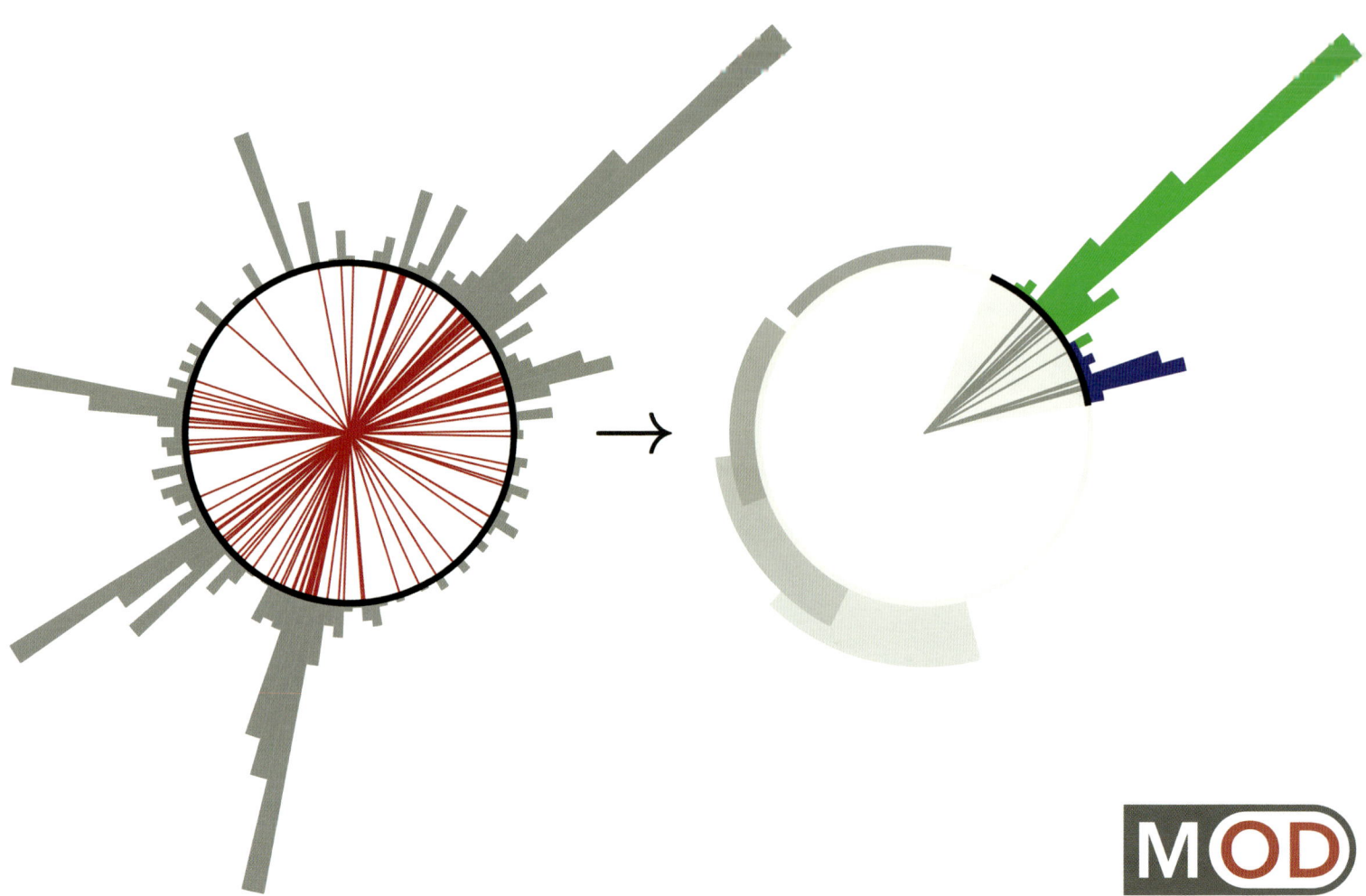

8.6.0

客座案例分析六:
粒子碰撞

这篇报道来自另一位同事耶西·泰勒（Jesse Thaler）。正如他所写的："我是一个理论粒子物理学家，这就是说我将粒子碰撞在一起……在我想象中。"

他也是一位难得的天才，麻省理工学院的杰出物理学家，他敏锐地意识到了视觉传达的影响力，并努力应对这些挑战。即使你不是粒子物理学家，也要试着跟随他的创作过程。他的思路很令人着迷，我非常感激他花时间为这本书写作。

在粒子物理学领域，数据可视化的挑战之一是：任何单个碰撞的信息都相对较少，而包含了众多碰撞数据的直方图能更好地揭示数据背后的科学。这张直方图与 2012 年在欧洲核子研究中心（CERN）的大型强子对撞机（LHC）发现希格斯玻色子有关。（**图 8.6.1**）

虽然直方图是我们在粒子物理学中展示数据的主要方法，但如果想了解碰撞当时发生的过程，将单一的碰撞事件可视化也是很有帮助的。要做到这一点，我们需要挑选一个单一碰撞事件，具备我们想要突出展示的物理性质，同时在视觉上有趣。这是 CMS 探测器的一个事件展示，里面有一个可能的希格斯玻色子。（**图 8.6.2**）

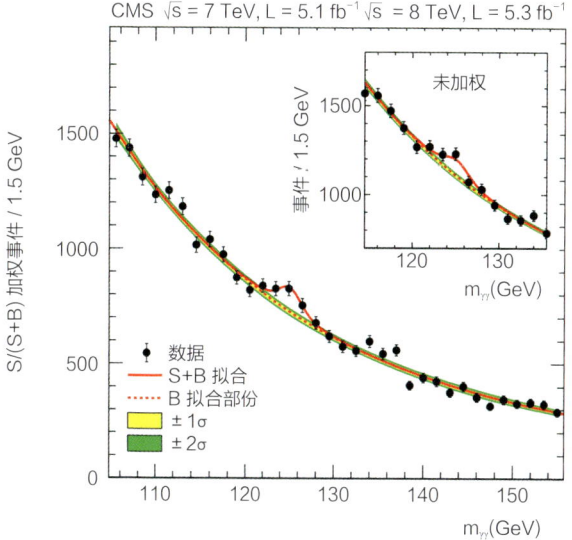

8.6.1

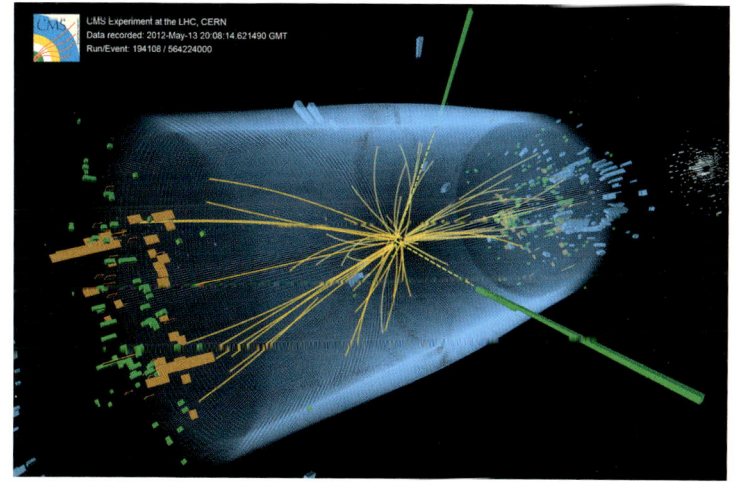

8.6.2

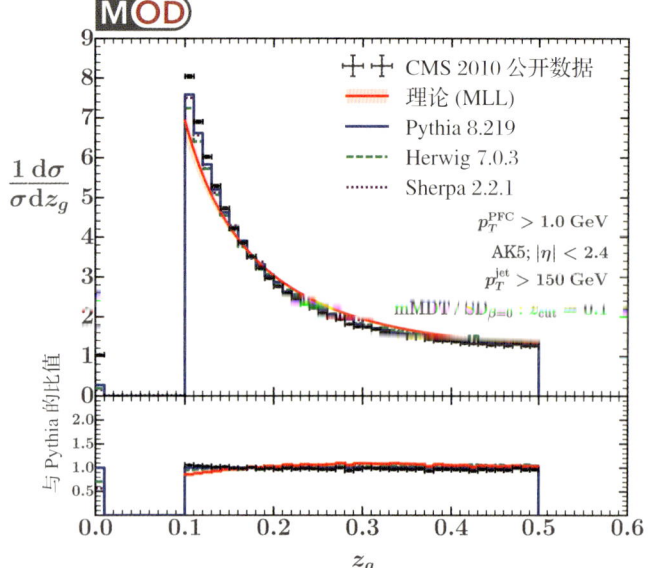

8.6.3

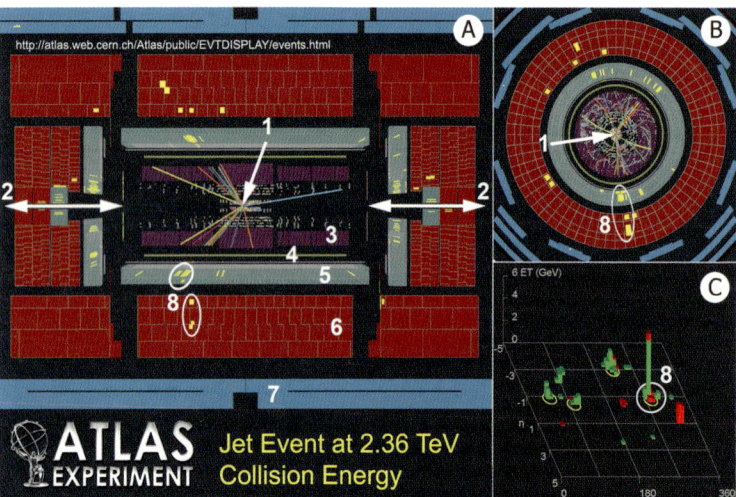

8.6.4

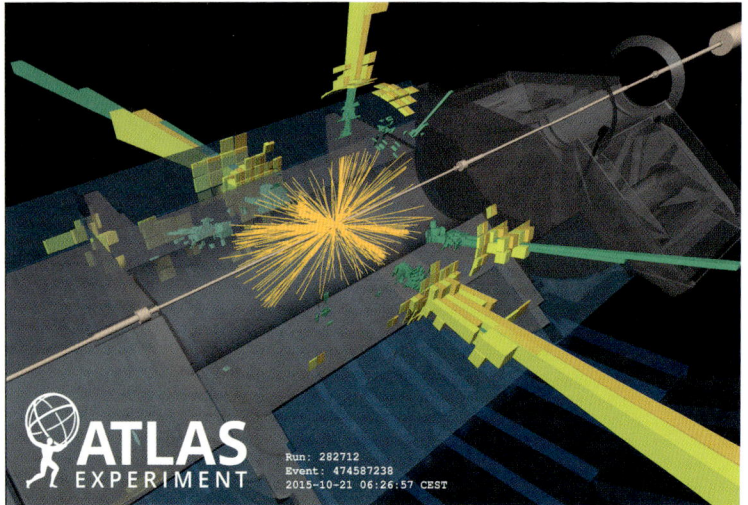

8.6.5

近期，我有幸通过 CMS 的开放数据项目直接处理 LHC 的数据。这是粒子物理学史上首次对官方实验合作伙伴之外公开对撞机的实验数据。因此，虽然我是一个理论物理学家，我和我的合作者也得以有直接处理实验数据的宝贵经验。毫不意外地，这项研究的主要成果是……一个直方图。（**图 8.6.3**）

或者，更确切地说，是分布于两篇论文中的 70 个直方图。

由于 CMS 开放数据发布的重大历史意义，且我们的工作是基于它的第一次分析，我们的论文被《物理评论快报》（PRL）评为"编辑推荐"。因此，我们需要在 PRL 网站上提供一个图像来展示我们的工作。直方图根本达不到我们想要的视觉效果。我们需要的是一个碰撞事件的展示。

从哪里开始呢？首先，我知道画面必须要简单。一些事件展示包含同一个碰撞的多个视角以及额外的解释信息，但这不太适合网站上的（相对较小的）图像。所以我绝对不想像这幅 ATLAS 的图一样，用多个面板和大量文本来描述碰撞事件。（**图 8.6.4**）

其次，我必须决定用二维还是三维展示碰撞事件。碰撞发生在三维世界中，一些最酷的碰撞事件也是用三维展现的。（**图 8.6.5**）

但我时间有限，而且没有使用三维软件的经验，所以我只好使用二维可视化技术，碰撞的光束垂直于图像的平面，碰撞碎片产生的投影散落在页面上。这个例子是一个二维风格的 CMS 事件展示。（**图 8.6.6**）

因为我无法使用 CMS 软件来进行事件显示，所以我使用科学计算（Mathematica）软件编写了自己的简单事件显示工具。我让我的一个合作者给我提供了样本中最极端的碰撞事件的信息，结果它的视觉效果惨不忍睹。（**图 8.6.7**）

但你已经可以看到我选择的风格：白色背景，代表（带电）粒子轨迹的红线，代表（带电和中性）粒子能量的灰色放射条，以及一个黑色的细圆圈来表示 CMS 探测器。

无论如何，我需要一个放射条更多的事件。我从样本中随机选择，又尝试了六个碰撞事件，但没有一个是我想要的饼状放射图。

然而，在我尝试的下一个事件中，我交了好运。我在上面贴上了"麻省理工开放数据"（MOD）的标志，把红色和灰色替换成了麻省理工的官方颜色（潘通 201 和潘通 423），并把它发给了我的合作者来征求他们的意见。（**图 8.6.8**）

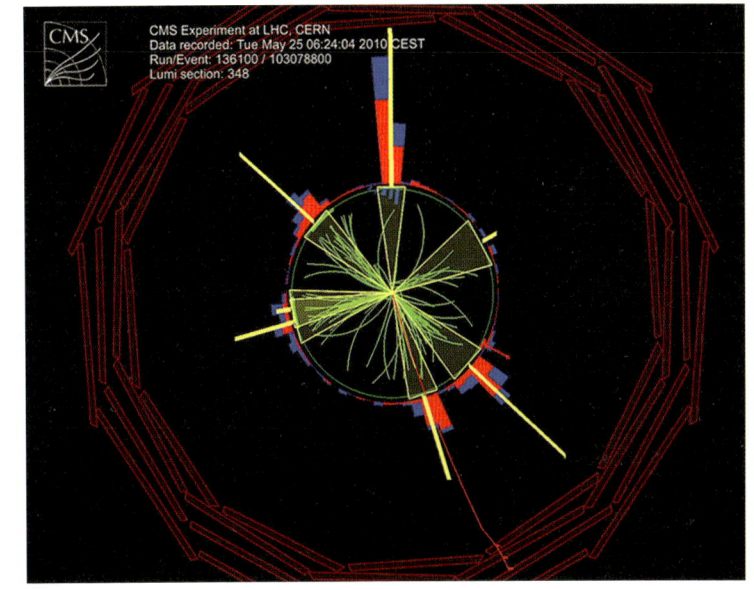

8.6.6

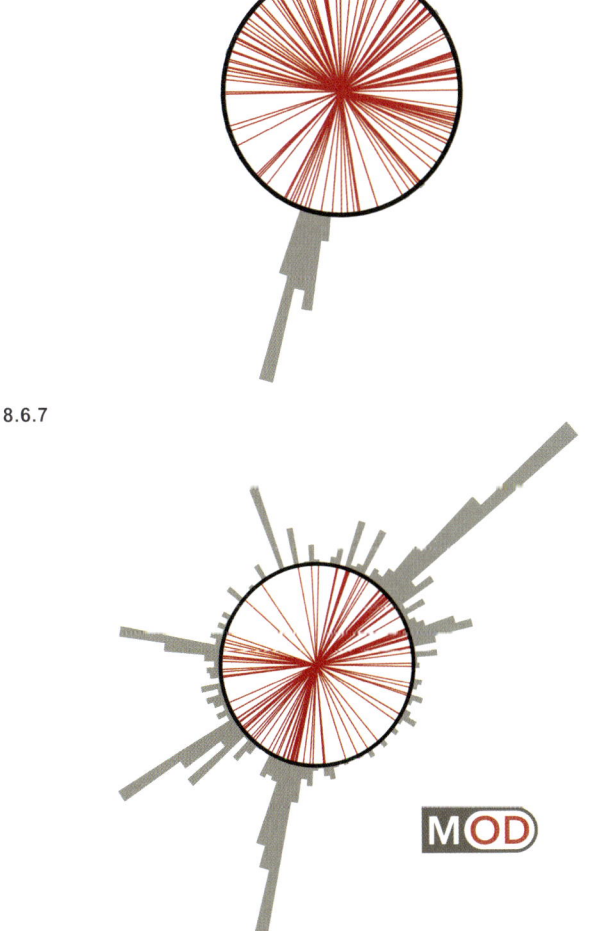

8.6.7

8.6.8

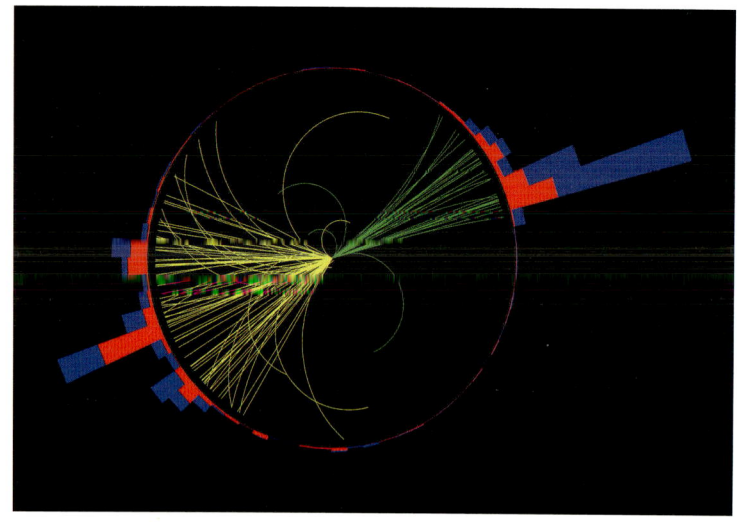

8.6.9

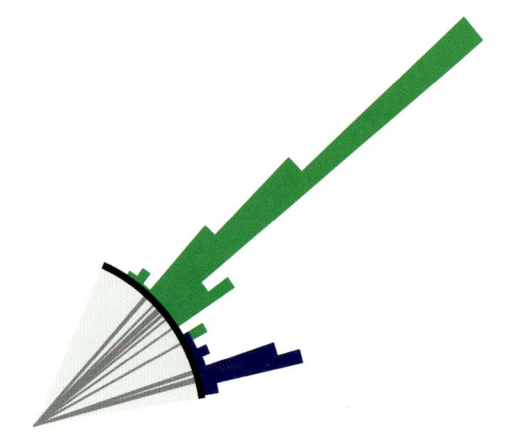

8.6.10

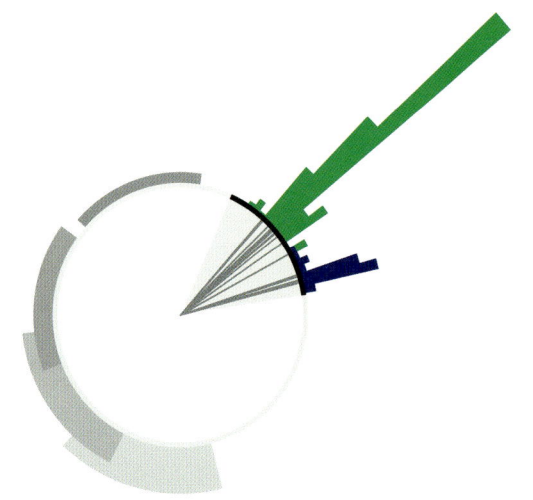

8.6.11

不过，第二天，我意识到我选择的事件并没有真正体现出我们论文中研究的物理现象。这个事件由五个"喷注"的准直粒子组成。但我们的研究不是关于多喷注事件，而是关于单个喷注的内部结构。所以不管这个事件多有趣，它并没有反映出真正的科学。

在思考我的困境时，我想起了这个来自 CMS 的精美的事件展示，它展示了一对喷注，每一个都有三个叉状结构。（**图 8.6.9**）

虽然我做了一些简化，但你可以看到这与我的图像的相似之处。我没有用两种颜色（蓝色和红色）来表示能量沉积，而是只用了一种颜色（灰色），因为我认为颜色的差别会分散注意力。我没有使用弯曲的粒子轨迹（从实验角度看更精确），而是拉直了轨迹（从理论角度看更精确）。

但是这个 CMS 展示图使我突然想到的是，因为它使用了两种不同的颜色来显示粒子的轨迹（黄色和绿色），观测者立刻看到有两个喷注。然而，观看者并没有立即看到的是，每一个喷注都由三个部分组成，但只要对需要喷注的内部结构用颜色进行区分，就可以很容易地解决这个问题。

这是我的五个喷注事件中值得注意的单喷注，它的两个部分用绿色和蓝色分别突出表示。（**图 8.6.10**）

我将粒子轨迹保持在喷注以内，把颜色设置为深灰色，已确保不会喧宾夺主。所以现在我有了正确的物理现象，但是在没有任何背景环境的情况下，一个喷注单独呈现在页面上似乎很奇怪。因此，我决定将这一事件中的其他四个喷注归纳为简单的灰色弧，这恢复了事件显示的一些平衡。（**图 8.6.11**）

物理爱好者可能有兴趣知道，弧张开的夹角与喷注集群的大小相匹配（有重叠是因为真实的事件发生在三维中），且弧的面积与喷注能量成正比。

最后这张图片比我想象的更能阐释物理现象。这个事件真实地发生在三维，但我很幸运，在这个二维投影上仍然可以清楚地看到绿色和蓝色的部分。此外，事实上蓝色部分的能量比绿色部分要少得多，这是我们研究的一个关键发现。这点在上面的直方图中被科学地展示出来，同时也在单一事件显示中得到了视觉化的呈现。

所以现在我有两个事件呈现。一个是有五个喷注的动态碰撞事件，其中四个与想要呈现的科学无关。另一个是单独的喷注，显示了其二叉结构，但在视觉上缺乏看点。怎么办？两者都用！当然了，需要一个向右的箭头来表示，通过处理左边的图像，可以到达右边的图像。（见本案例研究的开篇图片。）

我的合作者们全心全意地赞同。

我应该指出最后一点。这些喷注产生于强作用力的动力学，也就是量子色动力学。在这里，"色"并不是指实际的颜色，而是指一个数学结构，包括三个标记，通常被称为"红""绿"和"蓝"。所以是的，我承认我的配色方案包含了一个无厘头的视觉双关语，但希望这是最终图像中唯一一个没有实际意义的特征。

在接下来的五个案例研究中，我们将看到一些例子展示我是如何拍摄物体的，而不需要创建一个解释性的比喻。这里有一个隐藏的事项。在这几页中，我能做的最好的事情就是鼓励你以新的方式看待你的工作，学会从新的角度看待世界。在接下来的第一个案例研究中，你将看到微小的变化是如何导致不同视角的。

8.7.0

案例分析七：

一个分析型微反应器

大多数时候，我们没有在期刊投稿时展示多种方案的奢侈，所以在提交封面或插图材料时，我们必须找到一个"正确"的视角。

这是我在麻省理工学院的克拉斯·詹森（Klavs Jensen）实验室拍摄的第一张微反应器的图片。（**图 8.7.1**）

研究人员和我一致认为，展示反应器的背面，呈现微反应器如何连接到分析组件是很重要的。所以这张图片能看到背面视角。（**图 8.7.2**）

然而，这张图片并不能单独使用，所以我继续寻找一种方法，将设备的前面和后面的部分结合起来。（**图 8.7.3**）

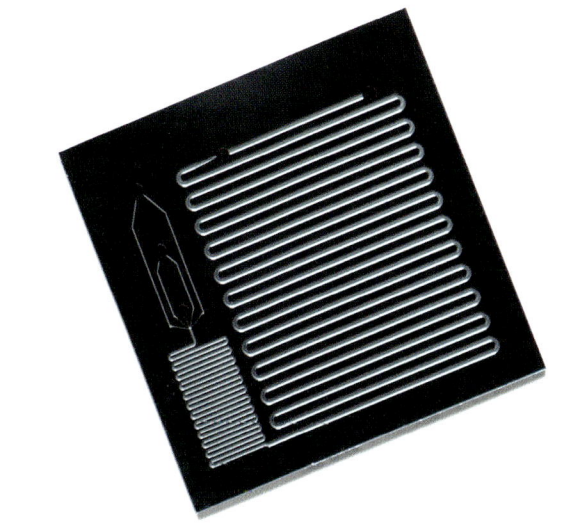

8.7.1

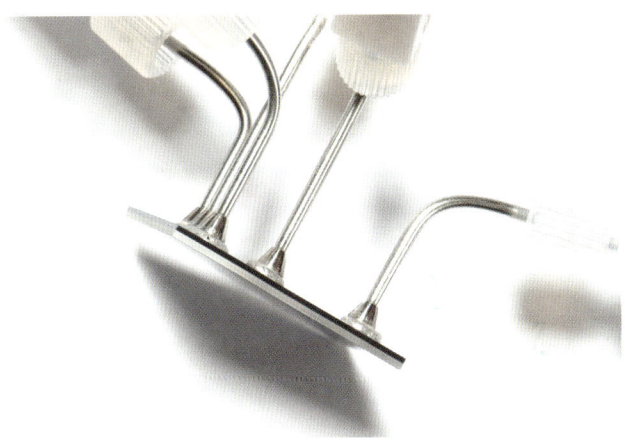

8.7.2

8.7.3

8.7.4

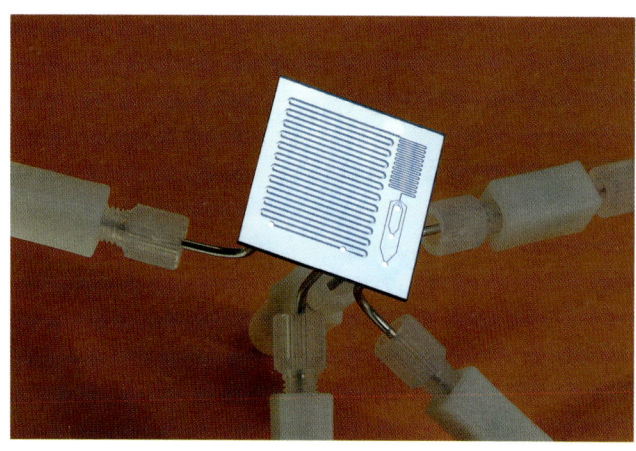

8.7.5

结果还可以，但构图不是很好——我想看到前面更多一点，所以我从这个新的角度拍摄。（**图 8.7.4**）

我注意到有些地方不太对劲。讲到这，我希望你已经对自己的图片越来越挑剔，并且可以看到问题所在——左上角，再看看。

通过将相机稍微移动到不同的角度，我们可以得到一个更清晰的图像，而且不会产生令人分心的暗影。（**图 8.7.5**）

从兴趣出发，我决定仅用微反应器的正面照复制出多份，排成一个阵列（**图 8.7.6**），然后用数字手段对背景进行着色。（**图 8.7.7**）

我认为这将是一个有趣的封面素材，或者可以用于幻灯片的演示介绍页。但我猜研究人员持不同意见。他们从未用过它。

至于更写实的、显示了整个设备完整视角的那张图片，我们的确让它作为封面发表了。（**图 8.7.8**）

这组插图中也使用了该图像。（**图 8.7.9**）

事实证明，这是这个设备的最佳视角。请注意，在给《自然》杂志的新闻特写栏目使用时我调整了图片的背景色。（**图 8.7.10**）

8.7.6

8.7.7

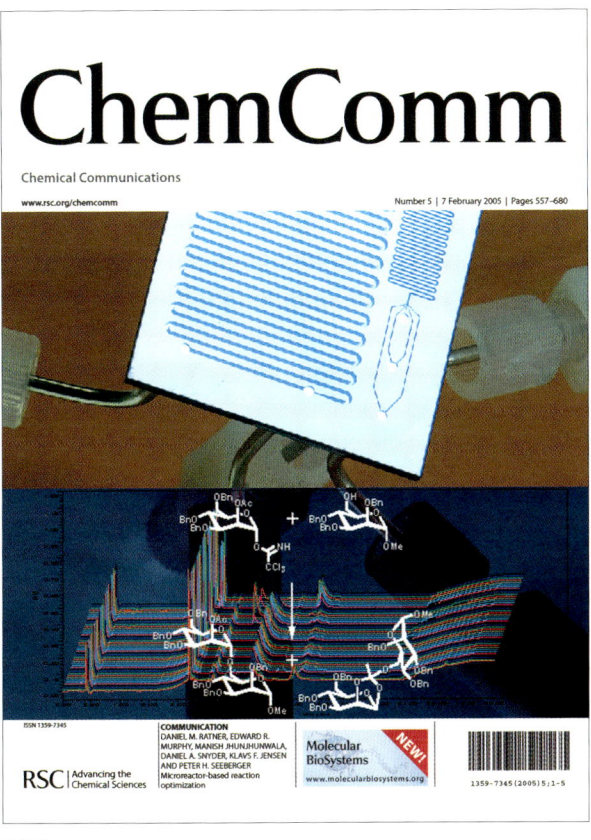

8.7.8

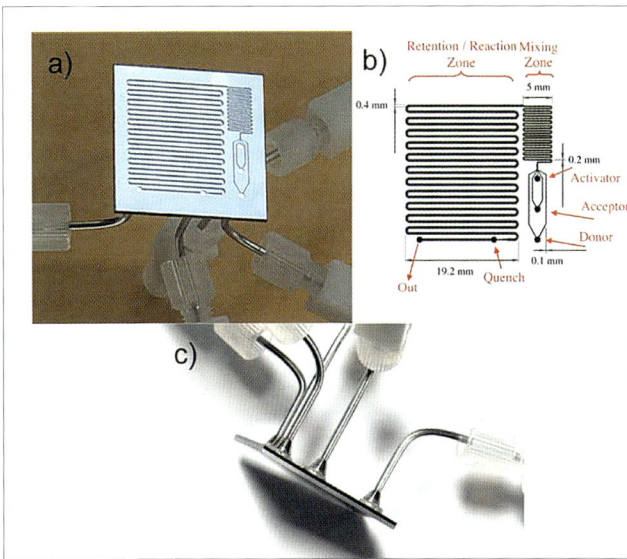

8.7.9

8.7.10

Joule

Joule

Volume 1 Number 1 January 1, 2017

Volume 1 Number 1 January 1, 2017

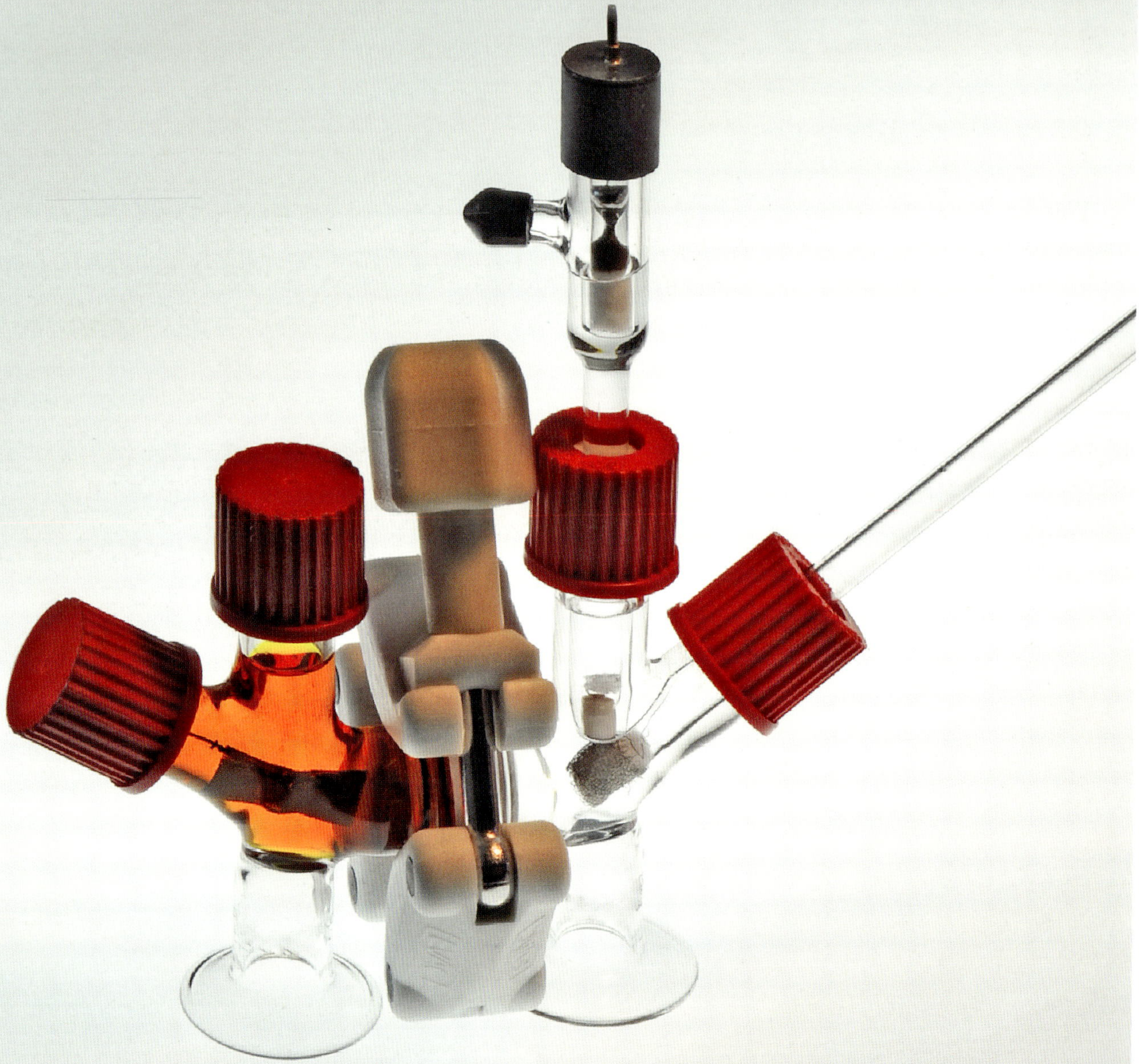

CellPress
www.cell.com

8.8.0

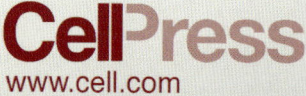

案例分析八：
一个"呼吸空气的"电池

这个实验室电池是用来测试"空气呼吸"水硫充电电池概念的，以实现超低成本的电网存储。

这张特别的图片荣登封面，令人欣喜的原因有很多。首先，在写这篇文章的时候，《焦耳》是一个新的杂志，从创刊之初就登上封面总是很好的。此外，《细胞》杂志的艺术总监安德鲁·唐（Andrew Tang）也在为他们的前几期期刊提供帮助，我在与安吉拉·德佩斯（Angela DePace）合作出版《视觉策略：作品展示实用指南》的过程中认识了安德鲁。

来自麻省理工学院蒋业明（音译：Yet-Ming Chiang）实验室的苏亮（音译：Liang Su）与我会面，并给了我仪器。我的第一个想法是把它放在一张高反光的桌子上（**图 8.8.1**）。我立刻意识到这样太过于分散注意力，于是否决了这个方案。

把它移到我的发光台上更合理一点，这是它在那的样子。（**图 8.8.2**）

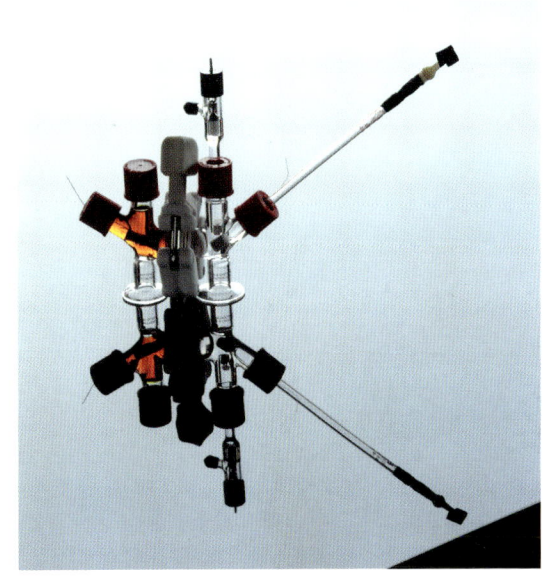

8.8.1

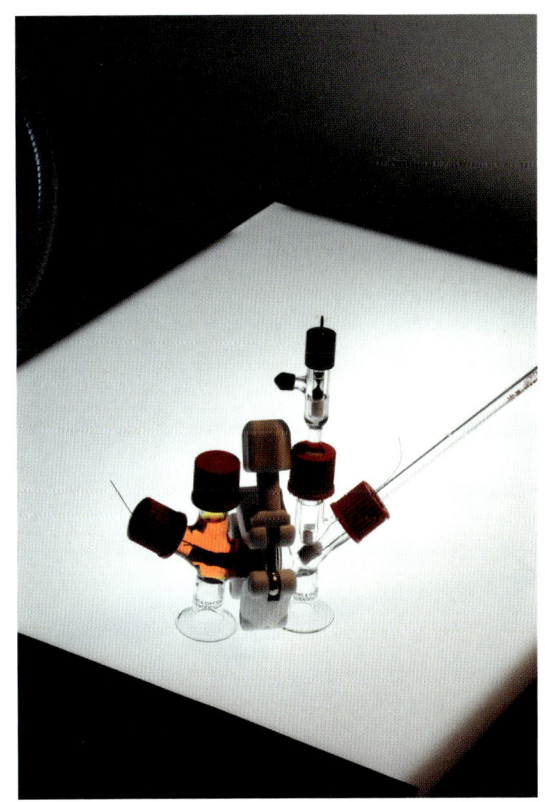

8.8.2

就要达到我想要的效果了——简洁而优雅。但这张照片还需要从前面补充一点更暖色调的"填充"光。（**图 8.8.3**）

然后，我裁剪了图像，并使用数字手段对背景进行了拉伸，以满足安德鲁所要求的尺寸。（**图 8.8.4**）

最后只需要再改进 下。左下角的红盖子有点凹陷，所以我从另一个红盖子上复制并粘贴了最上面的部分来补全它。（**图 8.8.5**）

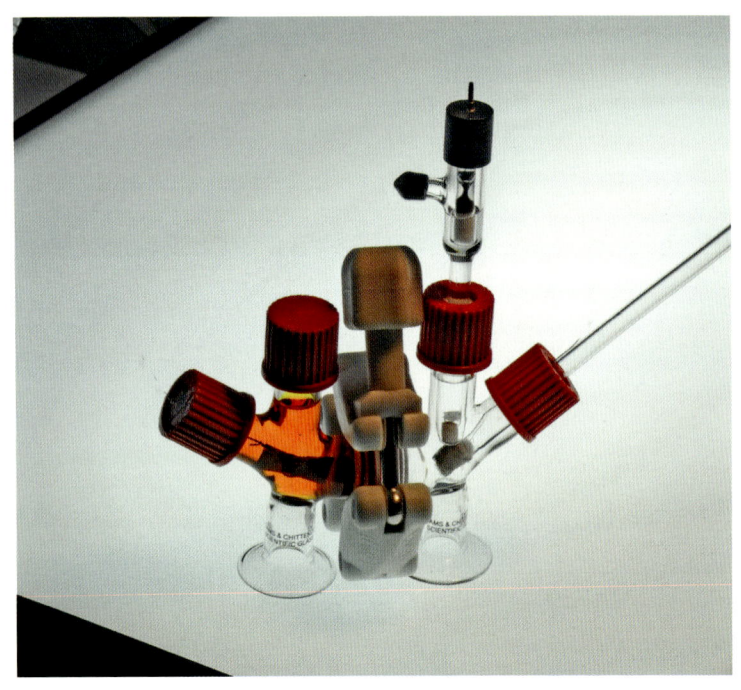

8.8.3

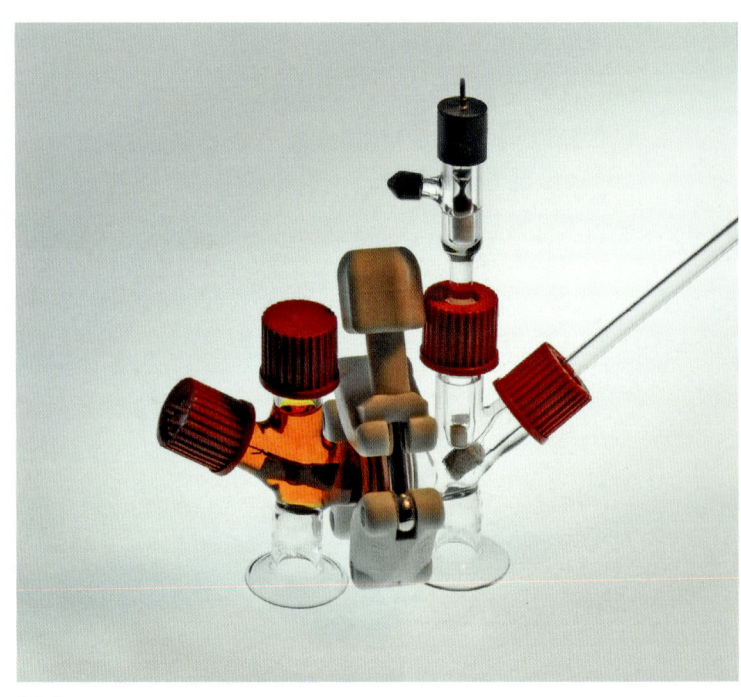

8.8.4

8.8.5

Vol. 3 • No. 1 • January • 2014

www.advhealthmat.de

ADVANCED HEALTHCARE MATERIALS

8.9.0

WILEY-VCH

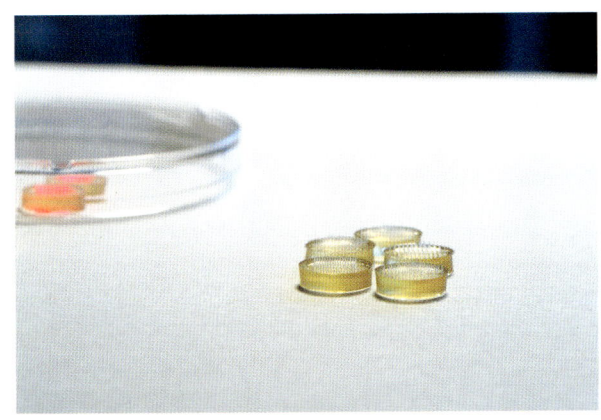

8.9.1

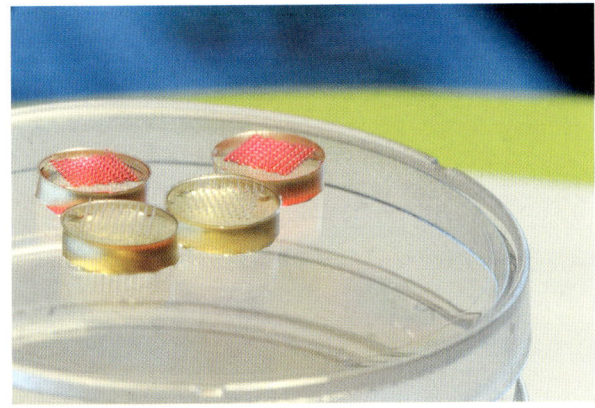

8.9.2

8.9.3

案例分析九：

微针

在这个案例分析中，记录了皮特·德穆思（Peter DeMuth）的微针，我将深入讨论可能很折磨人的细节，这表明我并不总是很确定应该从哪个视角拍摄照片。

首先，我把装有针头的直径 1 cm 圆盘放在一张桌子上粗略看了一眼，只是想大概弄清楚它们的样子（**图 8.9.1**）。我还试着把它们放在培养皿的顶部，它们就是装在培养皿里被送到我办公室的（**图 8.9.2**）。我惊奇地发现我喜欢这个偶然的画面。背景虚焦了的情况可能对效果有帮助。

下面这张成功的照片，我们之前看到过，是在平板扫描仪上拍摄的。这只是简单地用另一个视角观察和表现微针。（**图 8.9.3**）

8.9.4

然后我决定回去完善之前的构图。注意材料有两种颜色。（**图 8.9.4**）

现在我开始更认真地找角度，想着景深问题，并开始为封面构图，给杂志的标志留了空间。（**图 8.9.5**）

我觉得粉色会让人分心。所以接下来我试着只用一种颜色的圆盘。（**图 8.9.6**）

8.9.5

8.9.6

我继续调整，又改变了我的视角。（**图 8.9.7**）

仔细看，在这里，我稍微改变了左下角处圆盘的位置。（**图 8.9.8**）

观察如何更改微针的对齐方式，以便它们不会与其他圆盘上微针的排列重复。这些都是非常微小的调整，你可能认为它们是不必要的。但正是这些小小的改变让照片变得更好。

8.9.7

8.9.8

然而，最后皮特给我发来了一张精美的显微照片，他想试试以他的照片做封面。（**图 8.9.9**）

挑战之处在于照片是水平的，而封面是垂直的，所以我首先裁剪了图像，期望通过数字手段拉伸背景来获得封面图片。请参考网站资源页面上的"如何操作"视频，以获取有关此操作的更多信息。（**图 8.9.10**）

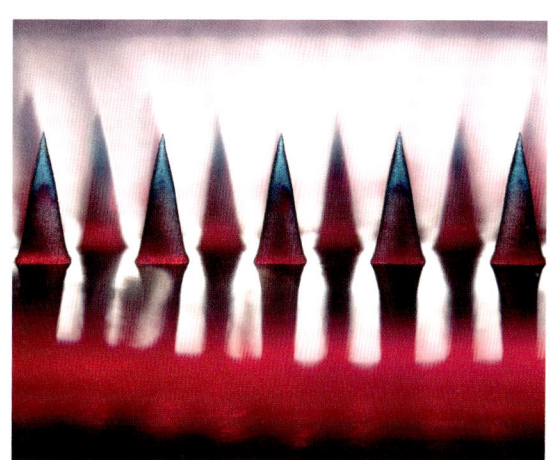

8.9.9

8.9.10

8.10.0

案例分析十：

一个太阳能热光伏（STPV）设备

在这个案例中，我对我的文件资料做了一些艺术化处理。

有些时候，当我被要求提供图像帮助时，我完全不知道等待我的是什么。当来自伊芙琳·王（Evelyn Wang）实验室的安德烈·莱纳特（Andrej Lenert）第一次带我走入麻省理工学院的这个实验室时，大量精密的设备让我头晕目眩。即使我看到了太阳热光伏装置所在的有关腔室，我仍然对如何拍这张照片毫无头绪。（图 8.10.1）

这个腔室被铝箔覆盖（我注意到实验室里的许多其他腔室也是如此）。特别地，我的视线聚焦到了腔室的窗户上。（图 8.10.2）

它有展示出美的潜力，但在第一张快拍的照片中，细节有点太多了。我决定简化它，就像我不断地敦促你去做的一样。我用数字手段去掉了所有的铝箔纸，把画面集中在圆形窗口上，显示了里面的设备。（图 8.10.3）

8.10.1

8.10.2

8.10.3

8.10.4

然后，为了有可能提交封面，我通过数字方式添加了一个背景。（**图 8.10.4**）

几天后我回到实验室时，腔室里有一个类似但不同的装置，我决定也拍摄一下这个。利用装置表面的反光性质，我在镜头上盖了一块橙色的布（我发现它藏在桌子上），以得一些橙色的反射到相上去。（**图 8.10.5**）

此外，我把相机移到离窗户更近的地方，聚焦在腔室内的设备上，用 f/32 左右的光圈拍摄。注意橙色的反射（**图 8.10.6**）。你可以看到聚焦的部分非常少。

接着我想象我该做什么，比如裁剪切入聚焦的部分。（**图 8.10.7**）

然后我决定尝试别的东西。我用数字软件对仅有设备的单个图像的一部分进行拉伸，使其变为垂直构图（预期将其用作背景），然后将原始图像的副本覆盖到垂直拉伸的图像上，使得设备呈正确比例，如本案例分析开头的图像所示。

这张图最终并没有被用作杂志封面，但很高兴它在麻省理工学院的主页被突出展示。（**图 8.10.8**）

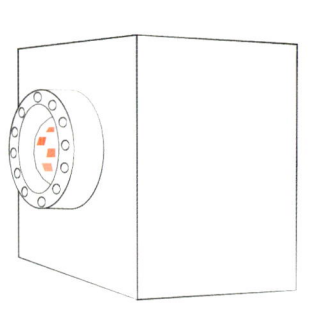

8.10.5

8.10.6

8.10.7

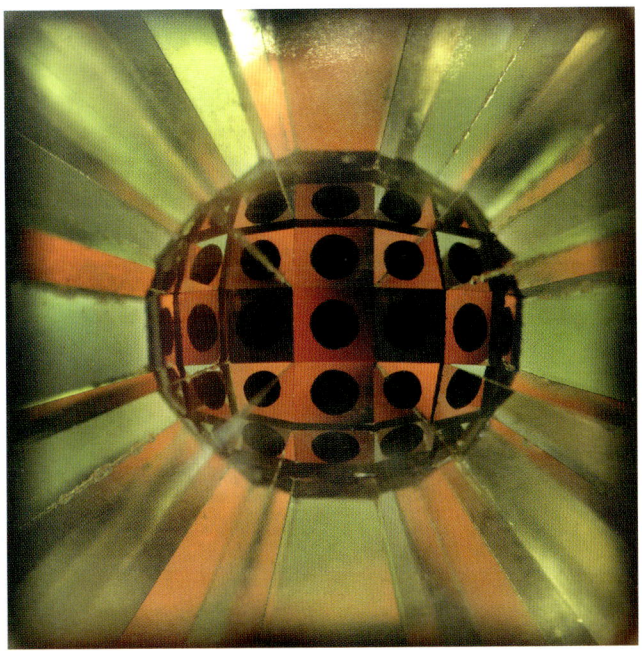

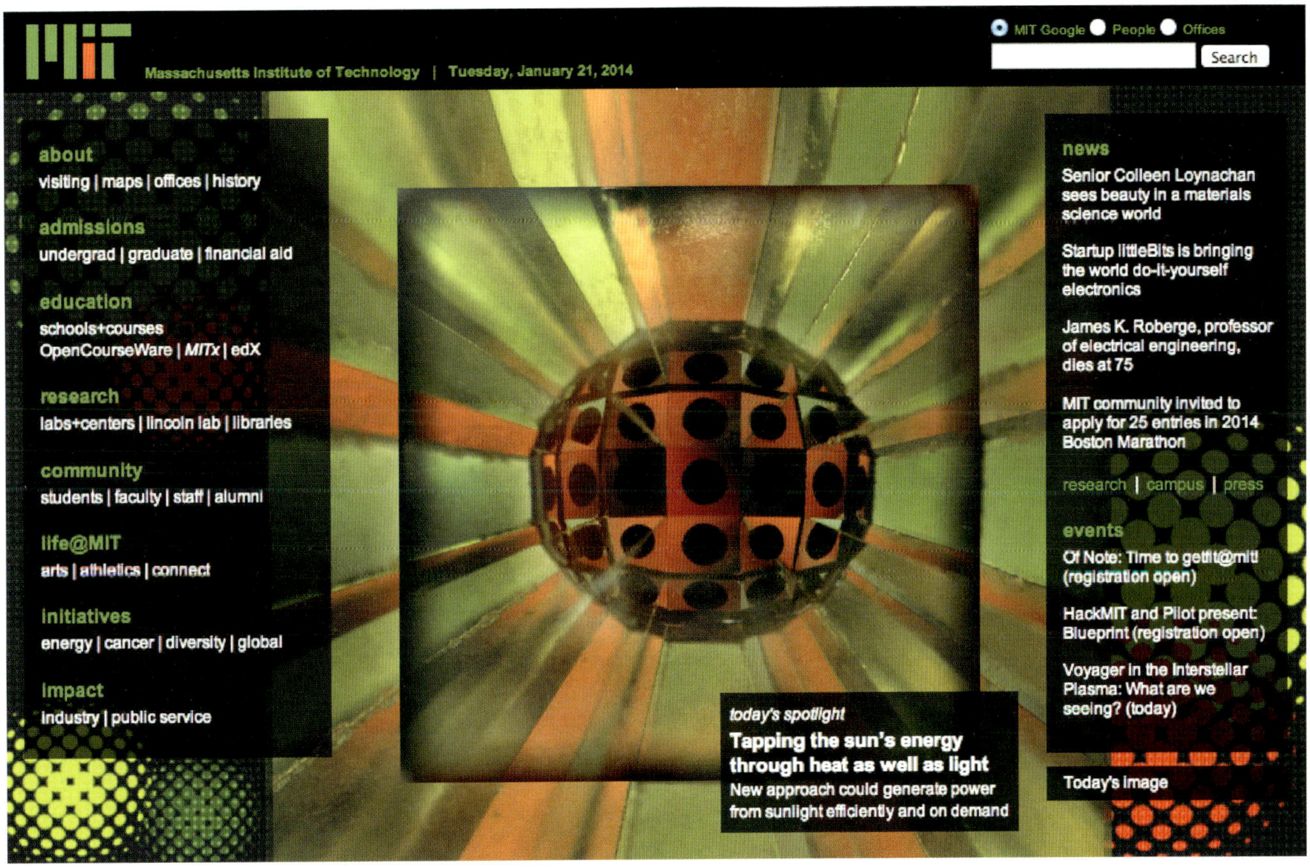
MIT
Massachusetts Institute of Technology | Tuesday, January 21, 2014
MIT Google People Offices
Search
about
visiting | maps | offices | history
admissions
undergrad | graduate | financial aid
education
schools+courses
OpenCourseWare | MITx | edX
research
labs+centers | lincoln lab | libraries
community
students | faculty | staff | alumni
life@MIT
arts | athletics | connect
initiatives
energy | cancer | diversity | global
impact
industry | public service
today's spotlight
Tapping the sun's energy through heat as well as light
New approach could generate power from sunlight efficiently and on demand
news
Senior Colleen Loynachan sees beauty in a materials science world
Startup littleBits is bringing the world do-it-yourself electronics
James K. Roberge, professor of electrical engineering, dies at 75
MIT community invited to apply for 25 entries in 2014 Boston Marathon
research | campus | press
events
Of Note: Time to getfit@mit! (registration open)
HackMIT and Pilot present: Blueprint (registration open)
Voyager in the Interstellar Plasma: What are we seeing? (today)
Today's image

8.10.8

8.11.0

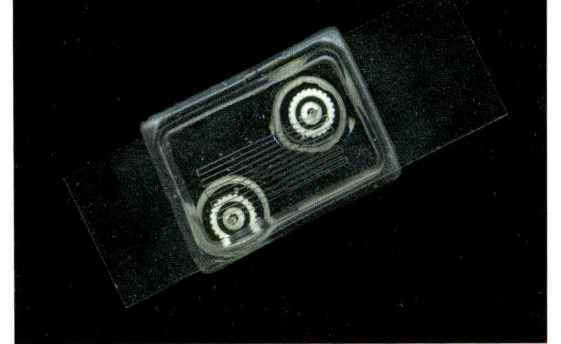

8.11.1

案例分析十一：
材料提取和制造

我之前提到了当样品不是处于最佳状态时捕捉高质量照片是很有挑战的，特别是在存在大量灰尘和污垢的情况下。在安托万·阿伦斯（Antoine Allanore）的实验室里，我第一次扫描这个设备（开着扫描仪的盖）时，就知道我将面临一个挑战（**图 8.11.1**）。说实话，花上几小时的时间用数字软件清理图像并不是我所期待的。公平地说，当研究人员制造出这个装置的时候，他们根本不知道我要把它拍下来发表。我很肯定这个特殊的装置只用于实验目的。

不管怎样，我决定尝试一下懒惰的方法，然后我想象着做下面的事情。我知道黑色的背景突出了灰尘的斑点，所以我像往常一样，在盖子关闭的情况下进行了扫描。（**图 8.11.2**）

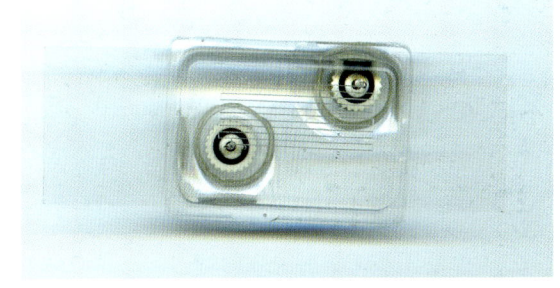

8.11.2

这样好多了，我想。然后我决定看看用透射光的效果如何。（**图 8.11.3**）

有趣的是这张图单张效果一般，但把两者叠加起来可能会比任何一张单独的图像更具可读性。（**图 8.11.4**）

8.11.3

使用 Photoshop 中的图层窗口，在图层的"正常"模式下，我将覆盖的透射光图像的不透明度调整为 39%。通过进一步的调试，我在图层窗口中将覆盖的图像设置为"叠加"，得到了这个结果（**图 8.11.5**）。看看你是否能看到细微的提升。

更进一步地，我反转了正常的分层图像，得到了本案例分析一开始的图像。

在最后四个案例研究中，将看到我进一步尝试描述那些不能被拍摄的概念。我发现这个练习非常有启发性，原因有很多：首先，这是一个有趣的挑战，创造一个情景来吸引读者关注一个特定的概念，尽管他们可能没有这一领域的专业背景来深入理解。本章开头的《自然》封面案例分析就是一个很好的例子。此外，如果一个概念无法被直接拍摄，为它找到视觉比喻的过程也有助于更加清晰地阐述概念。

8.11.4

8.11.5

8.12.0

案例分析十二：
液体电池模型

在本案例中，我最开始是想拍摄各种各样的照片元素，然后将它们组合成一个最终的照片插图来作为期刊封面提交，类似于我在"案例分析一"中所做的。这就好比大多数平面艺术家画出所有不同的组成部分，但是因为我不会画画（或者从来没有真正尝试过），我用了我仅有的技能——摄影。

首先，我在麻省理工学院会见了研究人员多恩·萨多威（Don Sadoway）和他的同事布里斯·钟（Brice Chung）和塔卡纳里·乌奇（Takanari Ouchi），进行了一次头脑风暴会议。我们一起讨论了需要什么材料，以及我设想的如何开展这项工作的草图。（**图 8.12.1** 和**图 8.12.2**）

我文件袋里的"实验说明"十分重要，坦白说，有点让人不安。虽然这些年来我在不同的实验室工作过，我还是无法欣然地处理液态汞。事实上，我的犹豫不决后来影响了制作最终图像的过程。"倾倒"的次数和根据环保法规保存废弃材料的要求改变了我制作的方法。我转而决定在这个过程中加入一些数字处理。

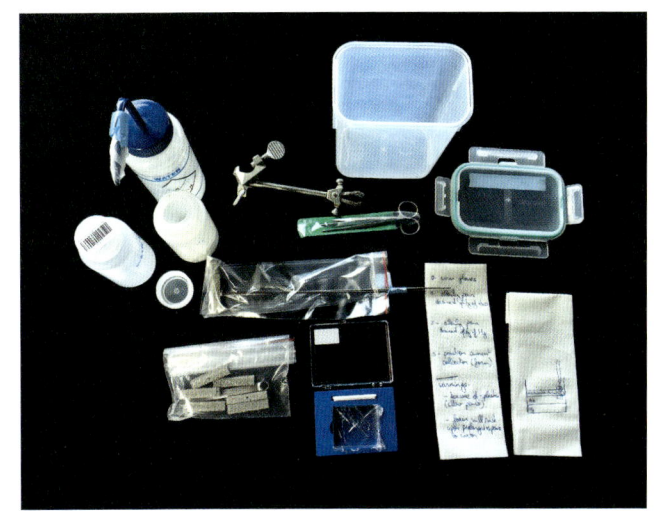

8.12.1

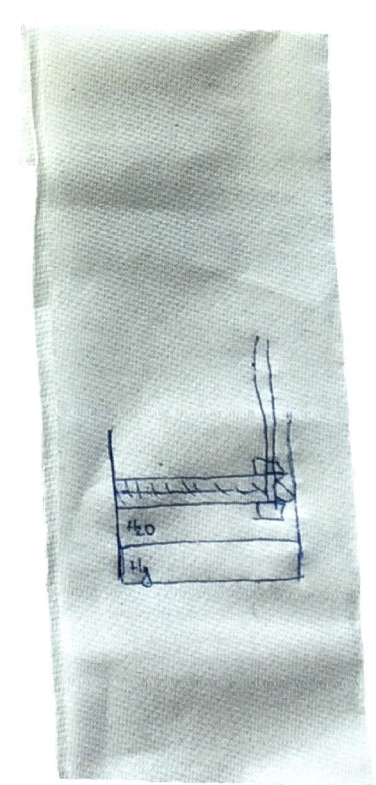

8.12.2

394

8.12.3

8.12.4

8.12.5

首先，我将提供的光学比色皿放在我的发光台上，然后非常小心地倒入水银和水，来看看我在处理什么。（**图 8.12.3**）

从这时开始，我感到紧张了，意识到我也许将不得不颠倒重来好几次，以确定倾倒的顺序。

因此，我决定使用这张照片作为最终图像的主要"画布"，并计划通过数字处理抽入具余必要的组成部分。在我尝试了许多水位以及泡沫的不同位置后，下面的照片给我提供了一个最佳的工作基础。（**图 8.12.4**）

我决定在前面加一点钨灯光，让金属泡沫有一个温暖的色调。（**图 8.12.5**）

然后我复制并将泡沫和水位（**图 8.12.6a**）插入先前确定的"画布"图像中。（**图 8.12.6b**）

于是产生了下一个图像（**图 8.12.6c**）。我必须稍微移动调整它来使不同的线条重合，然后合并图层。

8.12.6a

8.12.6b

8.12.6c

8.12.7

然后我复制反应杯的左侧，并将复制的部分移到右侧（来遮住支撑的钳子）。（**图** 8.12.7）

我水平"翻转"并粘贴了这部分图像，使比色皿似乎"完整"了。我还为图像添加了投影。（**图** 8.12.8）

为了增加一点戏剧性，我用数字软件把整个画面的颜色反转了。（**图** 8.12.9）

然后，为了使现在的蓝色金属泡沫再变回橙色，我改变了泡沫区域的色调，得到了最终的图像（参见本案例分析的开篇图像）。

遗憾的是，我们的图片没被采用作为封面，但是《自然》杂志表示非常喜欢这张照片，所以在他们的杂志主页上使用了它。这项研究在其他新闻媒体上引起了广泛关注——当然，主要是因为科学很重要。但我相信用一个戏剧性的图像来吸引人们的注意力是很有意义的。

8.12.8

8.12.9

8.13.0

案例分析十三：
数学上的"入侵者"

麻省理工学院的研究人员肯·卡姆林（Ken Kamrin）正在寻找一种有趣的方法来描述他新发现的简单的公式，用于计算将铲子或任何其他"入侵者"推入沙子所需的力。他有一些他儿子用铲子推沙子的不错的照片，但我说服他重新考虑。即使没有看到那张照片，我也能想象它是什么样子。我想说的是，陈词滥调的照片不一定有说服力。

我开始摆弄各种类似沙子的介质和一些"入侵者"的视觉创意。肯还指出，他的公式用其他相似的介质也成立。这是我最初喜欢的一张照片（**图 8.13.1**），但经过再三考虑，坦白来说，我发现这张照片有些有趣得过头了。上面的元素太多了，即使有文字介绍，也很难看出照片想说明什么。

我知道我必须简化这个想法，并在网上做了一些搜索，以找到一些像沙子一样的美观材料。我想这些珠子没准能用得上。（**图 8.13.2**）

我还尝试了牙膏、义齿黏合剂和婴儿尿布疹膏等其他可能的"介质"来作为类比。在本篇文章中，我们将只使用珠子。

进一步简化这个想法，对于这个案例分析开始时展示的最终图像，我试图采用肯的作图建议："所以它看起来像有人试图戳进去，有点像用一个薯片去舀鳄梨酱。"

我们让这张照片成功登上了麻省理工学院的主页。（**图 8.13.3**）

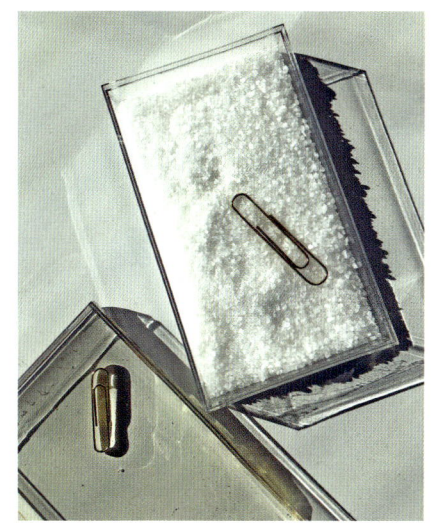

8.13.1

8.13.2

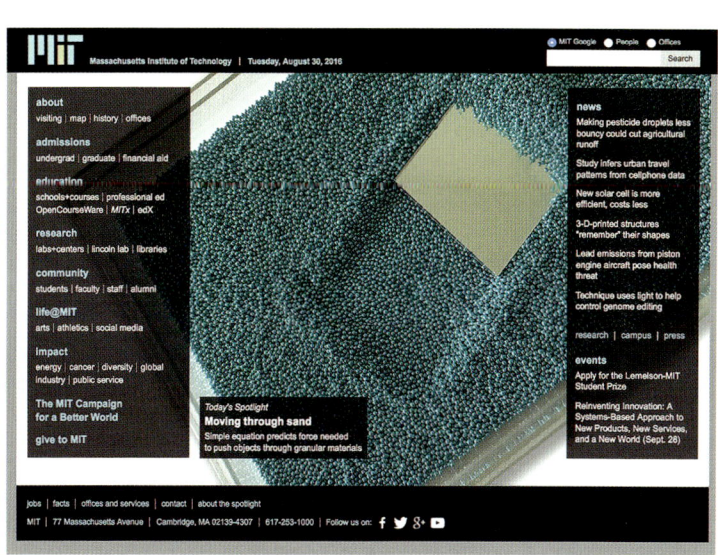

8.13.3

8.14.0

案例分析十四:

太阳能电池

在这个案例中，我的想法是对一个特定太阳能电池的应用进行视觉上的呈现。

这是其中一块电池的图像（**图 8.14.1**）。照片由斯坦福大学的蓉蓉·蔡查（Rongrong Cheacharoen）拍摄。

但有一个问题，这在其他实验室也经常遇到。照片的主体（太阳能电池）几乎看不到。事实上，如果你从"布局"的角度来考虑，照片的主体大约占整个图像的 1%。读者必须努力理解才能弄明白这张照片不是关于紫手套的。

我在麻省理工学院尝试的过程中，首先用体视立体显微镜拍摄了单独一个电池的图像。（**图 8.14.2**）

我也可以用一个相机和 105mm 微距镜头，但将器材快速放置在显微镜下拍摄会更容易。

我按照当时的心情选了薰衣草色的背景，把一张照片叠加在背景上，然后又把电池复制了好几次，随机地放置在背景上。（**图 8.14.3**）

麻省理工学院新闻办公室在他们的一篇新闻报道中使用了这张图片。（**图 8.14.4**）

8.14.2

8.14.3

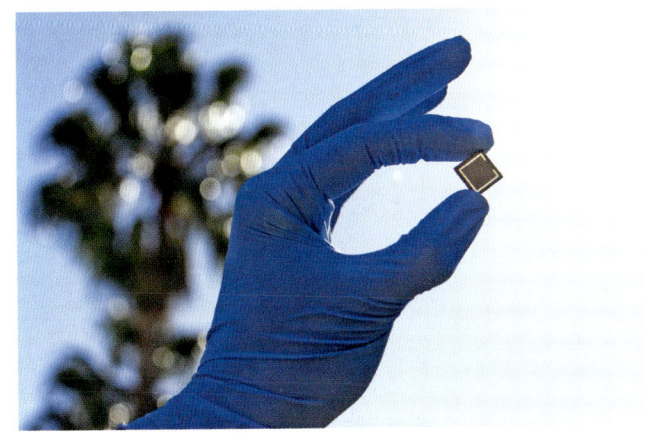

8.14.1

8.14.4

402

不过，我还是希望能登上主页，并考虑制作一张能联想到"太阳"的图片，暗示与太阳有关，所以我尝试用红黄色渐变作为背景。（**图 8.14.5**）

但是效果不好。

然后我想起了 20 年前我拍摄的数千张风景照中的一张——加利福尼亚的日落。（**图 8.14.6**）

使用这张图片作为背景，我再次在上面叠加了一些复制的太阳能电池，就做成了这个案例分析的开篇图片。

我很高兴看到图片出现在麻省理工学院的主页上。（**图 8.14.7**）

8.14.5

8.14.6

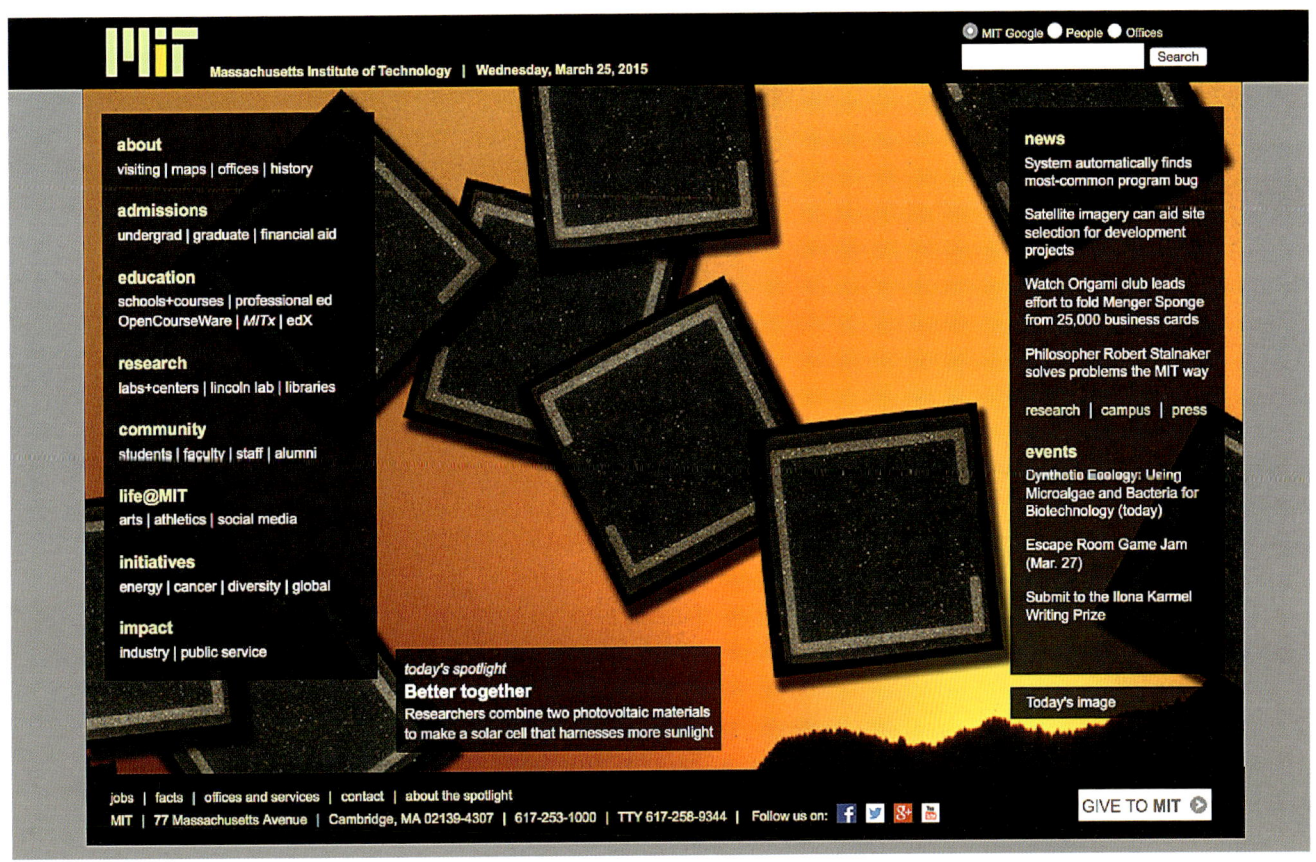

8.14.7

案例分析十五：

氧空位

当麻省理工学院的比格·伊尔迪兹（Bilge Yildiz）联系我来做一张图，要以某种方式展现一个新的表面处理方式是如何提升一种特殊材料——钙钛矿。对于其作为燃料电池电极的使用效率，我有点百思不得其解。我制图过程中的重要部分是坐下来，让研究人员为我解释科学。当她向我解释的时候，我开始想象我们该如何展示无法用相机和显微镜拍摄的东西。"氧空位"一词成为我们谈话的一个重要组成部分，至少对于我自己，我开始意识到，空位感觉就像一个"洞"。但说服比格借助一个洞来展现"空位"绝非易事。我知道我必须用点什么来向她展示我的意思。

我从第四章"背景"部分介绍的摄影背景开始（**图8.15.1**），然后调查了一下科学家们都用哪些方法来表示钙钛矿氧化物。许多表现形式都太复杂了，以至于难以被看懂。（**图8.15.2**）

我找到了一个二维图形，更好懂。（**图8.15.3**）

想象着我会在我选择的背景上添加两个这样的图形，我开始调整它的形状（**图8.15.4**），并添加了一些有待商榷的"洞"，我不得不去说服比格。这些空位的比喻实际上是照片！（**图8.15.5**）

我把所有的片段梳理在一起形成了开篇的图像。请注意，我在这张图片的上部把一些区域染红了。目的是表明一旦某些氧空位被特定原子（红色）填满，材料就变得更加持久和高效。麻省理工学院在其主页上使用了这张图像。（**图8.15.6**）

8.15.1

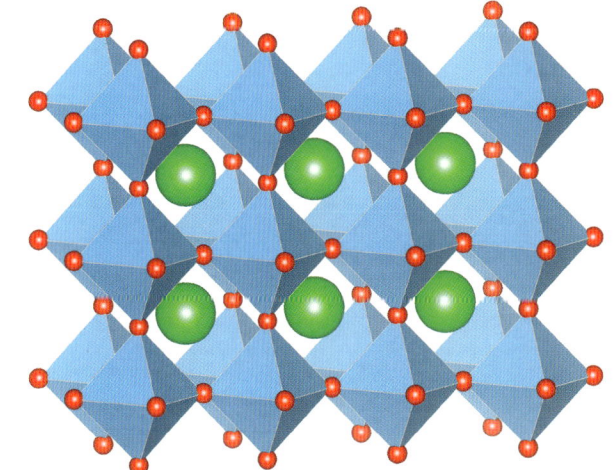

8.15.2

8.15.3

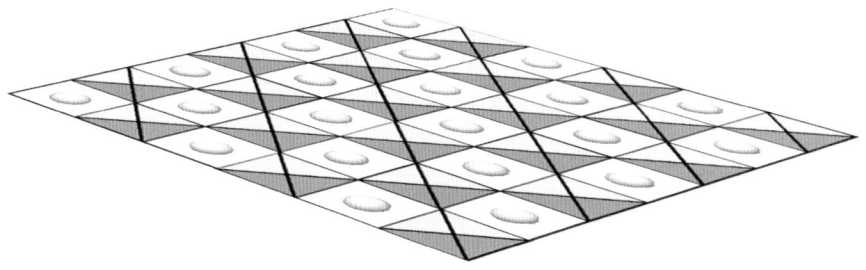

8.15.4

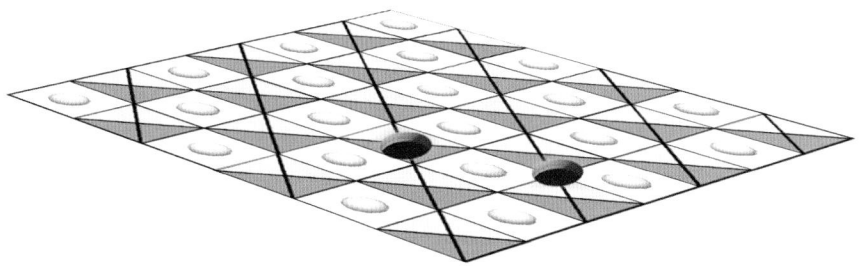

8.15.5

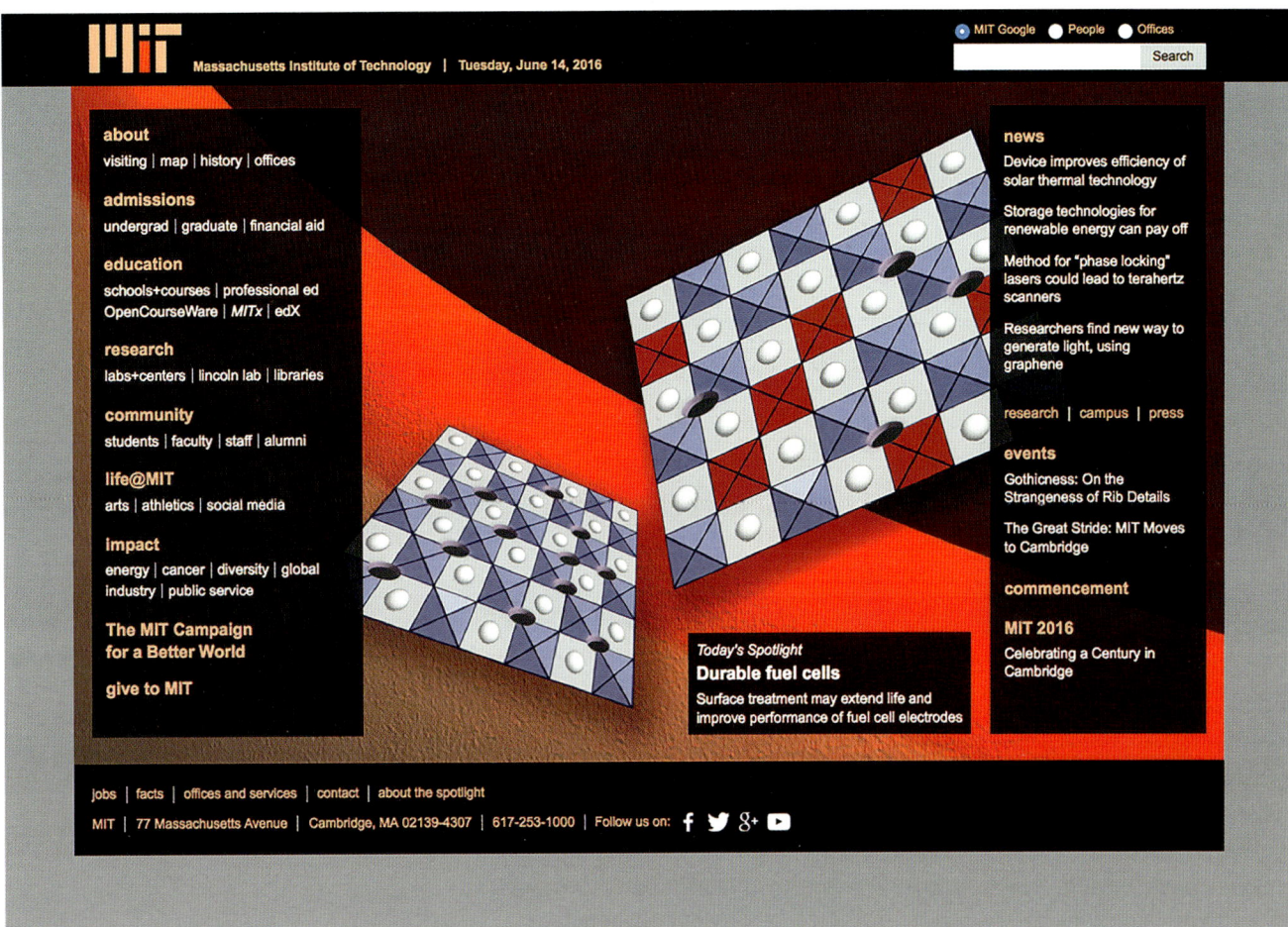

8.15.6

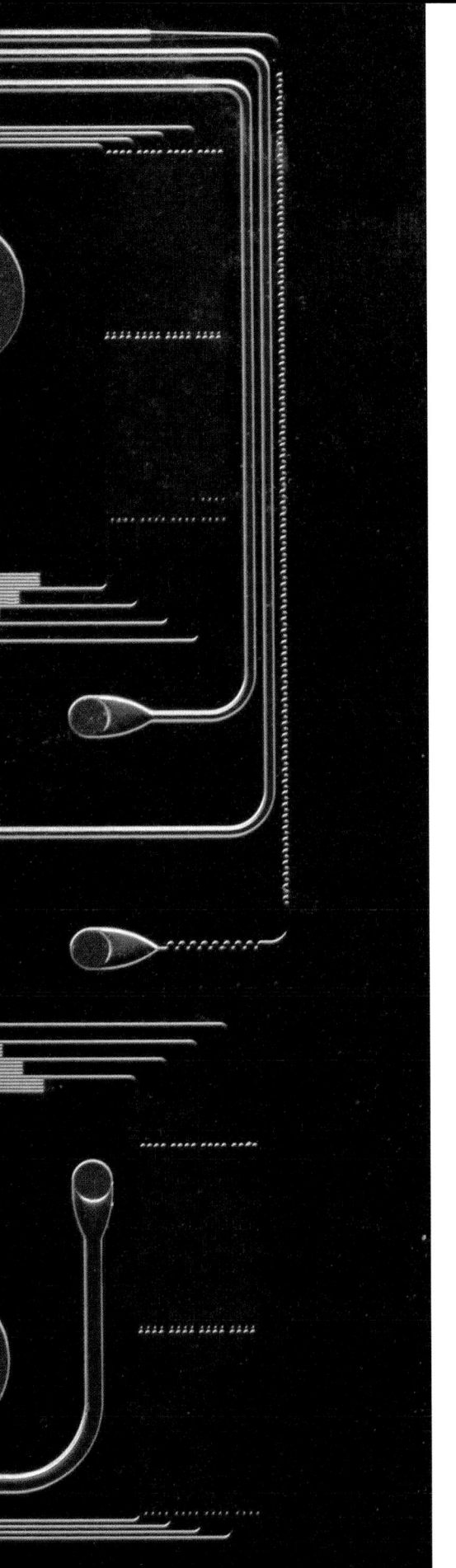

视觉索引

视觉索引的目的是提供每张图片相关的科学信息。

你也可以将其视作一个快捷的工具，快速找到书中的相关图片。

除了一些例外，大部分图片是我的，受版权保护，未经许可不得使用。其他不属于我的图片会给出说明。

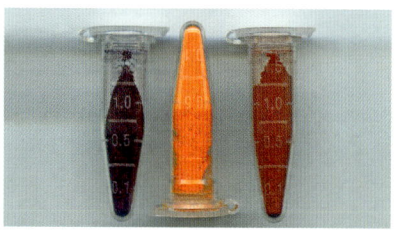

1.1

分析化学品

G. M. Whitesides，哈佛大学化学与化学生物系 Whitesides 研究组
Martinez, A. W., S. T. Phillips, G. M. Whitesides, et al. "Diagnostics for the Developing World: Microfluidic Paper-Based Analytical Devices." *Analytical Chemistry* 82, no. 1 (January 1, 2010).

1.2

人体生理组学芯片

L. Griffith，麻省理工学院生物工程系 Charles Stark Draper 实验室

1.3

珍珠母贝

Frankel, F., and G. M. Whitesides. *On the Surface of Things: Images of the Extraordinary in Science.* San Francisco: Chronicle Books, 1997.

1.4

大肠杆菌

S. Bhatia，麻省理工学院多尺度再生技术实验室
Danino, T., J. Lo, A. Prindle, et al. "In Vivo Gene Expression Dynamics of Tumor-Targeted Bacteria." *ACS Synthetic Biology* 1, no. 10 (October 2012).

1.5

微针

P. DeMuth，麻省理工学院生物工程系；Koch 综合癌症研究所 Irving 实验室；Koch 综合癌症研究所 Hammond 实验室
DeMuth, P. C., Y. Min, D. J. Irvine, et al. "Implantable Silk Composite Microneedles for Programmable Vaccine Release Kinetics and Enhanced Immunogenicity in Transcutaneous Immunization." *Advanced Healthcare Materials* 3, no. 1 (January 2014).

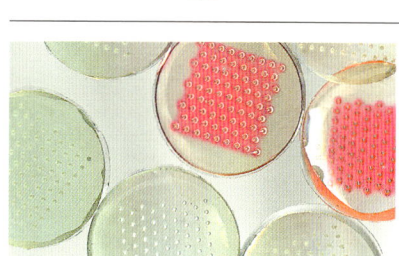

1.6

梨

作者个人探索

1.7
生鸡蛋

作者个人探索

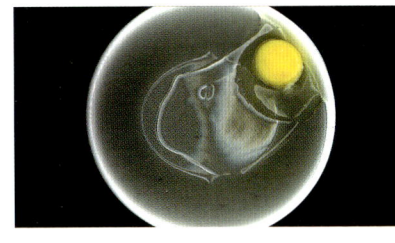

1.8
原种番茄

作者个人探索

1.9
芯片肺

D. Ingber，哈佛大学 Wyss 生物启发工程研究所
Huh, D., B. D. Matthews, A. Mammoto, et al. "Reconstituting Organ-Level Lung Functions on a Chip." *Science* 328, no. 5986 (June 25, 2010).

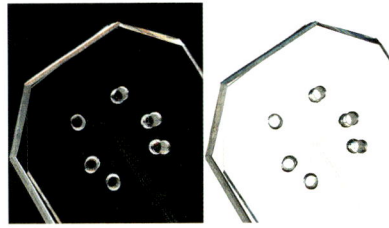

1.10
干燥的花

作者个人探索

1.11
电子照相机

J. Rogers，西北大学工程学院 Rogers 研究组
Ko, H. C., M. P. Stoykovich, J. Song, et al. "A Hemispherical Electronic Eye Camera Based on Compressible Silicon Opto-electronics." *Nature* 454, no. 7205 (August 7, 2008).

1.12
玛瑙

Frankel, F., and G. M. Whitesides. *On the Surface of Things: Images of the Extraordinary in Science.* San Francisco: Chronicle Books, 1997.

1.13
手表的齿轮组

作者个人探索

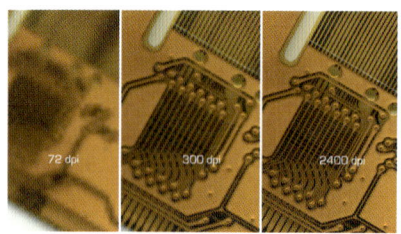

1.14
电子墨水屏装置特写

www.eink.com/

1.15
爱普生扫描仪

说明图片

1.16—1.23
音乐盒

作者个人探索

1.24
玻璃海绵骨骼

J. Aizenberg，哈佛大学 Aizenberg 生物矿化和仿生学研究实验室
Aizenberg, J., A. C. Weaver, M. S. Thanawala, et al. "Skeleton of *Euplectella sp*.: Structural Hierarchy from the Nanoscale to the Macroscale." *Science* 309, no. 5732 (July 8, 2005).

1.25
微流体柔性传感器

J. Rogers，西北大学工程学院 Rogers 研究组
Xu, S., Y. Zhang, L. Jia, et al. "Soft Microfluidic Assemblies of Sensors, Circuits, and Radios for the Skin." *Science* 344, no. 6179 (April 4, 2014).

1.26—1.32
微阵列

D. Walt, Illumina
http://www.illumina.com

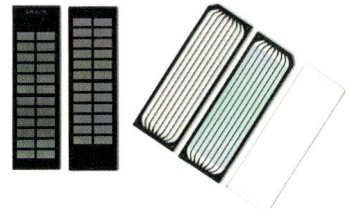

1.33, 1.34
人类生理组学芯片

L. Griffith, C. Edington, D. Trumper, M. Cirit，麻省理工学院和 Charles Stark Draper 实验室
Chen, W. L. K., C. Edington, E. Suter, et al. "Integrated Gut/Liver Microphysiological Systems Platform Elucidates Inflammatory Cytokine/Chemokine Inter-Tissue Crosstalk." *Biotechnology and Bioengineering* 114, no. 11 (November 2017).

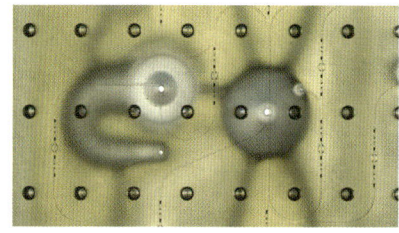

1.35—1.39
大肠杆菌

S. Bhatia，麻省理工学院多尺度再生技术实验室
Danino, T., J. Lo, A. Prindle, et al. "In Vivo Gene Expression Dynamics of Tumor-Targeted Bacteria." ACS Synthetic Biology 1, no. 10 (October 2012).

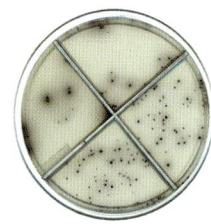

1.40, 1.41
选定的背景

1.42
诊断器件

Quanterix 公司 D. Duffy 实验室
Kan, C. W., A. J. Rivnak, T. G. Campbell, et al. "Isolation and Detection of Single Molecules on Paramagnetic Beads Using Sequential Fluid Flows in Microfabricated Polymer Array Assemblies." *Lab on a Chip* 12, no. 5 (March 2012).

2.1
快装板

说明图片

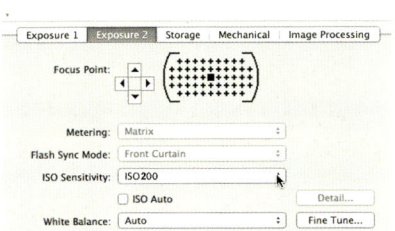

2.2
关于曝光的截图

说明图片

2.3
ISO 设定

说明图片

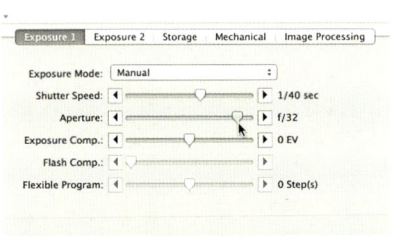

2.4, 2.5
关于曝光的截图

说明图片

2.6
丙烯酰胺凝胶

T. Tanaka，麻省理工学院物理系材料科学与工程中心 Tanaka 实验室
Alvarez-Lorenzo, C., O. Guney, T. Oya, et al. "Polymer Gels That Memorize Elements of Molecular Conformation." Macro-molecules 33, no. 23 (November 14, 2000).

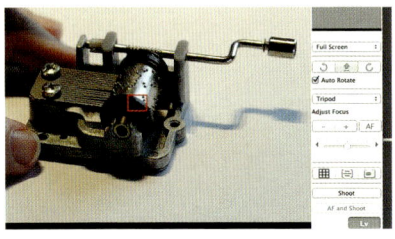

2.7—2.9
关于曝光与构图的截图

说明图片

2.10—2.12
关于景深的讨论

说明图片

2.13
工程毛发

麻省理工学院机械工程系 A. Hosoi 实验室
Nasto, A., M. Regli, P. T. Brun, J. Alvarado, C. Clanet, and A. E. Hosoi. "Air Entrainment in HairySurfaces." *Physical Review Fluids* 1, no. 3 (July 2016).

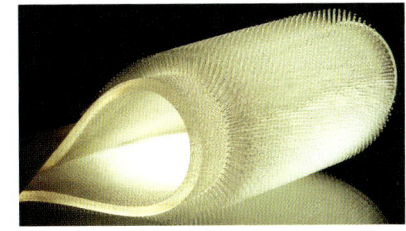

2.14
秋天的树叶

Frankel, F. *Envisioning Science: The Design and Craft of the Science Image*. Cambridge, MA: MIT Press, 2002.

2.15
实验室制造的晶体

麻省理工学院物理系 R. Birgeneau 实验室
"Laboratory-Made Calcium Fluoride and Manganese Fluoride Crystals." In *The Art and Science of Growing Crystals*, ed. J. J. Gilman. New York: Wiley, 1963.

2.16
微反应器

S. Ajmera，麻省理工学院化学工程系 Jensen 研究组
Ajmera, S. K., C. Delattre, A. Martin, et al. "A Novel Cross-Flow Microreactor for Kinetic Studies of Catalytic Processes." In *Microreaction Technology: IMRET 5: Proceedings of the Fifth International Conference on Microreaction Technology*, ed. M. Matlosz, W. Ehrfeld, and J. P. Baselt. Berlin: Springer-Verlag, 2001.

2.17
芯片肺

D. Ingber，哈佛大学 Wyss 生物启发工程研究所
Huh, D., B. D. Matthews, A. Mammoto, et al. "Reconstituting Organ-Level Lung Functions on a Chip." *Science* 328, no. 5986 (June 25, 2010).

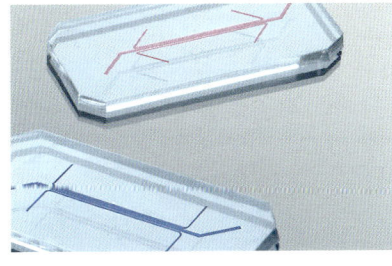

2.18
斑斓的球面

G. M. Whitesides，哈佛大学化学与化学生物学系 Whitesides 研究组
Paul, K. E., M. Prentiss, and G. M. Whitesides. "Patterning Spherical Surfaces at the Two-Hundred-Nanometer Scale Using Soft Lithography." *Advanced Functional Materials* 13, no. 4 (April 2003).

2.19
等离子晶体

J. Rogers，西北大学工程学院 Rogers 研究组
Stewart, M. E., N. H. Mack, V. Malyarchuk, et al. "Quantitative Multispectral Biosensing and 1D Imaging Using Quasi-3D Plasmonic Crystals." *Proceedings of the National Academy of Sciences* 103, no. 46 (November 14, 2006).

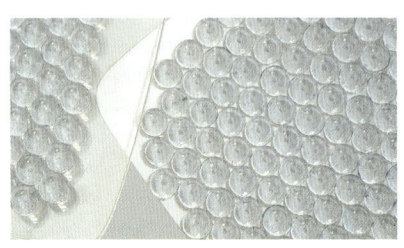

2.20
大肠杆菌菌落图案

E. Budrene，哈佛大学细胞与发育生物学系 Budrene 实验室
Budrene, E. O., and H. C. Berg. "Complex Patterns Formed by Motile Cells of *Escherichia coli.*" Nature 349, no. 6310 (February 14, 1991).

2.21
自组装小球

Frankel, F., and G. M. Whitesides. *No Small Matter: Science on the Nanoscale*. Cambridge, MA: Belknap Press of Harvard University Press, 2009.

2.22
制造的材料

M. Boyce, M. Guttag，麻省理工学院
Guttag, M., and M. C. Boyce. "Surface Engineering: Locally and Dynamically Controllable Surface Topography through the Use of Particle-Enhanced Soft Composites." *Advanced Functional Materials* 25, no. 24 (June 2015).

2.23
音乐盒

背景讨论

2.24
发光器件

麻省理工学院材料科学与工程系 M. Rubner 实验室
Handy, E. S., A. J. Pal, and M. F. Rubner. "Solid-State Light-Emitting Devices Based on the Tris-Chelated Ruthenium(II) Complex. 2. Tris(bipyridyl)ruthenium (II) as a High-Brightness Emitter." *Journal of the American Chemical Society* 121, no. 14 (April 14, 1999).

2.25
铜盐结晶

G. M. Whitesides，哈佛大学化学与化学生物学系 Whitesides 研究组
Whitesides, G. M. "Copper." *Chemical and Engineering News* (2003). http://pubs.acs.org/cen/80th/copper.html.

2.26
柔性传感器

J. Rogers，西北大学工程学院 Rogers 研究组
www.mc10inc.com

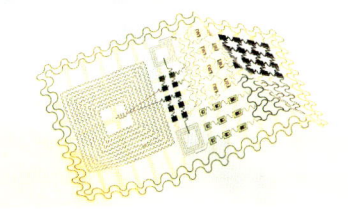

2.27
水滴

Frankel, F., and G. M. Whitesides. *No Small Matter: Science on the Nanoscale.* Cambridge, MA: Belknap Press of Harvard University Press, 2009.

2.28
枯草芽孢杆菌

哈佛医学院 Roberto Kolter 实验室
Frankel, F., and G. M. Whitesides. *No Small Matter: Science on the Nanoscale.* Cambridge, MA: Belknap Press of Harvard University Press, 2009.

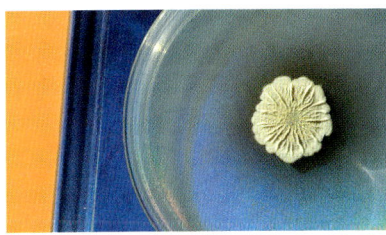

2.29, 2.30
高压微反应器

K. Jensen，麻省理工学院化学工程系 Jensen 研究组
Marre, S., A. Adamo, S. Basak, et al. "Design and Packaging of Microreactors for High Pressure and High Temperature Applications." *Industrial Engineering and Chemistry Research* 49, no. 22 (November 2010).

2.31
折纸机器人

R. Wood，工程与应用科学学院；哈佛大学 Wyss 生物启发工程研究所
http://news.harvard.edu/gazette/story/2010/06/a-marriage-of-origami-and-robotics/

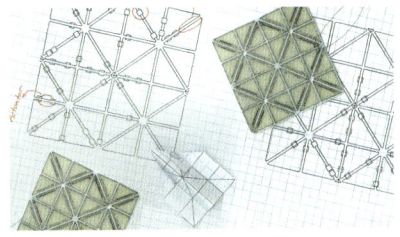

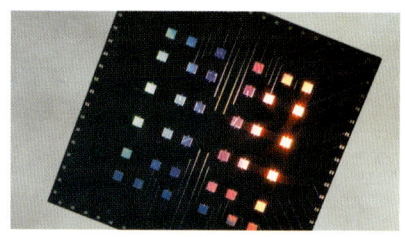

2.32
全电子 DNA 阵列传感器

D. Ehrlich and P. Matsudaira，麻省理工学院 Whitehead 生物医学研究所

2.33
实验室自制石英晶体

麻省理工学院 R. Birgeneau 实验室
"Laboratory-Made Calcium Fluoride and Manganese Fluoride Crystals." In *The Art and Science of Growing Crystals*, ed. J. J. Gilman. New York: Wiley, 1963.

2.34
微粒子

麻省理工学院化学工程系 R. Langer 实验室

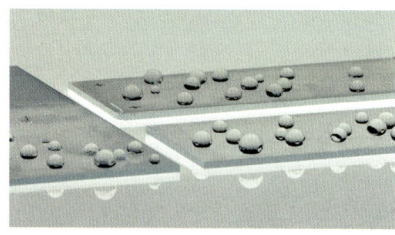

2.35
超疏水表面

M. Rubner，麻省理工学院材料科学与工程中心系
Lee, H., M. L. Alcaraz, M. R. Rubner, et al. "Zwitter-Wettability and Antifogging Coatings with Frost-Resisting Capabilities." *ACS Nano* 7, no. 3 (March 2013).

2.36
夹在金和黄铜层之间的镍钨合金

C. Schuh，麻省理工学院材料科学与工程系

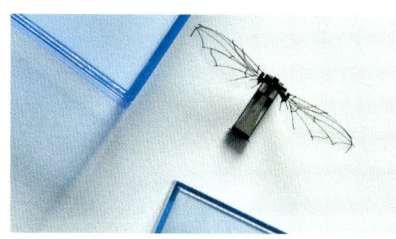

2.37
机器昆虫（机器蜂）

R. Wood，哈佛大学工程与应用科学学院，哈佛大学 Wyss 生物启发工程研究所
Wood, R. "The First Take-off of a Biologically Inspired At-Scale Robotic Insect." *IEEE Transactions in Robotics* 24, no. 2 (April 2008).

2.38
微针

P. DeMuth，麻省理工学院生物工程系；Koch 综合癌症研究所 Irvine 实验室；Koch 综合癌症研究所 Hammond 实验室
DeMuth, P. C., Y. Min, D. J. Irvine, et al. "Implantable Silk Composite Microneedles for Programmable Vaccine Release Kinetics and Enhanced Immunogenicity in Transcutaneous Immunization." *Advanced Healthcare Materials* 3, no. 1 (January 2014).

2.39
分立组装电容器

W. Langford，电子数码材料组，麻省理工学院媒体实验室
Langford, W., A. Ghassaei, and N. Gershenfeld. "Automated Assembly of Electronic Digital Materials." *ASME 2016 11th International Manufacturing Science and Engineering Conference* 2 (2016).

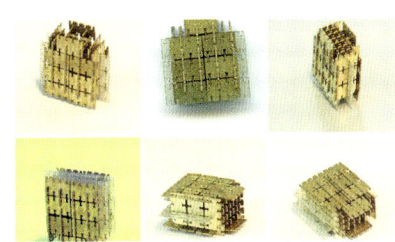

2.40
微转子刀片

A. Epstein，燃气涡轮发动机实验室，M. Schmidt，麻省理工学院微系统技术实验室
Gabriel, K. J. "Engineering Microscopic Machines." *Scientific American* 273, no. 3 (September 1995).

2.41
带有被刻蚀玻璃的硅片

D. Ehrlich，麻省理工学院 Whitehead 生物医学研究所

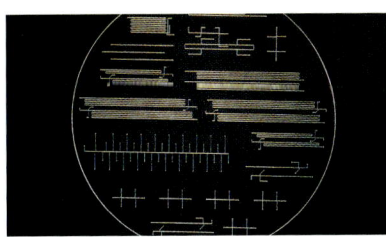

2.42
柔性电路

J. Rogers，西北大学工程学院 Rogers 研究组
Rogers, J. A., Z. Bao, K. Baldwin, et al. "Paper-like Electronic Displays: Large-Area Rubber-Stamped Plastic Sheets of Electronics and Microencapsulated Electrophoretic Inks." *Proceedings of the National Academy of Sciences* 98, no. 9 (April 24, 2001).

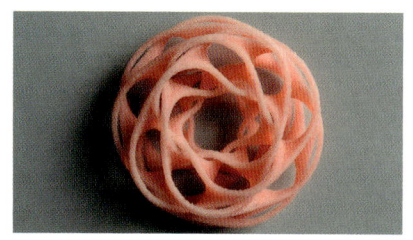

2.43

3D 打印的多重缠绕 Scherk-Collins 环形线圈

Séquin, C. "Sculpture Generator." http://people.eecs.berkeley.edu/%7Esequin/SCULPTS/collins.html

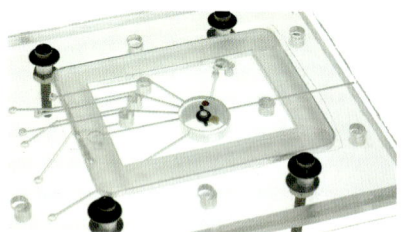

2.44

微型发酵室

麻省理工学院化学工程系 Jensen 研究组
Zhang, Z., N. Szita, et al. "A Well-Mixed, Polymer-Based Microbioreactor with Integrated Optical Measurements." *Biotechnology and Bioengineering* 93, no. 2 (February 2006).

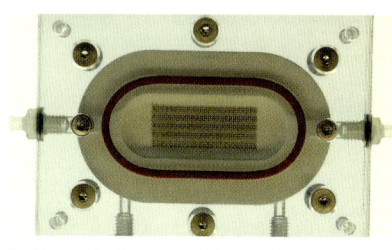

2.45

生物反应器

L. Griffith，麻省理工学院 Griffith 实验室

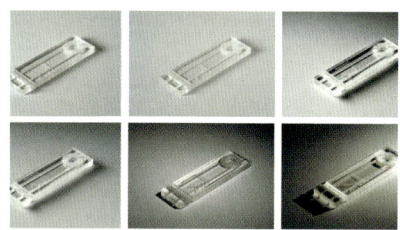

3.1

不同的光照条件下拍摄的微反应器

图像根据本书网络资源 B. Mandeberg 制作的交互工具编排，
https://mitpress.mit.edu/frankel
微反应装置由 W.-H. Lee 搭建（见图 3.19）

3.2

发光台

说明图片

3.3

器材讨论

说明图片

3.4
大肠杆菌菌落图案

E. Budrene，哈佛大学细胞与发育生物学系 Budrene 实验室
Budrene, E. O., and H. C. Berg. "Complex Patterns Formed by Motile Cells of *Escherichia coli*." *Nature* 349, no. 6310 (February 14, 1991).

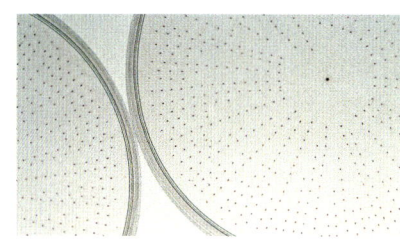

3.5
十字形自组装结构

G. M. Whitesides，哈佛大学化学与化学生物学系 Whitesides 研究组
Bowden, N., A. Terfort, J. Carbeck, et al. "Self-Assembly of Mesoscale Objects into Ordered Two-Dimensional Arrays." *Science* 276, no. 5310 (April 11, 1997).

3.6
白糖的结晶

作者个人探索

3.7
音乐盒

作者个人探索

3.8
灯光布置

说明图片

3.9
渔线轮

作者个人探索

3.10

半透明的塑料垃圾桶

作者个人探索

3.11

硅片室

M. Schmidt，麻省理工学院微系统技术实验室

3.12

水滴图案

G. M. Whitesides，哈佛大学化学与化学生物学系 Whitesides 研究组

Abbott, N. L., J. P. Folkers, and G. M. Whitesides. "Manipulation of the Wettability of Surfaces on the 0.1 to 1-Micrometer Scale through Micromachining and Molecular Self-Assembly." *Science* 257, no. 5075 (September 4, 1992).

3.13

在各种光照下的手表

说明图片

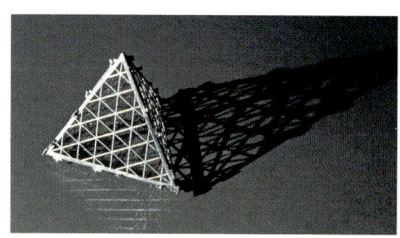

3.14

三维金属四面体微观结构

G. M. Whitesides，哈佛大学化学与化学生物学系 Whitesides 研究组

Jackman, R. J., S. T. Brittain, and A. Adams. "Three-Dimensional Metallic Microstructures Fabricated by Soft Lithography and Microelectrodeposition." *Langmuir* 15, no. 3 (February 2, 1999).

3.15

打光讨论

说明图片

3.16
微化学系统

K. Jensen，麻省理工学院化学工程系 Jensen 研究组
Jensen, K. F. "Microchemical Systems: Status, Challenges, and Opportunities." *AIChE Journal* 45, no. 10 (October 1999).

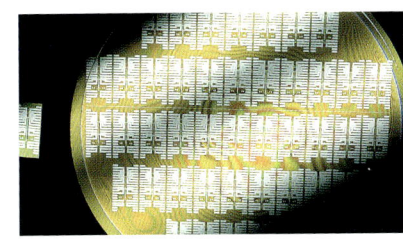

3.17
光栅

G. M. Whitesides，哈佛大学化学与化学生物学系 Whitesides 研究组
Wilber, J. L., R. J. Jackman, G. M. Whitesides, et al. "Elastomeric Optics." *Chemistry of Materials* 8, no. 7 (1996).

3.18
红酒的眼泪（马兰戈尼效应）

A. Adamson，加利福尼亚大学洛杉矶分校化学系；A. Gast，斯坦福大学化学工程系
Adamson, A. W., and A. P. Gast. *Physical Chemistry of Surfaces.* 6th ed. New York: Wiley, 1997.

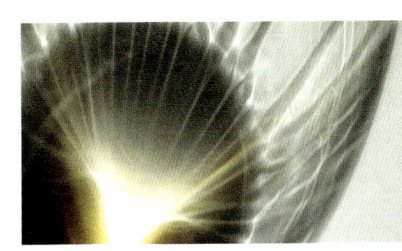

3.19
微反应器

Lee, W.-H. "Development of Microreactor Setups for Microwave Organic Synthesis." PhD diss., Massachusetts Institute of Technology, February 2014.

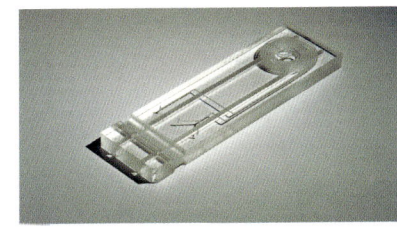

3.20，3.21
装有 CdSe 纳米晶体的小瓶

M. Bawendi，麻省理工学院化学系 M. Bawendi 实验室
Dabbousi, B. O., J. Rodriguez-Viejo, F. V. Mikulec, et al. "(CdSe)ZnS Core-Shell Quantum Dots: Synthesis and Characterization of a Size Series of Highly Luminescent Nanocrystallites." *Journal of Physical Chemistry B* 101, no. 46 (November 13, 1997).

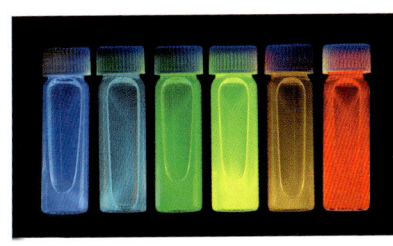

3.22
发荧光的吸收凝胶

T. Tanaka，麻省理工学院物理系，麻省理工学院材料科学与工程中心 Tanaka 实验室
Oya, T., T. Enoki, A. Y. Grosberg, et al. "Reversible Molecular Adsorption Based on Multiple-Point Interaction by Shrinkable Gels." *Science* 286, no. 5444 (November 19, 1999).

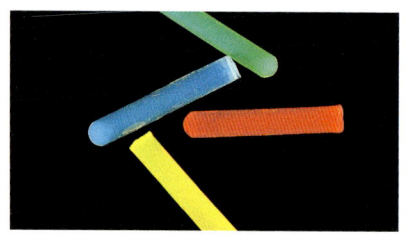

3.23
填充纳米晶体的荧光棒

M. Bawendi，麻省理工学院化学系 M. Bawendi 实验室
Lee, J., V. C. Sundar, J. R. Heine, et al. "Full Color Emission from II–VI Semiconductor Quantum Dot–Polymer Composites." Advanced Materials 12, no. 15 (August 2, 2000).

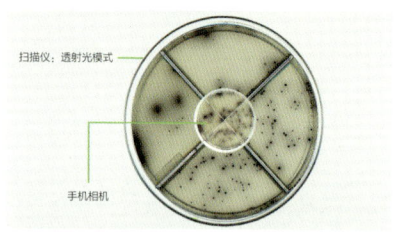

3.24—3.29
微反应器

K. Jensen，麻省理工学院化学工程系 Jensen 研究组
Lee, W.-H. "Development of Microreactor Setups for Microwave Organic Synthesis." PhD diss., Massachusetts Institute of Technology, February 2014.

3.30
铁磁流体

Ferrofluidics 公司
Raj, K., and R. Moskowitz. "Commercial Applications of Ferrofluids." Journal of Magnetism and Magnetic Materials 85, nos. 1–3 (April 1990).

4.1
大肠杆菌

S. Bhatia，麻省理工学院多尺度再生技术实验室
Danino, T., J. Lo, A. Prindle, et al. "In Vivo Gene Expression Dynamics of Tumor–Targeted Bacteria." ACS Synthetic Biology 1, no. 10 (October 2012).

4.2
微反应器的特写

麻省理工学院化学工程系 K. Jensen 研究组
Lee, W.-H. "Development of Microreactor Setups for Microwave Organic Synthesis." PhD diss., Massachusetts Institute of Technology, February 2014.

4.3
锅盖下的炒辣椒

作者个人探索

4.4

冬天的波士顿

作者个人探索

4.5

从飞机窗向外看

作者个人探索

4.6

玻璃纸包裹的树干

作者个人探索

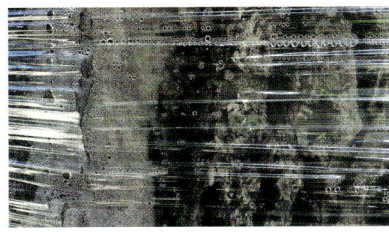

4.7

铁丝桌特写

作者个人探索

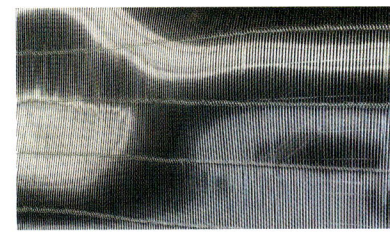

4.8

发现蚯蚓

作者个人探索

4.9

波士顿的日落

作者个人探索

4.10

教务长办公室

作者个人探索

4.11

同步回旋加速器，欧洲核子研究组织，日内瓦

作者个人探索

4.12

联合国人权理事会天花板，万国宫，日内瓦

艺术家：Menashe Kadishman

4.13

Shalekhet（落叶）艺术装置，犹太博物馆，柏林

艺术家：Menashe Kadishman

4.14

天花板的特写，托普卡帕宫，伊斯坦布尔

作者个人探索

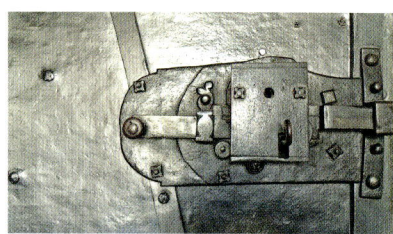

4.15

城堡门特写，布拉格

作者个人探索

4.16
大屠杀纪念馆，布拉格

作者个人探索

4.17
实验仪器

Y. Liang 拍摄，麻省理工学院

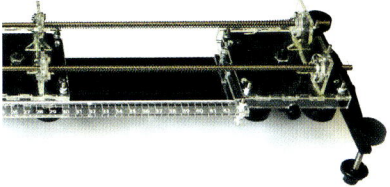

4.18
拍击力学研究

Y. Liang，麻省理工学院

4.19
实验材料

麻省理工学院化学工程系 H. Sikes 实验室

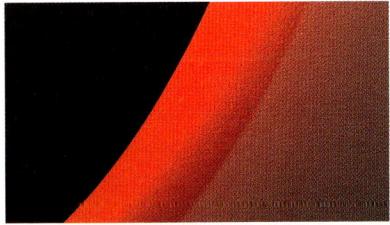

4.20
塑料圆框特写，富兰克林·D. 罗斯福总统图书馆

作者个人探索

4.21
地面特写，欧洲核子研究组织，日内瓦

作者个人探索

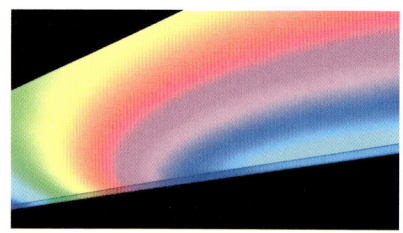

4.22

天花板，谷歌中庭，剑桥，马萨诸塞州

作者个人探索

4.23

墙纸特写

作者个人探索

4.24

移动设备显微镜支架

https://www.ilabcam.com/

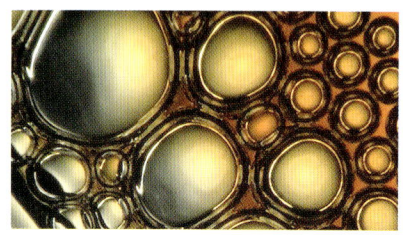

4.25

咖啡气泡

作者个人探索

4.26

音乐盒

作者个人探索

4.27

山羊奶酪与胡椒冰淇淋配草莓

主厨 Jordi Herrera；Manairó 餐厅

4.28
almodroc, jurvert, cantuccini, anchovy

主厨 Carme Ruscalleda, Toni Balam；圣保罗餐厅

4.29
番茄草莓红丝绒

主厨 Carme Ruscalleda，Toni Balam；圣保罗餐厅

4.30
黄瓜、生姜、酸橙

主厨 Carme Ruscalleda，Toni Balam；圣保罗餐厅

4.31
嵌段共聚物

麻省理工学院材料科学与工程系 N. Thomas 实验室
Lee, W., J. Yoon, and H. Lee. "Dynamic Changes in Structural Color of a Lamellar Block Copolymer Photonic Gel during Solvent Evaporation." *Macromolecules* 46, no. 16 (2013).

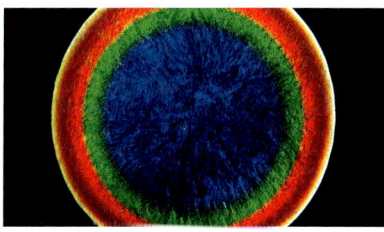

4.32
鳕鱼，辣排

主厨 Carme Ruscalleda，Toni Balam；圣保罗餐厅

4.33
Fiona 的个人探索

图片作者 Fiona McGill

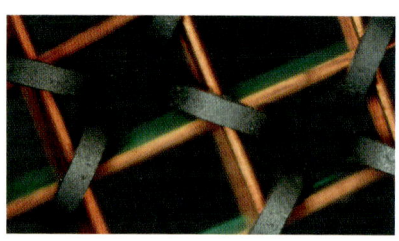

5.1
磁芯存储器

来自 20 世纪 60 年代中期的 IBM 7094 计算机：每个环形磁铁存储 1 比特位；该计算机具有 32K 的内存，以 36 比特位字排列。
Frankel, F. *Envisioning Science: The Design and Craft of the Science Image.* Cambridge, MA: MIT Press, 2002.

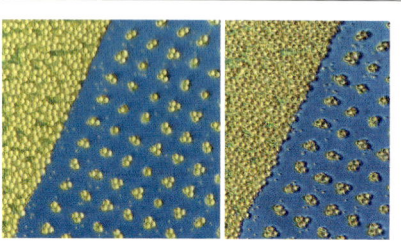

5.2
泡沫板

波士顿大学 G. Holt 实验室
Ouellette, J. "The Physics of Foam Bubble, Bubble: The Toil and Trouble of Foam Research Reveals Some Magical Results." *Discover* 23, no. 6 (June 2002).

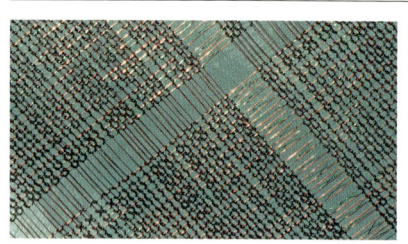

5.3
自组装胶体

Koch 综合癌症研究所 Hammond 实验室，麻省理工学院材料科学与工程系 Rubner 实验室
Lee, I., H. Zheng, M. F. Rubner, and P. T. Hammond. "Controlled Cluster Size in Patterned Particle Arrays via Directed Adsorption on Confined Surfaces." *Advanced Materials* 14, no. 8 (2002).

5.4
磁芯存储器

来自 20 世纪 60 年代中期的 IBM 7094 计算机：每个环形磁铁存储 1 比特位；该计算机具有 32K 的内存，以 36 比特位字排列。
Frankel, F. *Envisioning Science: The Design and Craft of the Science Image.* Cambridge, MA: MIT Press, 2002.

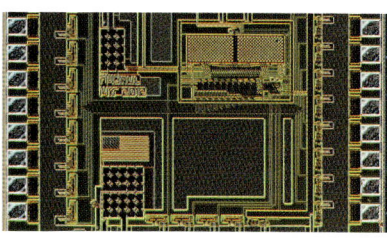

5.5
超级材料

麻省理工学院机械工程系 N. Fang 实验室
Zheng, X., H. Lee, N. X. Fang, et al. "Ultralight, Ultrastiff Mechanical Metamaterials." *Science* 344, no. 1373 (2014).

5.6
使用 LSB 优先搜索算法的 SAR ADC

麻省理工学院电气工程与计算机科学系 A. Chandrakasan 实验室
Yaul, F. M., and A. P. Chandrakasan. "A 10 Bit SAR ADC with Data-Dependent Energy Reduction Using LSB-First Successive Approximation." *IEEE Journal of Solid-State Circuits* 49, no. 12 (December 2014).

5.7
图案化的聚合物"电路"

M. Wrighton，麻省理工学院化学系
Wrighton, M., et al. "Patterned Polymer Layer Formed by Ox-
idation of the Monomer on a SAM Substrate." *Langmuir* 11
(1995).

5.8
重叠塑料的干涉图案

作者个人探索

5.9
用于单细胞分析的亚纳升孔阵列

麻省理工学院化学工程系 J. C. Love 实验室
Ogunniyi, A. O., C. M. Story, E. Papa, E. Guillen, and J. C.
Love. "Screening Individual Hybridomas by Microengraving to
Discover Monoclonal Antibodies." *Nature Protocols* 4, nos. 767–
782 (2009).

5.10
白色念珠菌

麻省理工学院 Whitehead 生物医学研究所 G. Fink 实验室
Liu, H., et al. "Suppression of Hyphal Formation in *Candida al-
bicans* by Mutation of a STE 12 Homolog." *Science* 266 (1994).

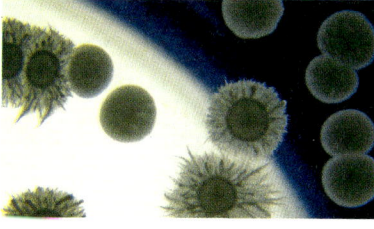

5.11
微反应器

麻省理工学院化学工程系 K. Jensen 研究组
Yen, B. K. H. "Microfluidic Reactors for the Synthesis of Nano-
crystals." Ph.D. dissertation, Department of Chemistry, Massa-
chusetts Institute of Technology, 2007.

5.12
微流体通道中质粒 DNA 的核递送

麻省理工学院化学工程系 K. Jensen，R. Langer 实验室
Ding, X., et al. "High-Throughput Nuclear Delivery and Rapid
Expression of DNA via Mechanical and Electrical Cell-Mem-
brane Disruption." *Nature Biomedical Engineering* 1, no. 39
(March 2017).

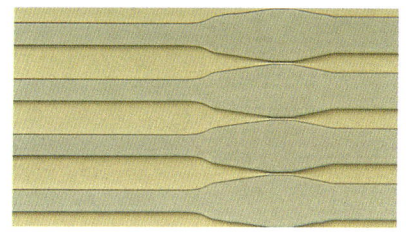

432

5.13
微通道

哈佛医学院 M. Toner 实验室
Stott, S. L., C.-H. Hsu, D. I. Tsukrov, et al. "Isolation of Circulating Tumor Cells Using a Microvortex-Generating Herringbone-Chip." *Proceedings of the National Academy of Sciences* 107, no. 43 (October 26, 2010).

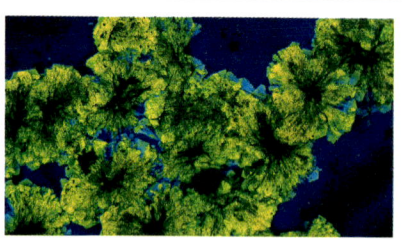

5.14
纳米晶体

麻省理工学院化学系 M. Bawendi 实验室
Murray, C. B., et al. "Self-Organization of CdSe Nanocrystals into Three-Dimensional Quantum Dot Superlattices." *Science* 270 (1995).

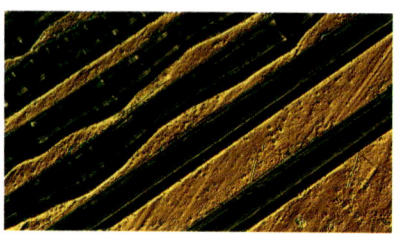

5.15
"Eleanor Rigby" 黑胶唱片

Frankel, F., and G. M. Whitesides. *No Small Matter: Science on the Nanoscale*. Cambridge, MA: Belknap Press of Harvard University Press, 2009.

5.16
微转子刀片

A. Epstein 燃气涡轮发动机实验室；M. Schmidt，麻省理工学院微系统技术实验室
Gabriel, K. J. "Engineering Microscopic Machines." *Scientific American* 273, no. 3 (September 1995).

5.17
硅微机械悬臂

M. Schmidt 及其他教师和学生，麻省理工学院微系统技术实验室

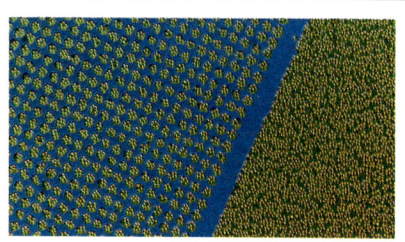

5.18
自组装胶体

麻省理工学院 Koch 综合癌症研究所 Hammond 实验室，麻省理工学院材料科学与工程系 M. Rubner 实验室

5.19
微胶囊

麻省理工学院 Koch 综合癌症研究所 Anderson 实验室；麻省理工学院化学工程系
Vegas, A., et al. "Long-Term Glycemic Control Using Polymer-Encapsulated Human Stem Cell-Derived Beta Cells in Immune-Competent Mice." *Nature Medicine* 22, no. 3 (2016).

5.20
原子力显微镜的针尖

在 C. Love 协助下拍摄的扫描电子显微镜图像
"Nanotech: Science of the Small Gets Down to Business." *Scientific American*, special issue (2001).

5.21
大闪蝶翅膀的扫描电子显微镜图像

麻省理工学院 Whitehead 生物医学研究所

5.22
光电子器件分层扫描电子显微镜图像

麻省理工学院 Jarillo-Herrero 实验室；扫描电子显微镜原稿由 H. Churchill 拍摄
Baugher, B. W. H., H. O. H. Churchill, Y. Yang, and P. Jarillo-Herrero. "Optoelectronic Devices Based on Electrically Tunable pn Diodes in a Monolayer Dichalcogenide." *Nature Nanotechnology* 9, no. 262 (2014).

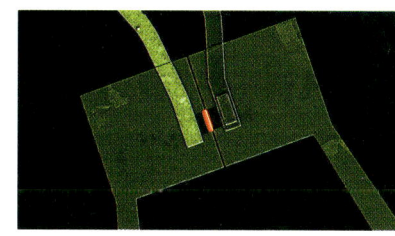

5.23
芯片上的自组装脑细胞

图片作者 C. Edington 和 I. Lee，麻省理工学院 Koch 研究所图像奖
https://ki-galleries.mit.edu/2017/edington-lee

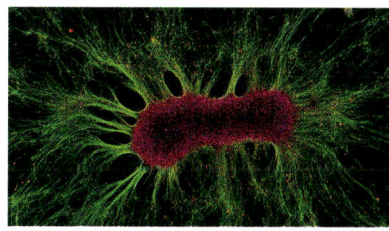

5.24
经历有丝分裂的非洲爪蟾卵

图片作者 M. Wuehr 和 T. Mitchison，哈佛医学院系统生物学系 T. Mitchison 实验室
http://www.cellimagelibrary.org/images/36441

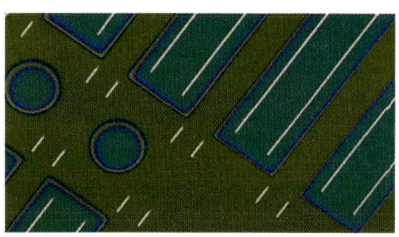

6.1
太阳能电池

T. Buonassisi，麻省理工学院机械工程系光伏研究实验室
Steinmann, V., R. Jaramillo, K. Hartman, et al. "3.88% Efficient Tin Sulfide Solar Cells Using Congruent Thermal Evaporation." Advanced Materials 26, no. 44 (August 20, 2014).

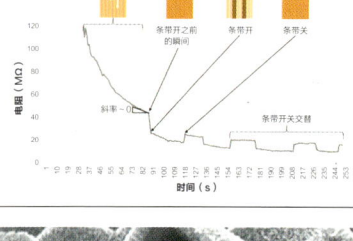

6.2
细菌分析

麻省理工学院化学工程系 C. Buie 实验室
Braff, W. A., D. Willner, P. Hugenholtz, et al. "Dielectrophoresis-Based Discrimination of Bacteria at the Strain Level Based on Their Surface Properties." PLoS One (October 2013).

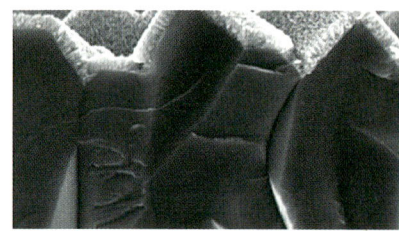

6.3

麻省理工学院材料科学与工程系 C. Ross 实验室
Tu, K.-H., and C. Ross. "Domain Wall Structure and Interactions in 40 nm Wide Cobalt Nanowires." Under review.

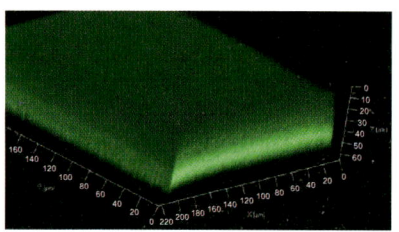

6.4
"填充物"材料特性

麻省理工学院机械工程系计算仪器组
Chai, L. "Organization and Compaction of Composite Filler Material Using Acoustic Focusing." International Mechanical Engineering Congress and Exposition (IMECE2017), November 3–9, 2017.

6.5
太阳能电池

T. Buonassisi，麻省理工学院机械工程系光伏研究实验室
Steinmann, V., R. Jaramillo, K. Hartman, et al. "3.88% Efficient Tin Sulfide Solar Cells Using Congruent Thermal Evaporation." *Advanced Materials* 26, no. 44 (August 20, 2014).

6.6
多层聚合电解质的逐层（LbL）组装

麻省理工学院机械工程系，麻省理工学院化学工程系
Yost, A. L., et al. "Layer-by-Layer Functionalized Nanotube Arrays: A Versatile Microfluidic Platform for Biodetection." *Microsystems and Nanoengineering* 1 (2015).

6.7

薄膜膨胀

J. Swallow，麻省理工学院材料科学与工程系 K. J. Van Vliet 实验室
Swallow, J., K. J. Van Vliet, et al. "Dynamic Chemical Expansion of Thin-Film Non-Stoichiometric Oxides at Extreme Temperatures." *Nature Materials* 16 (May 8, 2017). https://www.nature.com/articles/nmat4898

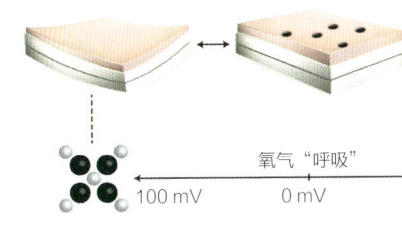

氧气 "呼吸"

100 mV　　0 mV

6.8

含嵌段聚合物的原子力显微镜图像

麻省理工学院材料科学与工程系 C. Ross 实验室
Kathrein, C., C. Ross, et al. "Electric Field Manipulated Nanopatterns in Thin Films of Metalorganic 3-Miktoarm Star Terpolymers." *Soft Matter* 12 (2016).

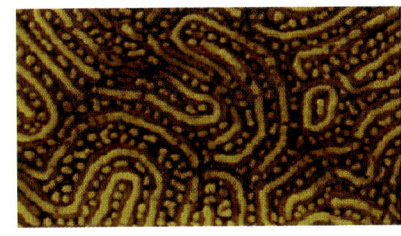

6.9

目录图像设计

麻省理工学院材料科学与工程系 B. Yildiz 实验室
Lu, Q., and B. Yildiz. "Voltage-Controlled Topotactic Phase Transition in Thin-Film SrCoOx Monitored by In Situ X-ray Diffraction." *acs.nanolett* (December 21, 2015).

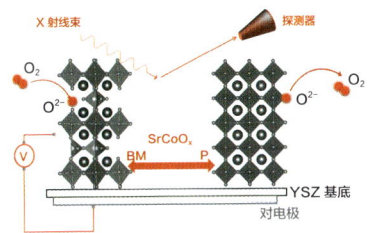

6.10

机器人装置

照片拍摄 JoeDavidson，麻省理工学院机械工程系 Newman 生物力学和人类康复实验室
Davidson, J. R., and H. I. Krebs. "Characterization of an Electrorheological Fluid for Rehabilitation Robotics Applications." ASME Conference on Smart Materials, Adaptive Structures, and Intelligent Systems (SMASIS), Snowbird, Utah, September 18-20, 2017.

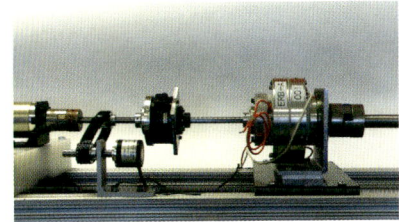

6.11

合成图像作者 Mark Klett 和 Byron Wolfe，同一湖岸的四次观景，特纳亚湖
数码喷墨打印，24 英寸 × 66 英寸，从左至右分别是 Eadweard Muybridge，1872；Ansel Adams，c. 1942；Edward Weston，1937.
黑白图片：Swatting high-country mosquitoes, 2002.
Muybridge 图片，由纽约罗切斯特市的 George Eastman House 提供的。Adams 图片，由亚利桑那大学创意摄影收藏中心提供，© Trustees of the Ansel Adams Publishing Rights Trust。Weston 图片，由亚利桑那大学创意摄影收藏中心提供，©1981 Arizona Board of Regents.

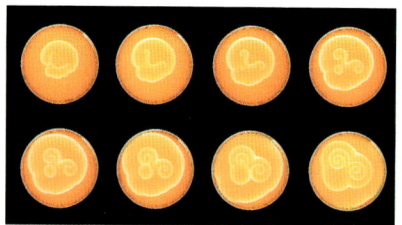

6.12
B-Z 震荡反应

布兰代斯大学 A. Zhabotinsky 实验室
Fife, P. C. "Understanding the Patterns in the BZ Reagent."
Journal of Statistical Physics 39, nos. 5–6 (June 1985).

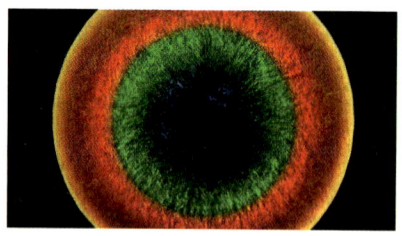

6.13
嵌段共聚物，延时摄影

麻省理工学院材料科学与工程系 N. Thomas 实验室
Lee, W., et al. "Dynamic Changes in Structural Color of a Lamellar Block Copolymer Photonic Gel during Solvent Evaporation." *Macromolecules* 46 (2013).

6.14
运动中的马

Eadweard Muybridge, Horse in Motion, 1878
https://en.wikipedia.org/wiki/Eadweard_Muybridge

6.15
3D 可动金属打印器件

桌面金属公司（Desktop Metal）；C. Schuh，麻省理工学院材料科学与工程系
https://www.desktopmetal.com/company/about/

6.16
肥皂泡

气泡机由麻省理工学院的 J. Ossi 制作
Isenberg, C. *The Science of Soap Films and Soap Bubbles*. New York: Dover, 1978.

6.17
采样率为 16-MS/s 的 16 位 SAR ADC

麻省理工学院电气工程与计算机科学系 A. Chandrakasan 实验室
Yaul, F. M., and A. P. Chandrakasan. "A 10 Bit SAR ADC with Data-Dependent Energy Reduction Using LSB-First Successive Approximation." *IEEE Journal of Solid-State Circuits* 49, no. 12 (December 2014).

6.18
微阵列

D. Walt，Illumina 公司
http://www.illumina.com

6.19
可逆的塌陷

麻省理工学院机械工程系 A. Hosoi 实验室

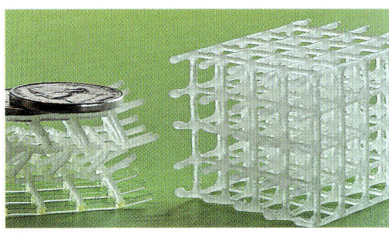

6.20
磁芯存储器

来自 20 世纪 60 年代中期的 IBM 7094 计算机：每个环形磁铁存储
1 比特位；该计算机具有 32K 的内存，以 36 比特位字排列。
Frankel, F. *Envisioning Science: The Design and Craft of the Science Image.* Cambridge, MA: MIT Press, 2002.

6.21
太阳能电池

T. Buonassisi，麻省理工学院机械工程系光伏研究实验室
Steinmann, V., R. Jaramillo, K. Hartman, et al. "3.88% Efficient Tin Sulfide Solar Cells Using Congruent Thermal Evaporation." *Advanced Materials* 26, no. 44 (August 20, 2014).

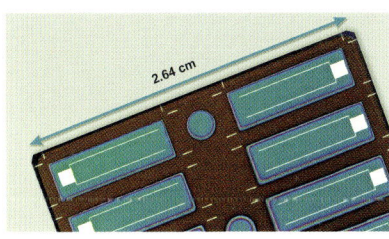

6.22
棱镜

Frankel, F., and G. M. Whitesides. *No Small Matter: Science on the Nanoscale.* Cambridge, MA: Belknap Press of Harvard University Press, 2009.

6.23
控制释放微芯片

麻省理工学院化学工程系 R. Langer 实验室
Santini, J. T., Jr., A. C. Richards, R. Scheidt, et al. "Microchips as Controlled Drug-Delivery Devices." *Angewandte Chemie, International Edition* 39, no. 14 (July 17, 2000).

6.24
光纤

Y. Fink，麻省理工学院材料科学与工程系电子研究实验室

6.25
光纤

Y. Fink，麻省理工学院材料科学与工程系电子研究实验室

6.26
玉米粒

作者个人探索

6.27
高压微反应器

K. Jensen，麻省理工学院化学工程系 Jensen 研究组
Marre, S., A. Adamo, S. Basak, et al. "Design and Packaging of Microreactors for High Pressure and High Temperature Applications." *Industrial Engineering and Chemistry Research* 49, no. 22 (November 2010).

6.28
通用期刊封面

说明图片

6.29
具有多种微观结构参数的 3D 打印层状复合材料

麻省理工学院机械工程系 M. Boyce 实验室
Rudykh, S., and M. C. Boyce. "Transforming Small Localized Loading into Large Rotational Motion in Soft Anisotropically Structured Materials." *Advanced Engineering Materials* 16, no. 11 (November 2014).

6.30
莲花效应

Kotz, J. C., P. M. Treichel, and J. R. Townsend. *Chemistry and Chemical Reactivity*. 7th ed. Belmont, CA: Thomson Brooks/Cole, 2008.

6.31
海胆

杜邦 MIT 联盟，麻省理工学院
作者个人探索

6.32
仪器特写

author's personal exploration
麻省理工学院微系统技术实验室
作者个人探索

6.33
啤酒

Frankel, F., and G. M. Whitesides. *No Small Matter: Science on the Nanoscale*. Cambridge, MA: Belknap Press of Harvard University Press, 2009.

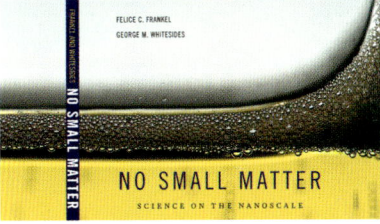

6.34
气泡

Polli, R., and G. Faliva. *Bilancio sociale 2005*. Versione executive. Milan, Italy: Assolombarda, 2005.

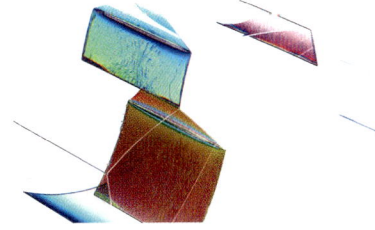

6.35
量子点

麻省理工学院化学系 M. Bawendi 实验室
"MIT.nano, The Future of Innovation," 2014

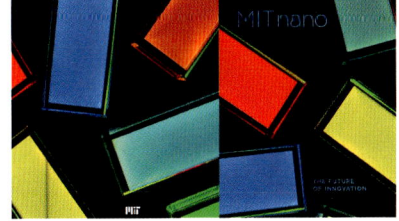

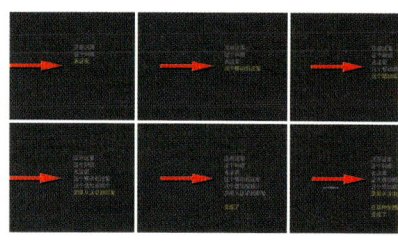

6.36
平面设计中箭头的运用

说明图片

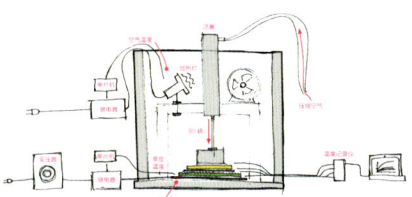

6.37
设备的草图

A. Hosoi 和 C. Chase，麻省理工学院工程学院 MIT 3-Sigma 体育项目
A. Bosquet，用于赞助展示的手绘作品

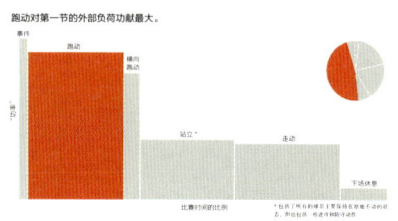

6.38
修改图形

A. Hosoi 和 C. Chase，麻省理工学院工程学院 MIT 3-Sigma 体育项目
M. Nawrot，F. Vidal-Codina 和 P. McClure，用于赞助展示的手绘作品

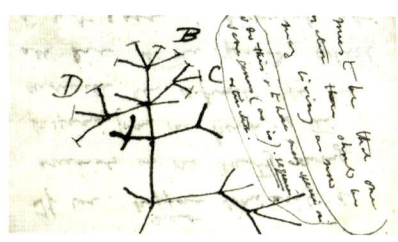

6.39
达尔文绘制的草图

达尔文笔记本上的一页（约 1837 年 7 月），展示了他的第一张进化树草图

6.40
克罗斯比植物园，皮卡尤恩，密西西比州

F. Jones，建筑师
Frankel, F., and J. Johnson. *Modern Landscape Architecture: Redesigning the Garden.* New York: Abbeville Press, 1991.

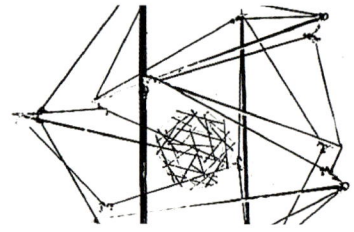

6.41
张拉整体结构

D. Ingber，哈佛大学 Wyss 生物启发工程研究所

Ingber, D. "Tensegrity: The Architectural Basis of Cellular Mechanotransduction." *Annual Review of Physiology* 59 (1997).

6.42
个人时间线

D. Brodbeck
https://www.macrofocus.com/

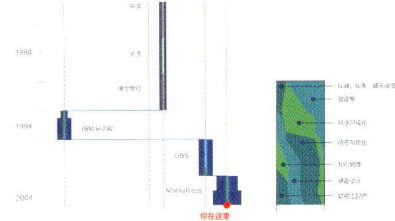

6.43
基因数据可视化

B. Fry
http://benfry.com/chr14/

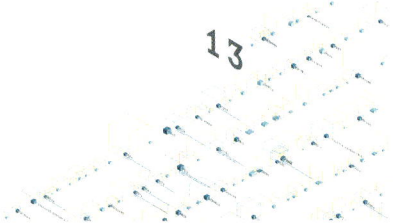

6.44
传统原子模型

美国原子能委员会的原始标志

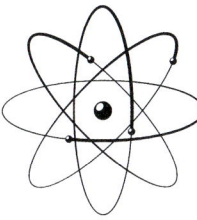

6.45
基于概率的原子模型

R. Hayward
Pauling, L., and R. Hayward. The *Architecture of Molecules*. San Francisco: W. H. Freeman, 1964.

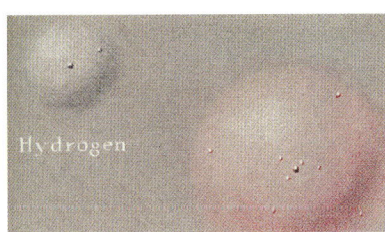

7.1
鹰状星云中的气体柱

J. Hester 和 P. Scowen，美国国家航空和宇宙航行局
http://hubblesite.org/gallery/album/entire/pr1995044a/

7.2
丙烯酰胺单体

麻省理工学院物理系 T. Tanaka 实验室
Oya, T., et al. "Reversible Molecular Adsorption Based on Multiple-Point Interaction by Shrinkable Gels." *Science* 286 (1999).

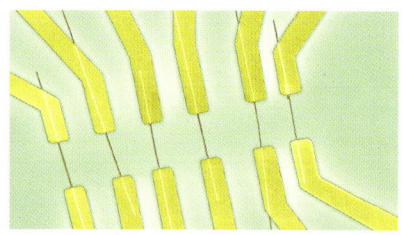

7.3
纳米线

哈佛大学化学与化学生物学系 C. Lieber 实验室
Lieber, C. M. "The Incredible Shrinking Circuit." *Scientific American* 285 (2001).

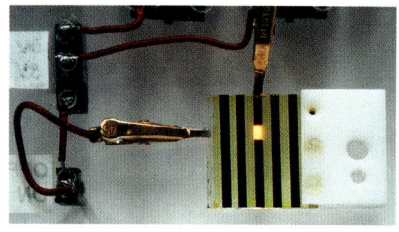

7.4
结构性材料

麻省理工学院机械工程系 M. Boyce 实验室
Rudykh, S., and M. C. Boyce. "Transforming Small Localized Loading into Large Rotational Motion in Soft Anisotropically Structured Materials." *Advanced Engineering Materials 16*, no. 11 (2014).

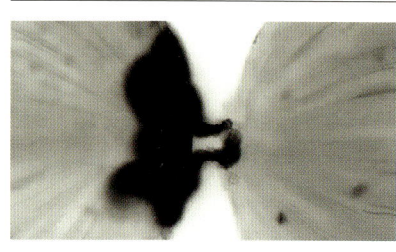

7.5
量子点

P. Zou 和 A. Ting，麻省理工学院化学系
Howarth, M., et al. "Monovalent Reduced-Size Quantum Dots for Imaging Receptors on Living Cells." *Nature Methods* 5 (2008).

7.6
发光器件

麻省理工学院材料科学与工程系 M. Rubner 实验室
Handy, E. S., A. J. Pal, and M. F. Rubner. "Solid-State Light-Emitting Devices Based on the Tris-Chelated Ruthenium (II) Complex. 2. Tris(bipyridyl)ruthenium (II) as a High-Brightness Emitter." *Journal of the American Chemical Society* 121, no. 14 (April 14, 1999).

7.7
细菌的分析

麻省理工学院机械工程系 C. Buie 实验室
Braff, W. A., D. Wilner, and P. Hugenholtz. "Dielectrophoresis-Based Discrimination of Bacteria at the Strain Level Based on Their Surface Properties." *PLoS One* (October 2013).

7.8
酵母菌落

麻省理工学院 Whitehead 生物医学研究所 G. Fink 实验室
Reynolds, T. B., and G. R. Fink. "Bakers' Yeast, a Model for Fungal Biofilm Formation." *Science* 291, no. 5505 (February 2, 2001).

7.9
全电子 DNA 阵列传感器

D. Ehrlich 和 P. Matsudaira，麻省理工学院 Whitehead 生物医学研究所

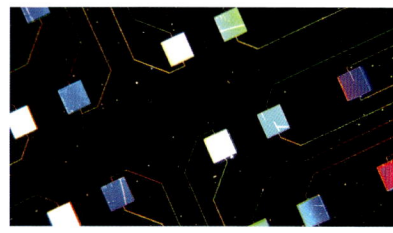

7.10
变形杆菌菌落

芝加哥大学生物化学与分子生物学系 J. Shapiro 实验室
Shapiro, J. A., et al. "Sequential Events in Bacterial Colony Morphogenesis." *Physica* D 49 (1991).

7.11
DNA 分析

麻省理工学院生物系 P. A. Sharp 实验室
Zhou, Q. A., and P. A. Sharp. "Tat-SF1: Cofactor for Stimulation of Transcriptional Elongation by HIV-1 Tat." *Science* 274 (October 25, 1996).

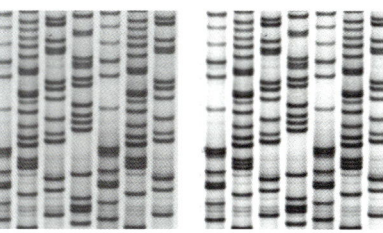

7.12
海浪分析

麻省理工学院土木与环境工程系
Landry, B., M. Hancock, et al. "Note on Sediment Sorting in a Sandy Bed under Standing Water Waves." *Coastal Engineering* 54 (2007).

7.13
平面光导电路

A. White，贝尔实验室
Gates, J., D. Muehlner, et al. "Hybrid Integrated Silicon Optical Bench Planar Lightquide Circuits." *Proceedings of the 48th Electronic Computers and Technology Conference, Seattle, Washington,* S15P1 (1998).

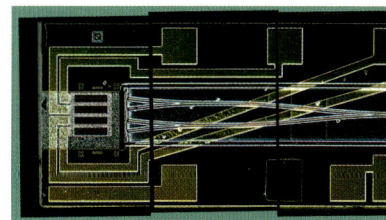

7.14
有序碳纳米管

图片作者麻省理工学院机械工程系 J. Hart
Frankel, F. "Needlework." *American Scientist* 94 (2006).

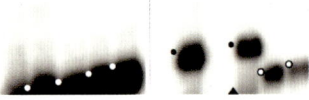

7.15
凝胶结果的"改进"

匿名来源

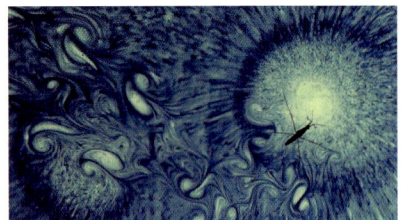

7.16
水黾留下的漩涡

图片作者麻省理工学院应用数学系 J. Bush
Frankel, F. "Walk on Water." *American Scientist* 92 (July-August 2004).

7.17
疏水表面

作者个人探索

8.1.0
石墨烯的远程外延生长

J. Kim，麻省理工学院材料科学与工程系
Kim, J., et al. "Remote Epitaxy through Graphene Enables Two-Dimensional Material-Based Layer Transfer." *Nature* 544 (2017).

8.2.0
皱巴巴的石墨烯球

J. Huang，西北大学材料科学与工程系
Dou, X., and J. Huang. "Self-Dispersed Crumpled Graphene Balls in Oil for Friction and Wear Reduction." *Proceedings of the National Academy of Sciences* 113, no. 6 (2016).

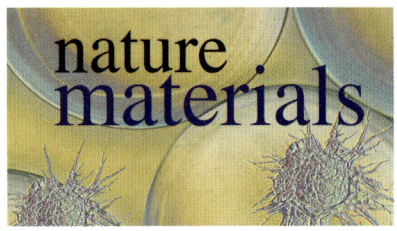

8.3.0
延长医疗器械的使用寿命

J. Doloff，麻省理工学院化学工程系 R. Langer 实验室，麻省理工学院 Koch 综合癌症研究所
Doloff, J. C., O. Veiseh, A. J. Vegas, et al. "Colony Stimulating Factor-1 Receptor Is a Central Component of the Foreign Body Response to Biomaterial Implants in Rodents and Non-human Primates." *Nature Materials* 16, no. 6 (2017).

8.4.0
干细胞来源的胰岛 β 细胞的包被

A. J. Vegas, O. Veiseh 等，麻省理工学院 Koch 综合癌症研究所
Vegas, A., et al. "Long-Term Glycemic Control Using Polymer-Encapsulated Human Stem Cell-Derived Beta Cells in Immune-Competent Mice." *Nature Medicine* 22, no. 3 (2016).

8.5.3
神经动画

Gaël McGill, Digizyme
https://www.digizyme.com/

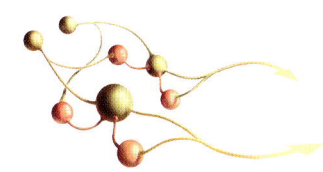

8.6.0
粒子物理

J. Thaler，麻省理工学院物理系
Tripathee, A., W. Xue, A. Larkoski, et al. "Jet Substructure Studies with CMS Open Data." *Physical Review D* 96, 074003 (October 3, 2017).

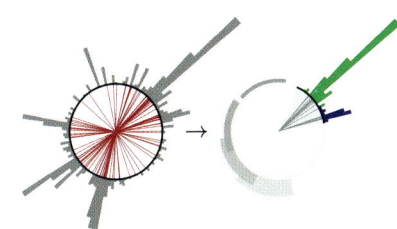

8.7.0
硅基微流体微反应器

K. Jensen，麻省理工学院化学工程系 Jensen 研究组
Ratner, D. M., E. R. Murphy, M. Jhunjhunwala, et al. "Microreactor-Based Reaction Optimization in Organic Chemistry—Glycosylation as a Challenge." *Chemical Communications* 5 (2005).

8.8.0
硫液流电池

L. Su，麻省理工学院材料科学与工程系 Y.-M. Chiang 实验室
Su, L., Y.-M. Chiang, et al. "Air-Breathing Aqueous Sulfur Flow Battery for Ultralow-Cost Long-Duration Electrical Storage." *Joule* 1, no. 2 (2017).

8.9.3
微针

P. DeMuth，麻省理工学院生物工程系；Koch 综合癌症研究所 Irving 实验室；Koch 综合癌症研究所 Hammond 实验室
DeMuth, P. C., Y. Min, D. J. Irvine, et al. "Implantable Silk Composite Microneedles for Programmable Vaccine Release Kinetics and Enhanced Immunogenicity in Transcutaneous Immunization." *Advanced Healthcare Materials* 3, no. 1 (January 2014).

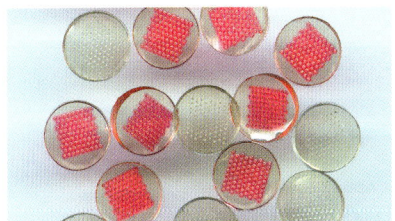

8.10.0
纳米光子太阳能热光伏器件

E. Wang，麻省理工学院机械工程系
Lenert, A., D. M. Bierman, Y. Nam, et al. "A Nanophotonic Solar Thermophotovoltaic Device." *Nature Nanotechnology* 9, no. 2 (February 2014).

8.11.4
用于测定矿物溶解速率的微流体器件

麻省理工学院材料科学与工程系 A. Allanore 实验室
Ciceri, D., and A. Allanore. "Microfluidic Leaching of Soil Minerals: Release of K+ from K Feldspar." *PLoSOne* 10, no. 10 (2015).

8.12.0
液态金属电池

D. Sadoway，麻省理工学院材料科学与工程系 Sadoway 研究组
Wang, K., K. Jiang, B. Chung, et al. "Lithium–Antimony–Lead Liquid Metal Battery for Grid–Level Energy Storage." *Nature* 514, no. 7522 (October 16, 2014).

8.13.0
阻力理论比喻

麻省理工学院机械工程系 K. Kamrin 研究组
Karmin, K., and H. Askari. "Intrusion Rheology in Grains and Other Flowable Materials." *Nature Materials* 15, nos. 1274–1279 (2016).

8.14.0
太阳能电池

T. Buonassisi，麻省理工学院机械工程系光伏研究实验室；M. McGehee，麻省理工学院和斯坦福大学斯坦福 McGehee 研究组
Chandler, D. L. "New Kind of 'Tandem' Solar Cell Developed: Researchers Combine Two Types of Photovoltaic Material to Make a Cell That Harnesses More Sunlight." *MIT News* (March 25, 2015). http://mitei.mit.edu/news/new-kind-tandem-solar-cell-developed

8.15.0
钙钛矿和燃料电池

B. Yildiz 等，麻省理工学院核科学与工程系，麻省理工学院材料科学与工程系
Tsvetkov, N., Lu, Q., Sun, L., et al. "Improved Chemical and Electrochemical Stability of Perovskite Oxides with Less Reducible Cations at the Surface." *Nature Materials* 15, nos. 1010-1016 (2016).

索引的开篇图（第 448 页）
图案化水滴

G. M. Whitesides，哈佛大学化学与化学生物学系 Whitesides 研究组
Abbott, N. L., J. P. Folkers, and G. M. Whitesides. "Manipulation of the Wettability of Surfaces on the 0.1 to 1-Micrometer Scale through Micromachining and Molecular Self-Assembly." *Science* 257, no. 5075 (September 4, 1992).

索引

图书在版编目（ＣＩＰ）数据

科学与工程摄影及制图 /（美）费利斯·弗兰克尔著；美丽科学译 . —长沙：湖南科学技术出版社，2024.3
ISBN 978-7-5710-2179-5

Ⅰ . ①科… Ⅱ . ①费… ②美… Ⅲ . ①科学研究—视觉设计 Ⅳ . ① G3

中国国家版本馆 CIP 数据核字（2023）第 095528 号

湖南科学技术出版社获得本书中文简体版独家出版发行权

著作权合同登记号：18-2023-223

版权所有，侵权必究

KEXUE YU GONGCHENG SHEYING JI ZHITU
科学与工程摄影及制图

著　　者：[美] 费利斯·弗兰克尔
译　　者：美丽科学
出 版 人：潘晓山
责任编辑：王梦娜　李　蓓
营销编辑：周　洋
出版发行：湖南科学技术出版社
社　　址：长沙市芙蓉中路一段 416 号泊富国际金融中心
网　　址：http://www.hnstp.com
湖南科学技术出版社天猫旗舰店网址：http://hnkjcbs.tmall.com
邮购联系：本社直销科 0731-84375808
印　　刷：湖南天闻新华印务有限公司
　　　　　（印装质量问题请直接与本厂联系）
厂　　址：长沙望城雷锋大道银星路 8 号湖南出版科技园
邮　　编：410219
版　　次：2024 年 3 月第 1 版
印　　次：2024 年 3 月第 1 次印刷
开　　本：787 mm×1000 mm　1/12
印　　张：39$\frac{1}{3}$
字　　数：135 千字
书　　号：ISBN 978-7-5710-2179-5
定　　价：298.00 元

（版权所有·翻印必究）